HAISHANG FENGDIANCHANG SHIGU HOU
PINGGU YU XIUFU

海上风电场事故后评估与修复

主编◇方　辉　马兆荣　元国凯　王洪庆

华中科技大学出版社
http://press.hust.edu.cn
中国·武汉

图书在版编目(CIP)数据

海上风电场事故后评估与修复/方辉等主编. —武汉:华中科技大学出版社,2023.7
ISBN 978-7-5680-9483-2

Ⅰ.①海… Ⅱ.①方… Ⅲ.①海风-风力发电-发电厂-事故分析 ②海风-风力发电-发电厂-故障修复
Ⅳ.①TM614

中国国家版本馆 CIP 数据核字(2023)第 102690 号

海上风电场事故后评估与修复
Haishang Fengdianchang Shigu hou Pinggu yu Xiufu

方　辉　马兆荣　元国凯　王洪庆　主编

策划编辑:周永华
责任编辑:叶向荣
封面设计:原色设计
责任监印:朱　玢
出版发行:华中科技大学出版社(中国·武汉)　　电话:(027)81321913
　　　　　武汉市东湖新技术开发区华工科技园　　邮编:430223
录　　排:华中科技大学惠友文印中心
印　　刷:武汉市洪林印务有限公司
开　　本:787mm×1092mm　1/16
印　　张:17.75
字　　数:410 千字
版　　次:2023 年 7 月第 1 版第 1 次印刷
定　　价:98.00 元

编 委 会

前　言

我国东南沿海常年受台风侵袭,海上风电结构船撞事故风险高,由于缺少设计后评估公开报告,难以判断工程安全及经济性;建立海上风电基础结构事故后可用性评估方法,对于未来广东省海上风电设计优化及海上风电保险发展都具有直接意义。本项目发展事故后海上风电基础结构承载性能分析的建模和模拟体系,重点解决海洋多场作用下船撞过程及损伤结构非线性计算关键问题,实现初始设计、船撞过程和损伤后结构性能一体化对比评估。成果概况如下。

(1)环境-结构-土体耦合船撞海上风电基础结构评估方法:全面考虑船撞海上风电基础结构过程中材料、几何、接触、桩土非线性的设置,引入等效环境荷载,发展了船撞结构过程及结构承载性能模拟方法,实现结构设计、船撞损伤与剩余承载一体化计算和评估。

(2)打桩过程及附件疲劳断裂 CEL 建模和模拟方法:采用 CEL 技术解决打桩过程中出现的网格畸变问题,并采用无限元方法处理边界反射导致的计算误差,实现了大动能作用桩基贯入和附件断裂模拟。

(3)海上风电基础结构船撞后修复方案及评估方法:采用膨胀式灌浆卡箍对损伤结构进行修复,实现典型节点和导管架未损伤、损伤和损伤后修复结构承载性能模拟,给出了修复后结构承载性能评估方法。

(4)海上风电基础结构船撞后拆除方案及评估方法:基于前述研究实施了船撞导管架拆除模拟,给出了多类拆除流程的稳定性指标,提出拆除作业划分方法和作业建议。

(5)典型结构低速撞击和损伤后结构极限承载试验:通过落锤冲击试验得到导管架典型构件损伤程度与冲击能量的关系,冲击力与构件被冲击后形成的凹陷深度的关系,将结果与数值模拟结果进行对比,建立了半经验解析公式;以高性能动态作动器对导管架比例模型进行位移加载,使结构产生局部塑性、大范围屈服直至整体失效,验证了结构整体失效机制和前述数值评估方法的适用性。

(6)单桩及导管架基础船撞损伤评估企业标准:对照国内外重要规范,针对工程实际总结了单桩及导管架船撞有限元分析流程,针对基础自身特性给出了破坏形态与指标。

目 录

1 海上风电发展概述

1.1 海上风电技术

现代工业中使用的资源多为不可再生资源,例如煤、石油等。该类资源对未来社会的可持续发展产生了一定的阻碍,不符合当下所倡导的绿色发展的新理念。不仅如此,这类资源为人类社会发展提供动力的同时,还造成了环境污染。为迎合新时代绿色发展理念,践行可持续发展的战略要求,近年来,人类开始发展新型能源,需求也越来越大。海上风电资源就是可持续发展的重要项目之一。

为抑制气候变暖,实现碳中和的目标,全球人类都在努力追求着新的绿色能源,过去一段时间光伏和风电是主要的形式。然而,陆地上的光伏和风电有着种种制约条件,例如占地面积大、噪声污染等,而海洋却解决了这一问题,因此海上风电事业开始在全世界范围内快速发展。

近年来,世界各国海上风电事业的发展极为迅速,海上风电场的增加速度正在稳步上升。根据世界海上风电论坛 2020 年发布的官方数据,2019 年全球总共新增装机容量达到 5.2 GW,主要在中国以及德国、英国、比利时、丹麦等欧洲沿海(图 1-1、表 1-1)地区。截至 2019 年 12 月,全球总共已经建成并投入运行的海上风电场的数量为 146 个,已投入运行的装机容量达 27.2 GW,比 2018 年增长 23.4%。

图 1-1　欧洲海上风力发电场

表 1-1　截至 2019 年 12 月全球海上风电在建项目 TOP4(按装机容量)

项目名称	国家	装机容量 /MW	项目整机设备-风机	数量 /台
Borssele 3&4	荷兰	732	MHI VestasV164-9.5MW	77
East Anglia One	英国	714	西门子歌美飒 SG7.0-154DD	102
Kriegers Flak	丹麦	605	西门子歌美飒 SG8.0-167DD	72
中广核阳江南鹏岛	中国	400	明阳 MYSE5.5-155	73

由此可见,国内外海上风电场(图 1-2～图 1-5)发展极其迅速,全球海上风电市场正在以一个较快的速度稳步向前发展。因此,海上风电场的基础设施的建设也成为各国发展海上风电事业的重中之重。与此同时,风电场大范围建设也使得船舶撞击事故的发生率逐年提高。

图 1-2　霍恩西一号风电场

图 1-3　霍恩西二号风电场

图 1-4　布罗克岛风电场

图 1-5　华能山东半岛南 4 号海上风电项目

　　目前海上风电的规模正在逐步扩大,许多国家都在增加对海上风电的投入,促进海上风电事业的快速发展。美国加州州长加文·纽瑟姆将海上风电的预算由 2000 万美元提高到了 4500 万美元,日本也在逐步完善海上风电的供应链,将投资 400 亿日元建厂。此外,欧盟多国的海上风电已经进入了"零补贴"时代,甚至丹麦的部分海上风电项目已经开始步入"负补贴",荷兰为了促进能源的转型也投入了 350 亿欧元。2021 年欧洲海上风电的成本降幅已达 45%,但是平均收益却降低了 55%,因此欧洲的海上风电开发商也在积极寻求着电价之外的收益方式。

　　面对世界的海上风电热潮,中国更是表现出了蓬勃的活力。由于疫情的影响,美国的财政面临危机,海上风电项目的资金难以落实。日本的零部件生产能力不足,采购成本又格外高昂。而中国则靠着不断的自主创新和正确的政策指导,形成了完整的产业链,拥有非常强大的自主生产能力。几个国家海上风电发展情况及中长期规划如表 1-2 所示。

表 1-2　几个国家海上风电发展情况及中长期规划　　　　　　　　　　（单位：GW）

序号	国家	2019 年底装机	2020 年底装机	2030 年底预计装机
1	英国	9.945	11.00	30.00
2	德国	7.445	7.7(规划 6.5)	20(规划 15)
3	丹麦	1.703	2.14	4.74
4	法国	0.002	3	5.20
5	美国	0.030	3.00	22

序号	国家	2019 年底装机	2020 年底装机	2030 年底预计装机
6	日本	0.085	0.70	10
7	韩国	0.044	0.20	12.00

　　全球风能发展理事会发布的报告显示,2021 年英国的风机总量为全球最高,中国第二,德国位居第三。中国的风力发电正在步入深海,以南通为例,最远电场离岸距离达 80 千米。经过近些年的发展,中国的海上风电事业已经有了很大的进步,但在关键的零部件生产等方面,仍与世界领先国家有很大的差距。

　　目前《"十四五"新型储能发展实施方案》提出将全面促进大规模的海上风电开发,广东、福建、江苏、浙江、山东等地纷纷积极响应政策。山东省能源局规划海上风电的总规模达到 3500 万千瓦,广东省推进投产总量超过 800 万千瓦,江苏省的风电项目场址预计建成 28 个,福建省规划不少于 1000 万千瓦,浙江省也大力推进省级财政补贴制度的完善,广西省已投产达 300 万千瓦,目前仍有 750 万千瓦等待审批。

1.2　船撞事故

　　船舶在海上运行速度与陆路交通运行速度相比普遍较慢,但海上存在很多不稳定因素,如浪流、暗涌等海洋内部洋流,台风、雷暴等极端恶劣天气都会对船舶运行产生影响,从而导致船舶运动失控,造成撞击事故。虽然某些船只撞击导管架的事故很少被媒体报道,但从往年记录来看,船舶撞击还是时常发生。2003 年 9 月,丹麦的罗兰岛海域附近发生运维船只撞击风电场导管架事故,起因为近岸的某一浮式码头失控;2006 年,在英国福克沿岸,一艘驳船失控漂进了科洛斯比海上风电场,对风力发电基础结构产生了严重的撞击;2020 年 4 月,德国北海风电场发生一艘运维船撞上海上风力发电机事故,造成三人受伤,其中一人为重伤(图 1-6)。

图 1-6　德国北海风电场撞击事故

　　从 1975 年到 2001 年的 26 年间,英国健康安全局记录了五百多起船舶撞击风电场事故,大多为船舶撞击海洋平台,我国海上风电起步较晚,对船舶撞击事故没有详细地登记在册,但是随着我国海上风电场的不断延伸,船舶撞击风电场事故发生概率也逐渐增大。本书以南海某风电场受到"天鸽"号台风影响,发生的船舶撞击导管架事故为基础进行研究。

1.3 海上风电发展趋势

随着航道业的发展,海岸港口也越来越繁忙,风电场的设施遭受过往船只碰撞的风险也大大增加。如果风电场遭受撞击,不仅会使得风电场公司受到不同程度的经济损失,还会对居民用电产生一定的影响。更有甚者,如果过往的船只为原油船只,碰撞产生的船体受损必然会导致原油泄漏,不仅会造成经济损失,还会对环境产生相当大的污染。所以,开展海上船舶碰撞的研究对未来我国发展海上事业是十分有必要的。

随着全球清洁能源发展的推动,风电技术的发展必将面对以下几种发展趋势。首先是叶片制造技术和传动性能的不断改善,目前主流的风机直径为150 m,单机容量在6 MW左右,而未来单机容量预计将达到15 MW。其次是机组吊装的便捷化,通过港口吊装或预吊装等方案,大大降低吊装的成本。漂浮式基座也是未来的重要发展趋势,在不断面对深水化的时代,漂浮式基座提供了重要的技术支持(图1-7)。最后是输电环节的创新,减少电缆的损坏和运输成本,会进一步提升海上风电设备的竞争力。

图 1-7 漂浮式基座

随着海上风电技术的大型化、深海化速度不断加快,变功率调节技术火热,直驱式风机数量不断增加,控制技术日趋智能化,未来的海上风电技术将朝着大型化、深海域、低成本、高可靠性、多样化不断发展。在海上风电技术中,风机、基础、施工方法及装备、供配电系统、塔筒、信息处理、电缆及铺设、综合利用等技术是拥有公开专利最多的领域,这些表明了海上风电技术发展的重要问题。我国风电技术在2023年将进入技术成熟期。中国海上风电成本构成如图1-8所示。

目前全球风电市场中英国的市场份额最大。德国虽然受到海洋法的制约,但在政策的支持下,发展也较为领先。丹麦的风电发展最早,但目前却处于停滞不前的情况。而中国则处于蓬勃发展的阶段,《能源技术革命创新行动计划(2016—2030年)》明确指出我们要不断推进技术的创新和突破,深入远海,进入规模化的时代。2019年海上风电新增装机情况如图1-9所示。

在目前海上风电发展欣欣向荣的时代,许多关键问题亟待解决,首先是风能资源的勘测

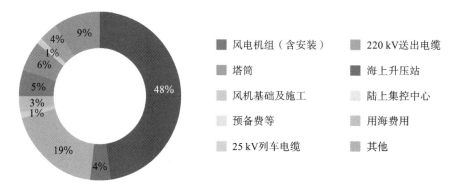

图 1-8　中国海上风电成本构成

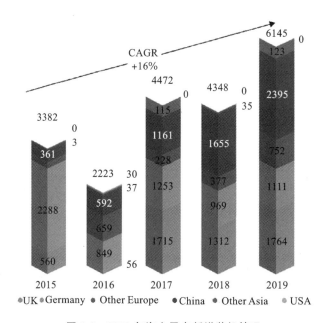

图 1-9　2019 年海上风电新增装机情况

滞后,海上风电场的规划远超能源的勘测范围。其次是风电技术的投入和产品的研发滞后。最后是海上风电电价难以确定。

纵观欧洲国家海上风电的发展情况,虽然其在开发之初就提出了宏伟的蓝图,但缺少实施规划,这导致了在进入大规模的开发阶段之后发展不协调的情况开始逐步显现。我国目前已进入了海上风电发展的新阶段,我们需要吸收其他国家的经验,需要关注以下几点问题,促进海上风电事业的发展。一是要明确主要机构的责任,做到统筹规划。二是要简化流程,提供准确的位置信息。三是要统一体系,完善市场机制。

就目前来看,海上风电是清洁能源的主要发展方向,而在“十三五”期间,90％以上可再生能源方面的资金补贴并未落实,行业已不堪重负。为加快产业链的发展,我们必须尽快形成自己的技术产品,增强自己的自主创新能力,全面降低运营维护以及生产的成本,加强研发的投入,集中精力克服关键问题,同时要因地制宜,充分发挥不同区域的优势,扬长避短,也要加强国际的交流与合作,避免闭门造车。

我国的海岸线长达 1.8 万千米,海上风能资源庞大,目前正是我国海上风电技术发展的关键时期,是机遇也是挑战。海上风电的开发一定要坚持整体布局,避免碎片化的开发,要充分发挥规模效益,推动海上产业链的完善发展。同时,政府也应加强扶持,为海上风电技术的发展助力。华能江苏海上风电场如图 1-10 所示。

图 1-10　华能江苏海上风电场

随着浅海发展的逐渐饱和,深远海必然会成为主流趋势。深远海更是具有不占航线、对居民生活影响小的优势。浮式风机作为深远海的重要组成部分,必定会受到大众的重视。我们必须要借鉴他国的经验,增强自己的自主研发能力,通过良好的政策来降低成本,提升自己的核心竞争力。结合我国风电产业的发展路线来看,预计 2030—2050 年漂浮式风电设备将逐步实现规模化。如东潮间带风电场如图 1-11 所示。

图 1-11　如东潮间带风电场

海岸线的逐步拉长也导致了运维成本的急剧增加,因此必须要推动技术的革新,使用智能化、规模化的开发手段。同时也可以考虑引入欧洲有经验的开发商,并结合我国特有的环境、地理气候条件,设计我们自己的海上风电技术方案。发展漂浮式海上风机,推动规模化,降低运营成本,对我国海上风电的可持续发展具有重要的战略性意义。

2　海上风电场船舶碰撞评估方法与标准

2.1 风电单桩基础结构及导管架极限强度研究方法及标准

单桩基础水平承载性能是利用桩对土产生的抗力来承担桩身受到的水平荷载。桩身在水平集中力、弯矩或两者耦合作用下受力,使桩产生水平位移或绕桩身某点产生挠度,其中一部分荷载由桩体自身承担,另一部分荷载通过桩土之间的相互作用传递给土体,导致桩周土发生相应的变形从而产生抗力,这种抗力阻止桩体进一步发生变形。

俞益铭总结了大直径桩基水平承载力的研究方法和桩体破坏模式,重点介绍了复合地基反力法在计算桩基水平承载力的应用,最后对海上风电大直径单桩基础利用有限元软件ABAQUS进行水平承载能力的研究,但并未涉及桩水平极限强度研究。

王瑞丰基于薄壳破坏理论对大直径钢管桩进行局部屈曲研究,考虑初始缺陷进行屈曲及后屈曲研究。其研究了单桩长径比变化对水平承载力的影响,探讨了使用 m 法和 $p\text{-}y$ 曲线法对不同桩长径比的适用性,并将简化解析结果与数值计算结果相互验证。数值计算结果显示,大直径钢管桩在水平荷载作用下将发生局部屈曲破坏,该研究给出了判定钢管桩局部屈曲的公式。在进行大直径钢管桩设计研究时,需要进行壳体稳定性验算。但该研究没有针对桩的水平极限强度研究,只是考虑了桩插入土部分水平承载力研究。

邹新军等人总结前人研究桩基屈曲稳定分析方法,并提出采用非线性屈曲分析方法即弧长法对高承台基桩进行屈曲稳定分析,利用有限元软件ANSYS建立数值仿真模型,探究了桩身初始倾斜度、弯曲度等其他存在缺陷对桩基屈曲的影响。该研究主要针对竖向荷载作用下的屈曲进行分析,未考虑水平荷载作用的屈曲稳定。

郑刚、王丽利用有限元法对单桩水平荷载试验进行模拟分析,研究了桩嵌在成层土中,倾斜荷载的竖向分量变化和横向土抗力分布特点。他们还研究了灌注桩和钢管桩桩顶离地面高度的大小关系以及竖向分量导致挠曲变形产生的 $p\text{-}\Delta$ 效应。

何筱进研究了现浇混凝土薄壁管桩桩基水平承载性状,通过试验、数值仿真、解析等手段,探究了桩身受力弯曲性状、桩身挠曲位移、桩身弯矩分布、地基反力等方面。该研究是基于小变形弹性状态条件下的水平承载力研究,未考虑薄壁管桩材料的弹塑性屈服和地基土的塑性等非线性问题。

龚维明等采用试验方法对东海大桥风电场中 2 根 1.7 m 直径钢管桩进行研究,试验测得了桩顶荷载-桩顶水平位移曲线特征、桩身变形和桩身弯矩数值大小。采用修正的 $p\text{-}y$ 曲线计算得到的结果与实测推算得到的结果吻合度较高,并建议进行风电场设计研究时,必须先进行细致的地质勘探或现场试验,测得符合工程实际地质条件的 $p\text{-}y$ 曲线,之后才能进行施工建造。

现有使用广泛的水平受荷桩非线性分析方法中的 $p\text{-}y$ 曲线法是根据小直径桩现场试验推导得出的,其是否适用于海上风电大直径水平受荷单桩性状还不明确,董爱民经现场桩基试验、理论推导分析、数值仿真模拟提出了适合大直径桩的非线性复合地基反力法即 $p\text{-}y$ 曲线。

王占川利用边坡稳定研究中强度折减法原理来分析单桩水平承载性能,介绍了强度折减法原理并将其应用于计算桩基极限承载力,其次采用数值计算方法和 MIDAS/GTS 有限元软件,求解桩基水平承载能力,并结合工程试验数据验证强度折减法可以计算桩基承载能力。但该研究只是利用一种方法求解极限强度,并未考虑其他不同条件对极限强度的影响。

李振庆等分别采用有限元法和极限平衡法分析一种新型桶形基础的水平极限承载力,并将两种方法进行对比研究。有限元数值模拟分析主要研究了不排水剪切强度大小的不同对桶形基础水平承载力的影响,得出不排水剪切强度越大,承载力越大的结论,并得出该基础以转动破坏为主,当处于极限平衡状态时,桶体后侧与土体发生分离。基于极限平衡法得出计算求解公式与有限元结果进行对比验证。

李国荣等使用有限元软件 ANSYS 对 500 kV 输电塔架的水平极限承载力进行研究,分别采用双参数弧长法和牛顿-拉斐逊的加载模式进行加载分析,证明了采用牛顿-拉斐逊加载模式能体现材料的应力-应变关系,并得到相应的荷载-位移曲线。该研究虽然针对输电塔架,但是能提供给我们研究方法,以此证明弧长法等方法可以求出结构的极限强度。

栗铭鑫研究了在复合加载作用下非线性屈曲问题,首先介绍了竖向荷载和横向荷载破坏形状,利用二维/三维进行数值模拟,验证理论解的准确性。其次采用三维桩土相互作用数值仿真模型在复合加载下分析桩的屈曲承载力,采用非线性 Riks 分析算法,分析了桩土的弹塑性材料变化特征,并探究桩土非线性接触方式对桩体后屈曲稳定的影响。

首先开展船舶碰撞研究工作的是 Minorsky 教授。1959 年,他根据能量守恒的原理,总结出了钢材体积变形与碰撞冲击能的关系,即米诺斯基关系曲线,后来被各国的工程师广泛应用在各项工程当中,这套理论就是 Minorsky 理论。

在该理论当中,Minorsky 教授将整个碰撞过程分为两部分,其中一部分为静止的部分,另一部分为运动的部分,研究了侧向垂直撞击这一特殊工况下的撞击情况。在计算的过程中,该理论将其他因素都用水的质量来代替,撞击后两物体的共同速度根据动量定理来求得,相应的塑性应变能即为碰撞过程中损失的动能。该理论被后来的学者不断地修正,能够适用于碰撞角度不同、海洋情况不同的各种工况。

Woisin 教授继续在 Minorsky 教授的理论基础上进行细化,应用于船撞桥墩的具体工程实践中,Woisin 教授进行了多次的实验研究,总结二十多次的模型实验结果,通过对船舶质量乘以一个放大系数确定了一个碰撞工况的碰撞力经验公式。

McDermott 根据极地作业的碰撞场景,提出了三种碰撞后船首结构强度的评估方法,对低动能状态下船舶碰撞结果进行了分析。

Petersen 利用船舶在水平方向的运动方程将数值模拟的过程推导出来,用响应函数来表达截面上的力,并通过截面阻尼的余弦变换来确定函数的参数。

Derucher 将碰撞问题转化为弹簧系统的能量转化问题,将碰撞物体与被碰撞物体等效成一个耦合体,研究耦合体在整个碰撞过程中的能量问题。

Reckling 提出了船舶以直角碰撞时求解临界速度的计算量最小的结构方法,当被撞击船舶的侧壁刚开始发生破裂时,定义此时的撞击船的速度为临界速度,利用内部碰撞力学计算两艘船在船体碰撞破裂之前所吸收的能量。

梁文娟应用三维模拟,建立船舶运动方程以及碰撞的外力作用,考虑了船体六个自由度变化,将碰撞理论公式拓展到三维空间中。

Jones 根据刚性楔块冲击钢板的实验结果推导出了钢板吸收切削能量、弯曲能量和摩擦能量的经验公式。

Jones 等采用刚性楔块冲击钢板,结合 Minorsky 理论,推导出钢板吸收的切削能量、弯曲能量以及摩擦能量的公式,并且验证了当板受到撕裂或切割时,全尺寸原型损伤大于使用几何相似尺度基本原理的小尺寸模型损伤。

Hysing、Yang 等通过研究船艏与结构之间的碰撞,提出了船艏与局部结构发生碰撞之后求解结构变形的简化方法。

Paik 通过研究纵向加筋钢板受到刚性楔块碰撞得出吸收能量与凹陷深度的表达式,通过改变板厚、板的长宽比、撞击的角度等因素研究各参数对碰撞结果的影响。

Pedersen 研究船舶与船舶之间的碰撞、船舶与刚性墙之间的碰撞以及船舶与海上结构的碰撞,推导出船舶碰撞破碎时释放能量和冲击能量的解析表达式。

Zhang 通过研究分析船舶碰撞的损伤,给出了船舶碰撞和搁浅的内部损伤评估的简化分析方法,并用公式进行了描述。

Tabri 等将船舶的运动方程对时间积分,提出了一种用于模拟非对称船舶碰撞的计算模型,模型中包括碰撞位置和碰撞角度,并且通过对接触表面牵引力进行积分得到接触力。

Liu 等基于船舶冲击力很大,其余力均忽略不计的假定,在局部坐标系中求解运动方程,通过全局与局部坐标系之间的变换矩阵,导出船舶碰撞外部动力学的封闭解。

王君杰等通过研究船舶和桥梁碰撞,并且进行了不同初速度下船舶碰撞刚性墙的计算,提出了简化力学模型,确定了简化模型中的公式参数。

Dai 等对碰撞过程进行评估,提出了船舶碰撞海上风机的风险评估框架,并研究分析了风险影响因素及风险大小。

Zhang 等根据现有的船舶碰撞数学模型,进行 60 组实验,运用实验结果分析封闭解析解的合理性和有效性,并进一步对公式参数进行了修正。

综上所述,鲜有海上风电单桩基础水平极限强度相关研究,针对具体分析方法还没有唯一标准。大部分学者都是研究水平承载能力,通过地基反力来评估桩的受力情况。综合以上研究,开展海上风电大直径单桩基础水平极限强度研究有重要的工程应用前景。

对于碰撞问题,国外学者做过较多的研究,也形成了很多适用于不同工况的理论。国内对该方面也有研究,但并没有形成一套较为系统和完整的技术标准及相应的规范来指导国内研究人员以及相关单位开展相应的工作。我国仍然需要不断深入对碰撞问题的钻研,来推动海上船舶撞击评价相关体系的建立。

2.2 船舶碰撞海上风电基础及导管架的评估方法与标准

李艳贞基于 5000 t 船舶和桁架式导管架基础海上风机,首先采用非线性有限元动态响应分析程序 MAC.Dytran 以不同碰撞速度对导管架基础进行碰撞研究,得到结构局部损伤特性、碰撞力-凹陷位移曲线和能量转化形式特点。其次研究了一集装箱船船侧正碰导管架风电基础,同时获得了两者损伤情况,比较了两者的各自能量吸收。其评估方法主要从能量转化来研究撞深曲线的变化特征,并未使用局部评估准则和进行其他工况下的模拟。

郝二通利用有限元软件 LS-DYNA 进行船舶与单桩基础碰撞研究,对能量转化、最大碰撞力、基础损伤状态和风机动力响应等问题进行了探讨。首先介绍了碰撞能量转化形式,进而研究不同吨位、不同速度、不同角度对碰撞结果的影响,得出相应的结论。其次使用面积受损率来反映单桩基础的受损程度并计算受损区域面积。

Biehl 使用显式算法有限元软件针对三种不同风电基础形式,使用不同的船体模型进行碰撞研究,得出结构材料损伤曲线、撞击后基础结构稳定性以及土体对桩基作用变形模式。

Ren 和 Ou 利用显式分析软件 LS-DYNA,采用 DWT 为 2000 t 飞剪型船舶与固支单桩基础进行碰撞模拟,研究了碰撞力变化特征和局部损伤塑性应变大小变化;发明了一种新的球体壳和环梁防撞装置,验证了防撞装置可以吸收较大能量,从而保护船与风电基础撞击的位置。

Ramberg 未考虑船舶弹塑性特点,但考虑土的相互作用,利用碰撞软件 USFOS 对大型油船与导管架基础的节点、管腿进行碰撞模拟,从基础结构整体损伤变形、局部屈曲凹陷以及机舱动力响应分析了导管架基础的抗撞性能。

Hamann 等考虑了海域水深、桩基直径和桩基入土深度等,采用数值模拟方法对重力式基础与单层壳油船结构进行碰撞研究,分析了重力式基础整体损伤变形和局部损伤特性,对于重力式基础结构抗撞性能设计研究具有重要参考价值。

Kroondijk 利用 LS-DYNA 软件分别从海域水深大小、导管架水平支撑结构材料特性和地基土的性能参数等方面研究了大型和小型导管架基础、单桩基础整体抗撞性能和局部屈曲模态等问题。

Samsonovs 等使用 ABAQUS 软件进行碰撞模拟,通过改变不同碰撞速度,同时考虑材料、几何非线性特点,分析了结构的损伤和桩土作用模型对碰撞的影响,桩周土对碰撞过程中结构吸能具有不可替代的作用。

Ding 等利用有限元软件 ABAQUS,建立 DWT 为 5000 t 船舶以 0.5～2 m/s 速度分别与负压桶式基础进行正撞模拟,研究表明损伤主要集中在碰撞区域部位,能量主要被此区域所吸收。

Zhang 等将船舶简化为集中质量的球形刚体模型,分别从碰撞速度、碰撞位置和撞击位置处桩基厚度对桁架式导管架基础进行正碰模拟,对局部损伤区域进行加固研究并验证其满足工程要求。

Buldgen 等通过对钢管桩撞击部位的边界条件的调整,得出任意角度的碰撞力解析公式,并通过有限元软件 LS-DYNA 验证其解析公式的准确性,但该方法适用于船体较小的低能碰撞。

Bela 和 Le 等简化船舶为解析刚体,从碰撞速度、塔筒以上质量、风荷载、土体材料特性以及碰撞水深下碰撞不同的位置,建立船舶与单桩基础碰撞和导管架基础仿真模型,最后从能量(内能)变化、碰撞力-凹陷位移的角度评估碰撞的变化。

Hao 等运用显式有限元软件 LS-DYNA 对三种风电基础进行抗撞性能评估。通过研究和分析得到最大碰撞力、碰撞损伤面积、塔顶的加速度和最大弯矩以及三种基础的钢材消耗,发现在低能碰撞条件下,导管架具有最佳的综合抗冲击性能,对开展海上风电基础设计具有一定的参考价值。

Amdahl 等通过非线性有限元分析的方法,建立 DWT 为 2000~5000 t,动能最高 50 MJ 船舶对导管架腿的刚性圆柱体抗撞性研究,并得到相应的力和变形曲线。对 NORSOK N-004 规范中提出的曲线进行验证并将其用于平台强度设计。最后以一个实际平台的船舶碰撞为例,说明了所提设计曲线的应用。

Graczykowski 为了避免海上风电场设备与小型服务船舶的碰撞产生严重危险,提出了在水平面上安装环形自适应充气结构的一种有效保护方法。气动结构包含几个独立的气室,装有快速充气和释放压力的装置,该系统可以通过调整每个舱的初始压力水平和控制碰撞过程中压缩空气的释放来适应各种冲击场景。利用有限元软件 ABAQUS 显式分析程序对船舶-风电基础进行碰撞分析。介绍了减轻风电基础和船舶压力响应的压力调节方法。通过可行性研究,证明了充气结构能有效地保护风机塔和船舶免受严重损伤。

Fan 等使用有限元软件 LS-DYNA 建立船体-结构-土体之间的耦合模型来研究三者之间的相互作用。主要研究了冲击材料模型特性、桩土作用边界条件、初始应力问题对数值碰撞模拟的准确性。结果表明,在保证桩的延性的同时,应仔细设计平台和防护系统的连接,以防止桩的脆性破坏,进而研究了碰撞过程的四个阶段。为了有效预测结构碰撞响应问题,在有限元模型基础上提出了一个两自由度的解析模型。最后详细讨论了解析模型中所涉及的等效质量和力-变形关系的确定方法。将两自由度解析模型得到的运动响应与有限元结果进行了比较,证明所提出的简化模型的合理性和适用性。

Minorsky 用数值方法模拟船舶碰撞,主要研究了船舶碰撞的最大冲击力。

Chang 等在数值计算的基础上,研究了结构的塑性破坏,首次将塑性破坏的理论研究与有限元数值模拟结合在一起。

Lenselink 在分析水流对船舶产生的作用时,创造性地将水流作用用弹簧代替。

Vredeveldt 以内河油轮碰撞结构为例,对船船之间以及船与结构之间的作用进行了有限元模拟。

Lloyd 通过研究船舶与海上风机的碰撞,定义了碰撞发生风险等于碰撞概率与碰撞产生的损失之积。

Lehmann 等用大尺度碰撞实验结果对碰撞过程的数值计算进行了验证,利用计算中的断裂应变和其他参数计算结果,对具有奥氏体内壁和奥氏体壳体的双蒙皮结构进行了数值计算,并发现在相同结构和相同质量下,使用奥氏体钢材的船舶具有更大的抗撞击能力。

秦立成利用 LS-DYNA 软件建立船舶与导管架碰撞的有限元模型,用动力显式方法分析碰撞损伤并进行预估。

杨亮等通过数值模拟方法对船与海洋结构物的碰撞问题进行了研究,并且对结构周围有无冰介质影响的差异进行分析。

Tabri 等研究一艘水箱装满水的船舶与一艘初始静止没有任何液体的船舶分别碰撞,将线性晃动模型与理论碰撞模型相结合,对两种情况进行了数值模拟以及物理实验,得出装满水的船舶变形能比实验结果高 10%。

李艳贞等运用数值仿真技术模拟不同吨位船舶对海上风电桁架结构的撞击动态过程,得到结构碰撞力与撞深关系的曲线以及能量转移和转化相关的关系。

Suzuki 等通过建立坐标系的方式将船舶偏航的结果进行统计,服从正态分布,在此基础上定义了船舶与海上风机产生碰撞的概率。

胡志强等采用数值仿真方法模拟船侧撞击立柱结构,分析立柱结构不同以及撞击点不同时,船舶撞击产生的结构损伤。

郝二通等通过建立不同有限元模拟工况,研究船舶的最大撞击力与质量、初速度以及角度的关系,在碰撞研究的基础上提出了新型防撞结构。

Travanca 等对船舶与海上结构物的碰撞进行了一系列有限元数值模拟,对不同尺寸、不同布局的船舶碰撞不同尺寸和配置的平台导管架模型的碰撞结果进行分析,比较了不同工况下能量耗散情况。

Liu 等运用 LS-DYNA 软件模拟船舶与单桩基础的碰撞,通过对碰撞力和机舱加速度的比较,提出一种新型耐撞装置。

Moulas 等采用 4000 t 级的船舶在深水和浅水区分别撞击单桩和导管架两种常见的固定基础,对各种事故场景进行了识别,并分析碰撞造成的结构损伤,并且提出一种非线性数值分析方法,来评估海上支援船对海上风机的碰撞损伤。

Bela 等对船舶与海上风机的碰撞进行了非线性数值模拟,改变外部条件,对塔顶的阻力和位移以及内部能量进行了比较,以一艘可变形船舶为例进行碰撞过程的模拟,并发现当可变形船舶撞击物体时,受到撞击物体形变量是刚性船舶撞击产生形变的 2 倍,并且结构能够承受碰撞不坍塌的碰撞速度最大可达 6 m/s。

Hao 和 Liu 运用 LS-DYNA 软件,对海上风力发电机单桩、三脚架和导管架三种常用基础进行船舶正向冲击时抗撞性能分析,通过分析最大的碰撞力、损伤区域以及最大弯矩等因素,得出导管架在低能量碰撞下具有最佳的综合抗冲击性能。

Mo 等运用 LS-DYNA 显式有限元程序建立了 2000 t 级船舶与 5 MN 单桩碰撞的有限元模型,单桩基础采用灌浆形式,通过分析碰撞系统的能量、速度以及冲击力等,将碰撞过程分成初始碰撞、最大碰撞偏移运动、船舶-碰撞分离运动和碰撞分离后运动四个过程。

Han 等运用 ANSYS 和 LS-DYNA 软件对 2500 t 级船舶碰撞导管架的护舷进行了数值模拟,通过提取最大碰撞力、吸收能量、Von Mises 应力以及塑性应变,分析了碰撞与材料厚度和船体厚度之间的关系。

Jia 等对某 4 MW 的海上风力发电机组和运维船碰撞过程中结构荷载进行了数值仿真分析,以实际数据作为参数输入模型中,得出了操作船与运维船对导管架的碰撞增加了塔底和桨叶根部的弯矩的结论。

温生亮等运用 SACS 软件对渤海海域导管架受到船舶碰撞情况进行了数值仿真分析,根据实际工况对 ISO19902 等规范中关于船舶撞击方面的公式参数进行了修正。

Zhang 等运用有限元软件研究船舶碰撞场景下的 OFWT 的动力响应,发现与风浪条件下相比,船舶撞击在静水条件下的动力响应和系泊系统响应更为明显。

船舶碰撞海上风电基础会产生巨大的碰撞力导致结构受损,碰撞模拟计算涉及接触、材料非线性和几何大变形等问题,以上研究主要是使用数值仿真模拟进行碰撞研究,主要也是得益于现在的计算机能力提升。

除了利用数值模拟方法研究碰撞,还可以利用半经验估算方法研究船舶碰撞力。目前国内外常用的计算船舶碰撞荷载五个经验公式如下。

(1)（IABSE）Minorsky-Gerlach-Woisin 公式、Saul Svelsson-Knott-Greiner 公式及（AASHTO）公式。

$$P = 0.024 \left(V D_{max} \right)^{\frac{2}{3}} \tag{2-1}$$

$$P = 0.88 \left(DWT \right)^{\frac{1}{2}} \left(\frac{V}{8} \right)^{\frac{2}{3}} \left(\frac{D_{act}}{D_{max}} \right)^{\frac{1}{3}} \tag{2-2}$$

$$P = 1.2 \times 10^5 V \left(DWT \right)^{\frac{1}{2}} \tag{2-3}$$

式(2-1)～式(2-3)中:P 为碰撞力(1×10^6 N);DWT 为船体的载重量(t);V 为碰撞速度(m/s);D_{act} 为接触碰撞时船舶排水量(t);D_{max} 为船舶的满载排水量(t)。

(2)《公路桥涵设计通用规范》碰撞力公式和《铁路桥涵设计规范》撞击力公式。

$$P = \frac{WV}{gT} \tag{2-4}$$

$$P = \gamma V \sin\alpha \left(\frac{W}{C_1 + C_2} \right)^{0.5} \tag{2-5}$$

式(2-4)、式(2-5)中:P 为碰撞力(1×10^3 N);W 为船舶自重(1×10^3 N);V 为碰撞速度(m/s);T 为碰撞时间(s);g 为重力加速度 9.81(m/s²);γ 为动能折减系数(m/s$^{0.5}$);α 为船舶撞击墩台点处切线所成的夹角(°);C_1、C_2 为船舶弹性变形系数和墩台圬工弹性变形系数。

以上公式基本上是基于船桥碰撞所得到的经验公式,实际上海上风电结构不同于桥梁结构,使用时应区别其局限性和不一致性,可作为风电抗撞性能设计参考。

实测模型试验研究也是分析船撞荷载能量的重要手段,由于撞击试验耗费过大,有采用实体船进行碰撞研究的,例如 Minorsky、Woisin、荷兰应用科学组织、Ehlers 分别采用实体模型或比例模型进行船撞船试验研究,他们分别从船体结构变形、碰撞力、凹陷深度、能量转化关系得到其相应曲线数据。Consolazio 在报废的桥墩上进行船桥碰撞,测得了该船舶和桥梁的动力响应特性。Jin 开展驳船撞击导管架海洋平台试验研究,利用有限元仿真模拟与试验所得的损伤程度相一致。胡志强等利用模型数值水池试验研究船碰撞海洋平台,得出平台的水平位移、纵摇角和系泊张力。

以上模型试验是基于船船碰撞、船桥碰撞、船碰撞海洋平台开展实施的研究,未有试验对船撞海上风电基础进行研究。

3　基础极限强度与事故后评估

3.1 海上风电基础受损后剩余极限强度研究现状

邹湘针对含有裂纹损伤的海洋平台进行剩余强度分析。采用疲劳断裂力学的裂纹扩展方法,通过引入多尺度有限元原理,同时采用结构非线性研究方法进行对比,以此进行极限强度研究。建立了时变裂纹损伤下的多尺度导管架平台数值计算模型,得到焊缝、腐蚀等因素作用下产生的结构损伤状况,针对导管架的损伤较大区域进行结构剩余强度研究。

黄震球等研究了船体梁结构内部爆炸导致的结构受损后剩余强度的变化规律。一系列板-加强筋结构单元组合船体梁断面在内部爆炸荷载作用下,出现大的残余挠曲变形和断裂破坏两种损伤形式。船体梁剩余强度计算归结为受船体梁断面剖面模数的计算,但它的最为明确的量度应是它的极限弯矩值。

李景阳在复杂荷载作用下,对含裂纹的船舶结构进行结构剩余极限强度研究。综合考察了在复杂荷载作用下船舶结构产生裂纹缺陷,以及该损伤在不同的荷载形式作用下剩余极限强度的大小研究,提出了带裂纹构件的剩余极限强度评估方法。该研究结果表明:非线性有限元程序能够较好分析裂纹产生的损伤对结构剩余极限强度的求解,同时证明了裂纹的存在对结构的剩余极限强度有削弱作用。

以上所述,基本上都是海洋工程中对裂纹或其他损伤因素存在下剩余极限强度的研究,主要是针对船舶或海洋平台,对风机受损还未有研究。目前国内外还未对碰撞后剩余极限强度进行研究总结。海上风电基础遭遇船舶碰撞后受到严重损伤,针对受损后剩余极限强度研究需要有特定的研究方法。研究不同的碰撞情况下受损和未受损极限强度对结构的寿命预测具有重要的现实意义。

船舶碰撞海上风电基础结构都集中研究碰撞过程,对于撞前结构极限强度、碰撞过程和撞后剩余极限强度开展整体性研究的工作却十分少见。本书将建立风电基础-土体耦合作用的船撞过程和结构损伤评估方法,总结不同碰撞工况下结构的事故后剩余极限强度评估。

3.2 风机基础极限强度与撞船事故后 结构风险实例评估

3.2.1 风电结构模型和材料参数模型

本研究采用的海上风电单桩基础单机容量为 6 MW,属于大直径深桩基础。风电整体各段参数如表 3-1 所示。

表 3-1　风电结构几何参数

名称	高度/m	直径/m	壁厚/m
桩基	60	7.0	0.08

续表

名称	高度/m	直径/m	壁厚/m
过渡段	20	7.0(下) 6.5(上)	0.08
塔筒	65	6.5(下) 4.0(上)	0.08

桩基和塔筒采用渐变段设计建模,塔筒以上设备(机舱、轮毂、叶片等)等效耦合在塔筒最高点,设置为集中质量点,质量大小为 370 t,风电单桩基础结构几何模型如图 3-1 所示。风电单桩基础和塔筒结构的材料本构采用 DNVGL-RP-C208 推荐的弹塑性硬化模型,该材料具有线弹性和屈服平台的幂律硬化模型参数。材料本构关系(真实应力-应变)曲线如图 3-2 所示。

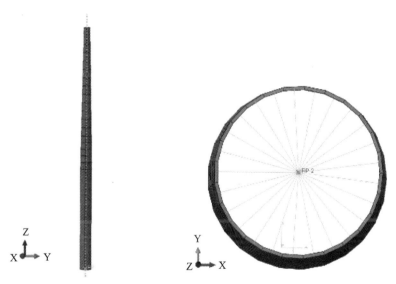

图 3-1　风电单桩基础结构几何模型

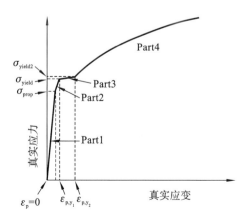

图 3-2　材料本构关系(真实应力-应变)曲线

该材料本构真实应力-应变关系可以定义如下。

$$\sigma_f(\varepsilon_p) = \begin{cases} \sigma_{yield2} & \text{if} \quad \varepsilon_p \leqslant \varepsilon_{p,y_2} \\ K\left[\varepsilon_p + \left(\dfrac{\sigma_{yield2}}{K}\right)^{\frac{1}{n}} - \varepsilon_{p,y_2}\right]^n & \text{if} \quad \varepsilon_p > \varepsilon_{p,y_2} \end{cases} \tag{3-1}$$

图 3-2 和式(3-1)中：K 和 n 是硬化系数，$n=0.166$；σ_{prop} 是屈服应力，σ_{yield}、ε_{p,y_1} 分别是刚开始有屈服时的屈服应力和等效塑性应变，σ_{yield2}、ε_{p,y_2} 是开始硬化时的屈服应力和等效塑性应变。低碳钢 S355 和 S235 各参数如表 3-2、表 3-3 所示，$E=210000$ MPa。风电整体（桩基和塔筒）结构采用低碳钢 S355。

表 3-2 低碳钢 S355 规范中提议钢属性的平均参数

σ_{prop}/MPa	$\sigma_{yield}/\text{MPa}$	$\sigma_{yield2}/\text{MPa}$	ε_{p,y_1}	ε_{p,y_2}	K/MPa
384.0	428.4	439.3	0.004	0.015	900

表 3-3 低碳钢 S235 规范中提议钢属性的平均参数

σ_{prop}/MPa	$\sigma_{yield}/\text{MPa}$	$\sigma_{yield2}/\text{MPa}$	ε_{p,y_1}	ε_{p,y_2}	K/MPa
285.8	318.9	328.6	0.004	0.02	700

材料损伤模型采用延性金属损伤中韧性损伤模型，韧性损伤需要定义断裂应变、应力三轴度、应变率三个参数，三者之间的关系是损伤萌生的断裂应变在不同的三轴应力和应变率下得到的，材料参数通过规范及试验获得。损伤演化采用塑性断裂位移控制，损伤变量与塑性位移关系采用线性形式，当塑性位移达到断裂位移时，断裂发生，损伤变量 $D=1$。断裂位移输入参数值根据单元特征长度和厚度以及不同单元类型输入。Kulzep 和 Peschmann 根据仿真研究给出了不同单元厚度的断裂应变（断裂位移）与单元特征长度的关系，如图 3-3 所示。

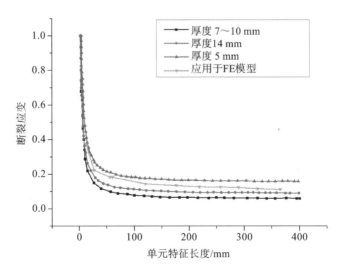

图 3-3 断裂应变与单元特征长度的关系

3.2.2   土体结构模型和材料参数模型

土体的尺寸为直径120 m,高75 m,中间桩留下的空隙为直径7 m,属于大直径桩(按照风机直径设计),深度为55 m,属于深桩作用情况。一般土体建模的时候要求土体直径是桩直径的20～40倍,为了提高计算效率直径采用120 m。土体材料采用Mohr-Coulomb塑性模型,材料参数如表3-4所示,其中模型参数经过试验测得。

表3-4   土的主要分类和模型中使用的主要参数

土的类型	密度 /(t/mm³)	弹性模量 /MPa	泊松比	摩擦角 /(°)	剪胀角 /(°)	凝聚力 /MPa	等效塑性应变	厚度 /m
粉砂	1.929×10^{-9}	22	0.3	25	15	0.004	0	8.8
粉砂	1.949×10^{-9}	27.4	0.3	29	15	0.004	0	5.4
粉砂	1.969×10^{-9}	37.3	0.3	29	15	0.004	0	5
粉砂	1.949×10^{-9}	34.2	0.3	29	15	0.004	0	4.3
粉质黏土	1.96×10^{-9}	35.8	0.3	7.7	0	0.003	0	2.9
细砂	1.98×10^{-9}	45.4	0.3	36	15	0.004	0	2.6
粉砂	1.99×10^{-9}	47.7	0.3	36	15	0.004	0	2.5
中砂	1.806×10^{-9}	54	0.3	38	15	0.004	0	7.5
黏土	2×10^{-9}	35.8	0.3	16.8	0	0.004	0	3.4
中砂	1.908×10^{-9}	67.2	0.3	38	15	0.004	0	12.6
砂	2×10^{-9}	130	0.3	38	15	0.004	0	20

岩土工程分析中初始地应力是重要的影响因素之一,利用ABAQUS软件可以实现初始地应力平衡,土体分层几何模型如图3-4所示。

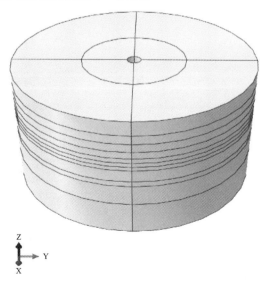

图3-4   土体分层几何模型

初始地应力是指在地球表面或地壳中未经工程扰动的天然应力状态,它是由于地球地热、重力、地球自转及其他因素而产生的内部应力。初始地应力是岩土工程研究中的重要影响因素之一。原因如下。

(1)岩土工程分析多采用增量形式来求解,分析域内的应力由初始应力和应力增量相加得到,由此可知初始地应力从结构分析开始到分析结束都会产生影响。

(2)岩土材料的结构整体刚度和单元内部应力-应变状态有关。

(3)对于动态岩土研究中涉及结构土体开挖、土体内部填充、边坡整体稳定性等岩土问题,进行初始地应力平衡是准确分析的首要条件。

利用 ABAQUS 分析实现初始地应力的平衡,首先应建立土体有限元模型,输入土体材料参数,然后在土体上施加重力荷载,并对数值模型按照实际工程情况进行边界条件设置,最后计算得到在重力荷载下的应力场分布。基于地应力平衡原理,将提取出的应力结果文件作为初始条件施加于下一步分析数值模型中,并同时加载重力荷载,使得施加的内力与外力相平衡,从而得到相对精确的未经工程或人为因素扰动的初始应力状态。初始地应力平衡需要遵守如下两个条件。

(1)平衡条件:根据力学、物理平衡方程条件,初始地应力应与重力荷载保持平衡。如果不满足平衡条件,很难精确得到位移为零的初始应力状态。

(2)屈服条件:利用 ABAQUS 软件使用不同的材料本构模型需要满足其本构模型塑性势面、屈服面等条件。ABAQUS 求解初始应力场时,是通过定义高斯点上的应力状态来获取应力点的,有时候会使某些高斯点的应力出现在屈服面之外,当一定数量的高斯点应力出现在屈服面之外时,就会产生不收敛的问题。

土体分层和初始应力平衡得到的应力云图如图 3-5 所示。

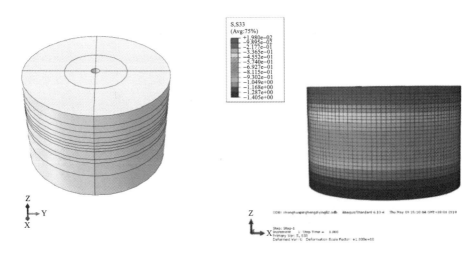

图 3-5 土体分层和初始应力平衡得到的应力云图

具体分析步骤如下：分析步第一步采用地应力分析步(geostatic 分析步)，以固定步长的做法同时加载重力和初始边界条件，算出 odb 文件；得到 odb 文件再导入 geostatic 分析步，同时施加重力，反复导入直到 z 反向的位移为 1×10^{-7} m 级以下，才正确得到初始地应力，采用上述结果文件作为初始地应力进行下一步分析；在 geostatic 分析步，只存在土体，不存在桩体，在极限强度分析时再加入桩体结构。边界条件：模型底部三个方向的位移约束，三个转角约束，土体外侧面左右约束，两个转角约束。桩体和土体底部和侧面接触面需要采用固定左右方向约束，两个转角约束。

3.2.3 导管架边界条件设置及导管架网格敏感性分析

本书导管架模型按照南海某风电场 17♯、18♯、19♯ 风机导管架主体结构图纸建模，设计图纸如图 3-6 所示。导管架有限元模型如图 3-7 所示。

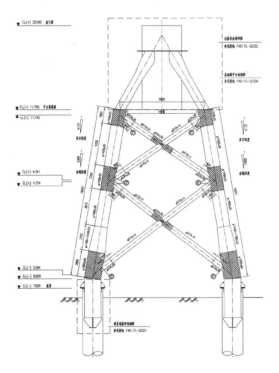

图 3-6 17♯、18♯、19♯ 风机导管架主体结构图纸

导管架空间结构由支腿、斜撑和上部风机基础结构组成。斜支腿长度为 18.0 m，竖直支腿长度为 8.0 m。上部斜撑长度为 11.5 m，下部斜撑长度为 15.6 m。上部板长为 15.17 m，厚度为 0.3 m。腿柱上部与板相接节点为上 T 节点，下部与直腿相接的节点为下 T 节点，中间连接四根斜撑的节点为 KK 节点，斜撑中间相交节点为 X 节点。各部件直径、厚度及长度如表 3-5 所示。

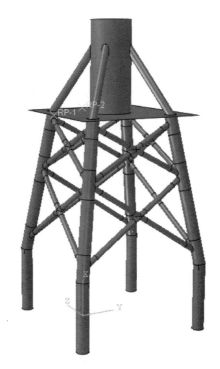

图 3-7 导管架有限元模型

表 3-5 风机导管架主要结构尺寸参数统计表

部件	直径/mm	厚度/mm	长度/mm
KK 节点	主管:1458 支管:634	主管:1458 支管:14	主管:2700 支管:800
X 节点	主管:634 支管:634	主管:26 支管:14	主管:2000 支管:2000
上 T 节点	主管:1458 支管:634	主管:55 支管:26	主管:1800 支管:800
下 T 节点	主管:1458 支管:634	主管:55 支管:26	主管:2800 支管:800
腿柱圆管	1400	26	—
斜撑圆管	634	14	—
塔筒	主管:4500 支管:481	主管:55 支管:26	10829

考虑到船撞导管架过程中,船体与水之间存在相互作用力。为使数值模拟更为贴近工程实际,学术界往往采用流固耦合的方式进行固体与流体间相互作用力的分析。在实际分析时,为提高计算效率,常常将水对船体的作用简化为附连水的质量。附加质量系数统计表(表3-6)中详细记录了五类船舶附加质量系数的标准,此次数值模拟中,水对船舶的作用主要表现为船舶的纵荡,综合各项标准,取含附连水船舶质量为设计船体质量的1.05倍。根据公路桥涵设计手册,在ABAQUS有限元计算中,摩擦系数取0.2,接触为硬接触,导管架底部采用固支约束。

表3-6 附加质量系数统计表

标准	船体运动方向	附加质量系数
Minorsky	横向	0.4
Woisin	纵向	0.05
	横向	0.7~0.8
Motota	纵向	0.02~0.07
	横向	0.4~1.3
AASHTO	纵向	0.05~0.25
	横向	0.5~0.8
同济大学	纵向	0.05

由于塔筒上部结构不参与弹塑性损伤计算,因此对导管架主要结构进行网格敏感性分析。取单元尺寸分别为200 mm、400 mm、600 mm和800 mm,导管架底部采用固支约束,板边部位施加大小为219.73×10^3 N/m^{2}的分布力,分析每个时刻模型的应力云图,对比不同尺寸网格下的计算结果(表3-7)。

表3-7 四种网格尺寸模型应力云图及 Mises 应力最大值和最小值对比表 (应力单位:MPa)

模型尺寸	$t=0.1$ s	$t=0.2$ s	$t=0.3$ s
200 mm			
应力最大值	4.404	6.900	1.054
应力最小值	3.670	5.750	0.8779

模型尺寸	$t=0.1\text{ s}$	$t=0.2\text{ s}$	$t=0.3\text{ s}$
400 mm	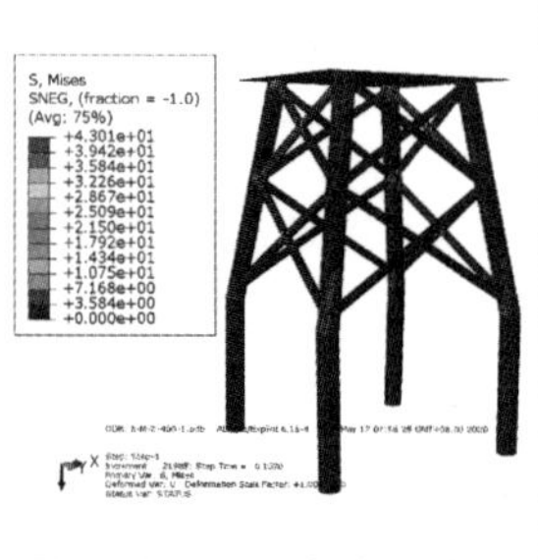	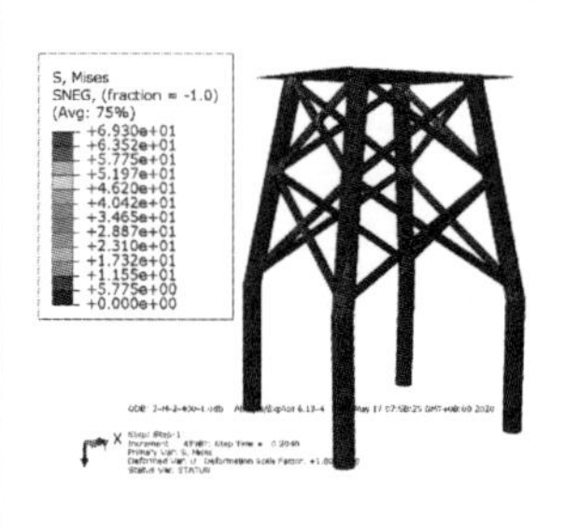	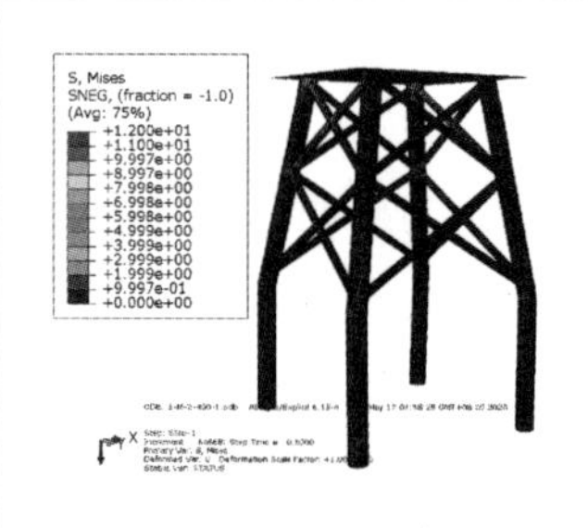
应力最大值	4.301	6.930	1.200
应力最小值	3.584	5.775	0.9997
600 mm	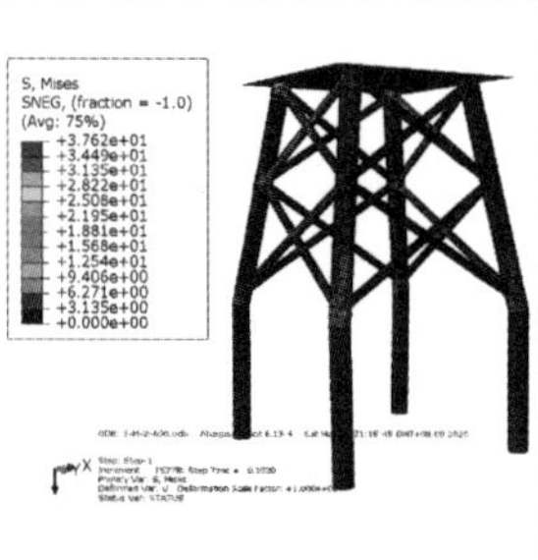	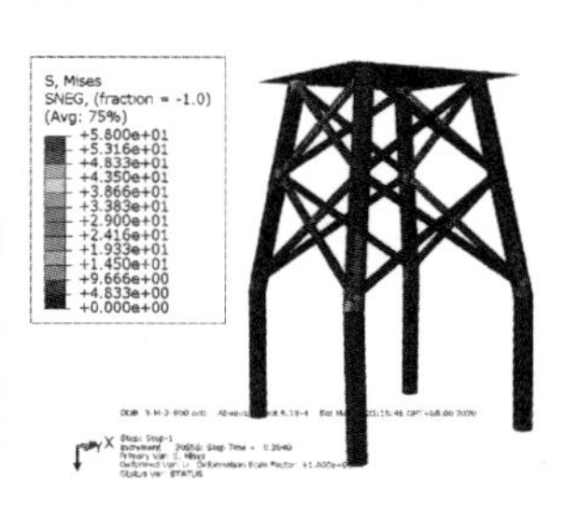	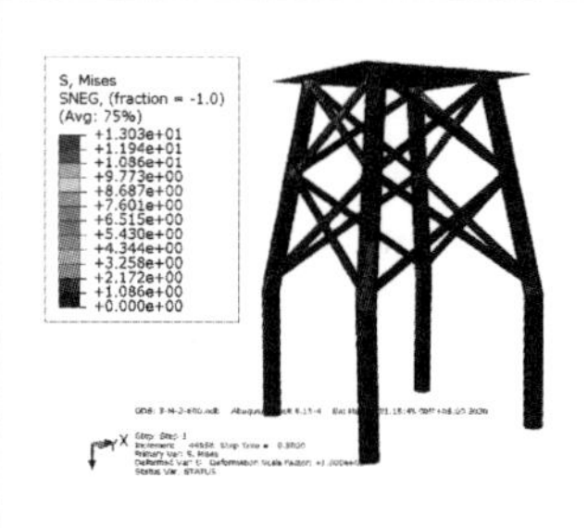
应力最大值	3.762	5.800	1.303
应力最小值	3.135	4.833	1.086
800 mm	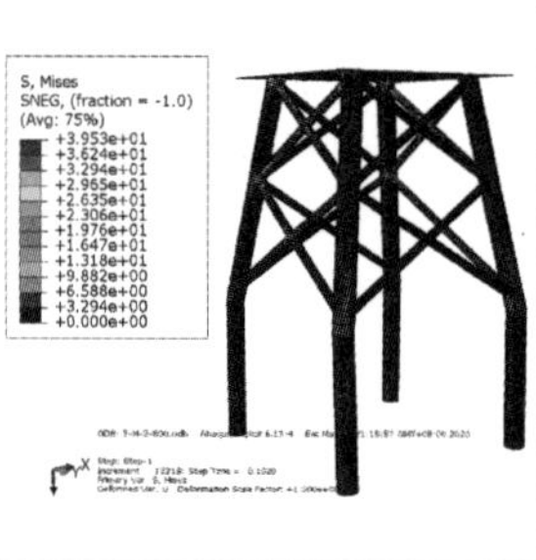	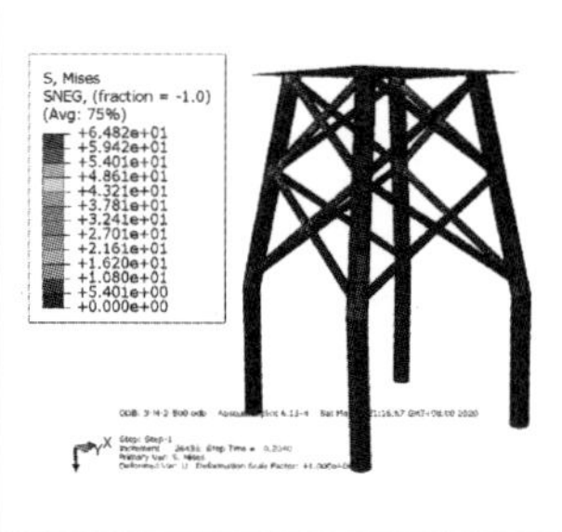	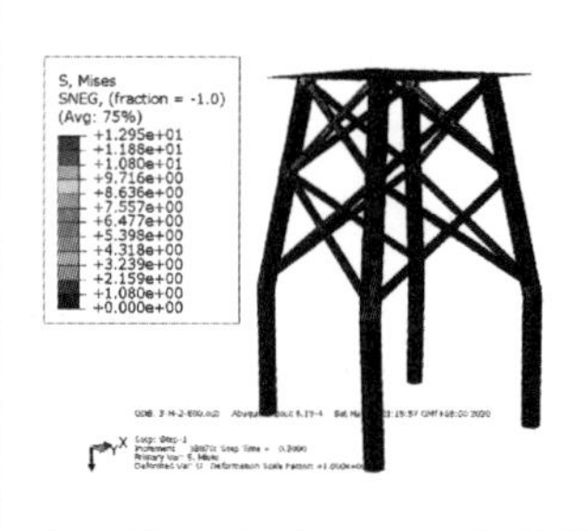
应力最大值	3.953	6.482	1.295
应力最小值	3.294	5.401	1.080

由表 3-7 可以看出,模型网格尺寸为 200 mm、400 mm 和 800 mm 时,模型应力最值较为接近,600 mm 网格模型计算结果与其他三种模型应力差值相对较大。

由图 3-8～图 3-10 可以看出四种网格尺寸的模型内能、动能以及外力做功变化趋势均相同,曲线拟合度较高,随时间增加,渐渐出现差异,数值差距较小,可以忽略不计。分别提取四种模型不同高度处位移曲线(图 3-11～图 3-13),位移变化趋势均相同,拟合度较高。由此可知,对于导管架整体模型不是关键节点的部位,可以采用 800 mm 的尺寸划分网格,既保证计算准确度,又大幅度提高计算效率。对于关键节点应该进行网格细化。

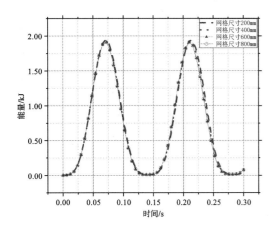

图 3-8　不同网格尺寸模型内能变化曲线图

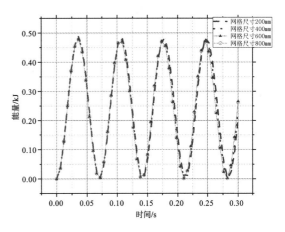

图 3-9　不同网格尺寸模型动能变化曲线图

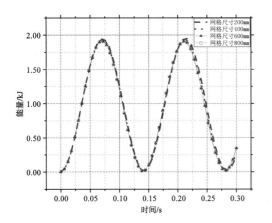

图 3-10　不同网格尺寸模型外力做功曲线图

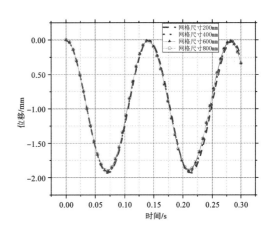

图 3-11　模型板边 y 方向位移曲线图

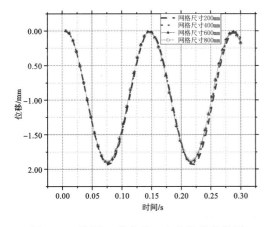

图 3-12　模型 K 节点处 y 方向位移曲线图

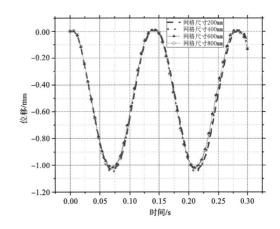

图 3-13　模型 KK 节点处 y 方向位移曲线图

3.2.4 导管架有限元模型简化及单元信息介绍

有限元分析的主要方式是将整体结构离散化,对每一个单元进行分析。所以有限元模型网格划分的质量和数量都会对结构分析产生影响。模型计算过程中,网格粗糙可能会导致计算结果不精确,网格过细则会延长计算时间,所以需要找到合适的网格密度来保证计算的精度,同时又不至于花费大量的计算时间和空间。

在工程导管架模型的计算过程中,对整个模型统一规划网格并不能提高计算效率,所以将模型分部件划分网格,采用非均匀的形式,对应力集中的部位布置种子相对细密,其他部位相对粗糙。

模型试算的过程就是一个网格优化的过程,对不同尺寸的网格模型计算结果进行对比,如果差异较大,则继续加密网格,如果差异不是很明显,则在考虑计算时间的前提下可以将网格疏化。

导管架整体结构采用梁单元,局部管节点部位采用壳单元,基于不同类型单元间截面的连接方式,建立导管架多尺度有限元模型,模型网格单元采用 S3、S4R 和 B31 单元。上部塔筒部位采用的种子密度为 1000 mm,支腿梁单元采用的种子密度为 800 mm,网格加密区选择在管节点处,管节点壳单元处采用的种子密度分别为 30 mm、50 mm、80 mm、100 mm、200 mm、400 mm、600 mm。模型网格加密示意图如图 3-14 所示、不同网格模型试算应力应变结果如表 3-8 所示。

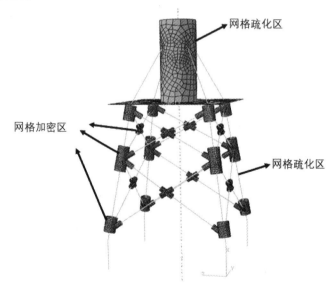

图 3-14　模型网格加密示意图

表 3-8　不同网格模型试算应力应变结果

网格尺寸 /mm	单元数量	S11 最大值 /MPa	LE11 最大值	Tresca 等效应力/MPa	Mises 等效应力/MPa	U1 最大值 /mm	CPU 运行时间/s
30	280293	665.8	0.08356	876.1	765.5	37.18	19746.3

网格尺寸 /mm	单元数量	S11 最大值 /MPa	LE11 最大值	Tresca 等效 应力/MPa	Mises 等效 应力/MPa	U1 最大值 /mm	CPU 运行 时间/s
50	102241	648.3	0.05674	812.6	722.5	33.23	3127.6
80	41225	626.4	0.04862	745.0	692.2	29.77	547.8
100	26957	635.0	0.04573	712.7	669.1	26.90	268.9
200	8029	462.3	0.01353	601.8	552.9	20.64	89.2
400	4741	486.9	0.01121	527.5	464.0	22.87	63.1
600	4329	462.9	0.006502	539.5	471.6	23.17	55.0

网格尺寸越小,单元数量越多,根据有限元计算的一般规律,单元数量越多,数值模拟结果越接近实际值。由表 3-8 数据可知,网格尺寸为 30 mm 时,计算结果最接近真实值,同时,由于种子过密,单元数量过多,CPU 运行时间为 5.49 h,大大降低了模型处理的效率。综合计算时间与计算精度,选用关键节点种子密度为 100 mm,计算结果接近真实值的同时大大提高了计算效率。

3.2.5 含桩-土作用单桩基础结构在集中力作用下的水平极限强度研究

桩-土作用中存在不同材料本构和接触非线性,用隐式收敛准则求解可能导致不收敛问题。本研究采用简化方法处理桩体与土体之间的接触问题,采用 Tie 绑定约束接触方式。Tie 绑定约束将两部分表面区域绑定在一起,桩体和土体表面之间不会发生相对运动。绑定约束接触方式体现不出摩擦阻力抵抗桩体荷载。计算时需对土体进行初始地应力平衡。含桩-土作用单桩基础结构水平极限强度有限元模型示意图如图 3-15 所示。

图 3-15　含桩-土作用单桩基础结构水平极限强度有限元模型示意图

首先对含桩-土作用基础结构线性特征值进行屈曲分析,单位集中力施加在桩基顶端法兰盘截面几何中心点,方向为 X 轴正方向,分析得到的最低阶模态位移云图如图 3-16 所示,由此得到理想加载路径下的水平极限承载力为 $127×10^6$ N。出现负的特征值意思是施加反向力才能得到如图中所示相应的土体和桩体位移,原因是力是压力而得到的位移是拉力作用下的位移。

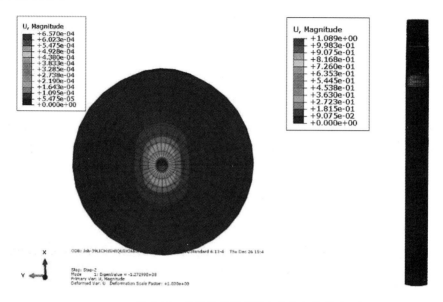

图 3-16   特征值分析得到土和桩初始位移云图

非线性后屈曲分析需引入初始几何位移缺陷,利用特征值分析得到最低阶模态总体位移的 1% 作为初始缺陷,加载集中力大小为 3000 N,方向为 X 轴正方向,分析得到的结果应力云图和局部屈曲破坏云图如图 3-17 所示。

由图 3-17 可以看出桩体在初始位移缺陷大的地方发生压缩破坏,极限强度下降,同时桩对土也产生挤压作用。图 3-18 为弧长法分析得到的弧长-荷载比例因子(LPF)曲线和基础结构水平荷载-水平位移曲线。由图中可知结构的极限承载力为 $60×10^6$ N,相当于线性特征值屈曲分析理想加载路径下得到值的 50%,弧长法得到的值为保守解。

利用准静态法分析结构极限强度,首先需要知道含桩-土作用单桩基础结构的固有频率,进而确定准静态加载的时间。由于土是无限远的范围,频率分析和土体大小有关,但是准静态分析所需要的时间也是估算值,我们可以从能量的角度来评估是否能得到真实的准静态解,以此选定土体大小并进行频率分析。频率分析先带土体,未考虑周围无限远土体和桩基上部塔筒、叶片、轮毂等重量。分析结果如图 3-19 所示,从图中可以看到结构的固有频率为 0.75 Hz,故结构计算固有周期为 1.33 s,准静态分析计算的时间为 13.31 s。

其次准静态分析还需要设置光滑幅值函数,施加力的大小根据弧长法得到的水平位移为 3.5 m 时水平承载力为 $76.23×10^6$ N,这样施加保证准静态分析可以顺利过渡到结构的极限承载状态,求出水平荷载-水平位移的拐点位置。

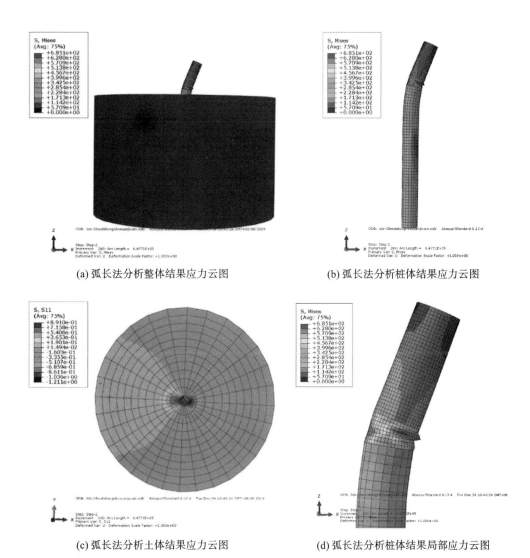

(a) 弧长法分析整体结果应力云图　　　　(b) 弧长法分析桩体结果应力云图

(c) 弧长法分析土体结果应力云图　　　　(d) 弧长法分析桩体结果局部应力云图

图 3-17　弧长法分析结果应力云图

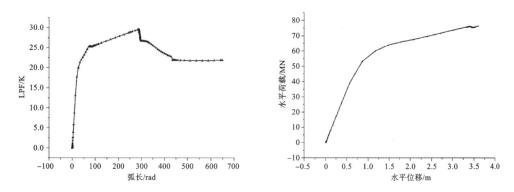

图 3-18　弧长法分析得到的弧长-LPF 曲线和基础结构水平荷载-水平位移曲线

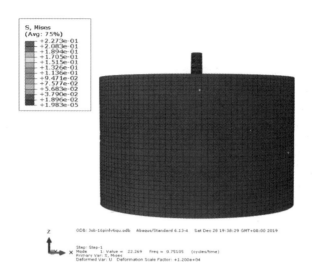

图 3-19　含桩-土作用单桩基础结构频率分析得到的应力云图

　　由图 3-20 可以看出,准静态法得到的应力云图与弧长法得到的不同,主要是力没有施加到结构完全失去承载力。桩体应力屈服大部分集中在泥土表面附近,对土体也产生挤压作用,可以看出桩周围土体也达到屈服状态,X 轴正方向受到桩的挤压作用,X 轴负方向受到桩的抬起作用。由曲线可知结构的水平极限承载力为 $63×10^6$ N。

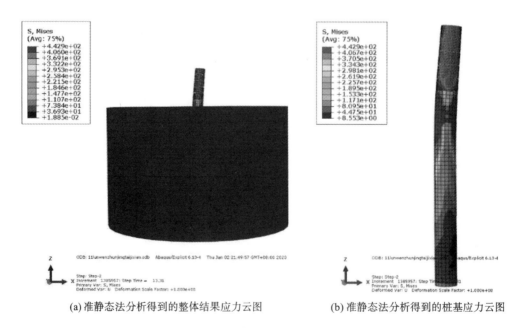

(a) 准静态法分析得到的整体结果应力云图　　　(b) 准静态法分析得到的桩基应力云图

图 3-20　准静态法分析所得结果

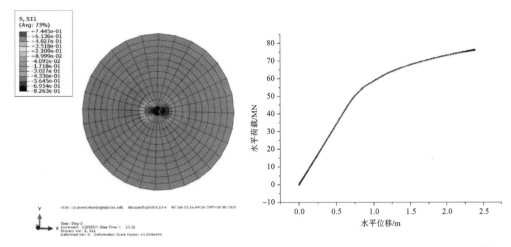

(c) 准静态法分析得到的土体应力云图　　(d) 准静态法分析得到的水平荷载–水平位移曲线

续图 3-20

　　由图 3-21 可知,准静态法相比弧长法得到的极限强度值要略大,同时也验证两种方法都是有效的求解结构极限强度的方法。在两种方法中刚开始曲线表现线性特征,结构处于弹性阶段,曲线的斜率即刚度相同;当力继续施加,曲线表现非线性特征,结构进入弹塑性阶段,曲线达到拐点处,结构达到极限状态,由于结构材料是弹塑性硬化,之后施加很小的力就会发生较大位移,曲线的斜率值即刚度不断变化。由于结构材料是弹塑性硬化本构模型,达到极限强度之后不断施加很小的水平力就会产生很大的位移,结构失去承载功能特性,工程上不作为研究极限强度的范围,故拐点之后的承载能力不作为参考。

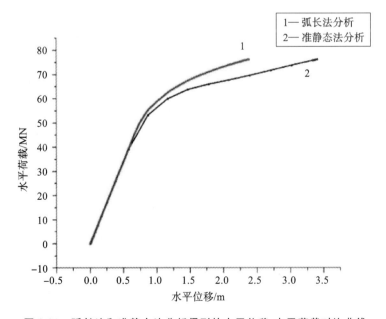

图 3-21　弧长法和准静态法分析得到的水平位移-水平荷载对比曲线

3.2.6 含桩-土作用单桩基础结构在弯矩作用下的水平极限强度研究

弯矩和力加载会得到不同分析结果,同样采用弧长法和准静态法进行求解分析。作为弧长法非线性分析,初始几何缺陷选取特征值屈曲分析得到一阶模态总体位移1%。弯矩与集中力都施加在同一耦合参考点桩基顶部之上,大小为$1×10^4$ N·m,绕 Y 轴正方向转动为沿碰撞反向,绕 Y 轴负方向转动为反碰撞方向。桩-土相互作用部分采用绑定约束,避免接触非线性造成的收敛问题。由图 3-22 可知弯矩作用下桩的破坏形状和力作用下不同,弯矩作用下屈曲主要发生在泥土面以上 7～8 m 位置;桩对土产生力的作用主要是沿 X 轴方向的挤压,土体并未发生屈服,桩进入塑性屈服状态,验证了弯矩作用下桩的破坏程度较大。

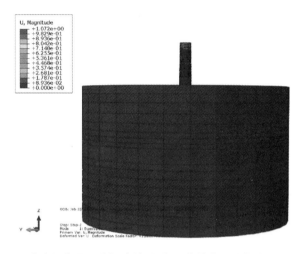

图 3-22　在弯矩作用下分析含桩-土作用单桩基础结构结果位移云图

弧长法分析含桩-土作用单桩基础结构有限元模型和结果应力云图如图 3-23 所示。

弧长法算得弧长-荷载比例因子(LPF)曲线和绕 Y 轴水平弯矩-水平转角曲线如图 3-24 所示,由图中可知结构极限弯矩为 $1.28×10^9$ N·m,相当于理想加载分析得到值的 58%,弧长法得到的值是保守解。

在弯矩作用下准静态分析同时需要分析时长,边界条件与弧长法相同,同时使用光滑幅值函数,施加弯矩大小为弧长法分析得到结果中转角为 0.1 rad 拐点的弯矩值,为 $1.37×10^9$ N·m。图 3-25 所示是准静态法分析得到的结果应力云图和水平弯矩-水平转角曲线。

弯矩作用下准静态法分析与弧长法分析得到的结果应力云图不同,主要原因是准静态法分析得到转角为 0.045 rad 对应的弯矩达到了最大弯矩加载值,与弧长法分析得到转角为 0.045 rad 时的弯矩值不同。准静态法相比弧长法得到的极限承载弯矩偏大,这与力加载具有一致性。图 3-26 所示是准静态法和弧长法分析得到的绕 Y 轴方向水平弯矩-水平转角曲线。由曲线可知结构刚开始处于弹性阶段,具有线性特征,曲线斜率即刚度相同;随后曲线表现为非线性特征,进入弹塑性阶段,曲线刚度不断退化。准静态法分析得到的绕 Y 轴极限弯矩为 $1.3×10^9$ N·m。

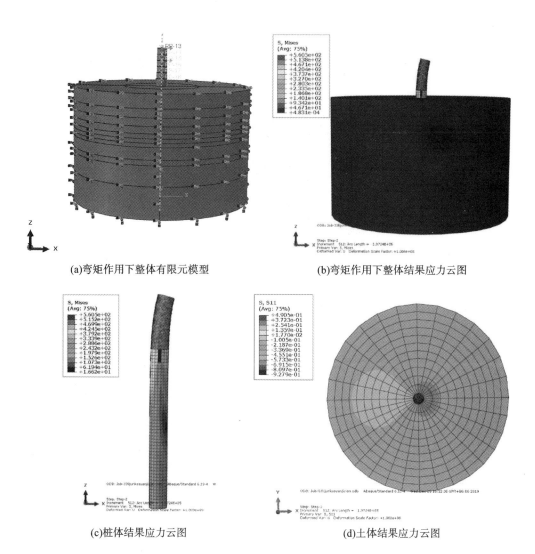

(a)弯矩作用下整体有限元模型   (b)弯矩作用下整体结果应力云图

(c)桩体结果应力云图   (d)土体结果应力云图

图 3-23　弧长法分析含桩-土作用单桩基础结构有限元模型和结果应力云图

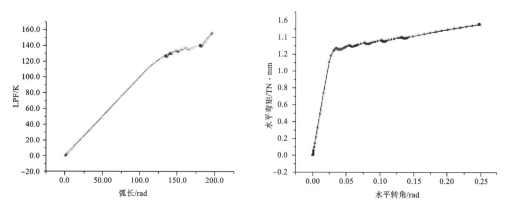

图 3-24　弧长法得到的弧长-LPF 曲线和水平弯矩-水平转角曲线

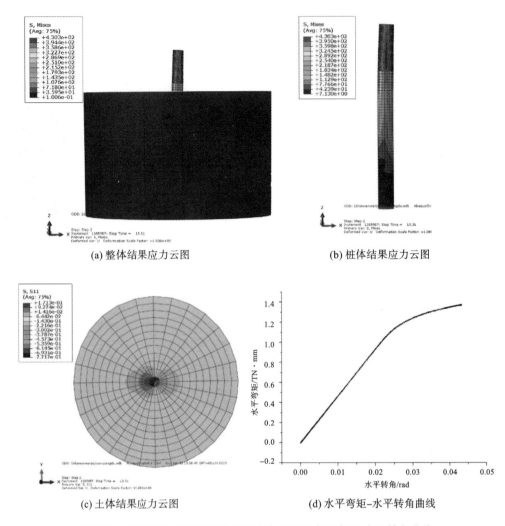

(a) 整体结果应力云图   (b) 桩体结果应力云图

(c) 土体结果应力云图   (d) 水平弯矩-水平转角曲线

图 3-25　准静态法分析得到的结果应力云图和水平弯矩-水平转角曲线

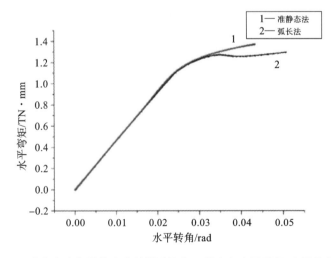

图 3-26　准静态法和弧长法分析得到的绕 *Y* 轴方向水平弯矩-水平转角曲线

3.2.7 不同工况下含桩-土作用单桩基础结构的水平极限强度研究

3.2.7.1 含桩-土作用单桩基础结构管内土体作用下的水平极限强度研究

桩基是圆筒结构,打桩过程中会把桩基贯入土中,结构直径 7 m,桩长 55 m,属于大直径深桩基础。为了明确桩基中含有土对结构极限承载力是否会产生影响,进行如下研究分析。首先把桩基加入土体中,中间土体和桩基内部绑定约束,土体设为软土材料。我们的研究对象是桩,可以利用无中间土体的特征值分析引入初始几何缺陷。用弧长法进行加载分析,施加在桩基过渡段最高耦合参考点上,力的大小为 3000 N,方向是沿 X 轴的正方向。利用弧长法分析求解得到的结果如图 3-27 所示。

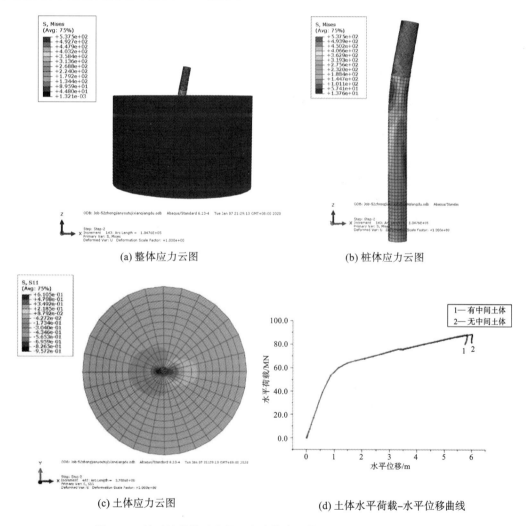

(a) 整体应力云图 (b) 桩体应力云图

(c) 土体应力云图 (d) 土体水平荷载–水平位移曲线

图 3-27 针对桩基基础中是否存在管内土体进行弧长法分析的结果

由图 3-27 可知,中间有无土体得到的极限强度基本相同,虽然是大直径深桩情况,土体对桩体极限强度影响很小,也证明了之前研究不考虑中间土体所得结果的准确性。

3.2.7.2 不同桩土接触方式下含桩-土作用单桩基础结构的水平极限强度研究

桩-土之间的相互作用是接触非线性行为,接触行为需要设置接触区域和定义接触主从面关系以及接触属性。之前研究桩土之间的接触方式采用 Tie 绑定约束,该约束未考虑摩擦阻力抵抗桩身水平力的影响。现桩-土作用采用面与面接触,桩身是主面,土体内侧为从面。接触法向处理接触过盈问题采用硬接触方式,接触属性切向方向摩擦方式采用动、静衰减系数模型,动、静摩擦系数为 0.2,指数衰减系数为 1。弧长法计算接触问题会产生收敛问题,故采用准静态法进行加载分析。采用面与面接触结果应力云图和不同接触方式水平荷载-水平位移曲线如图 3-28 所示。

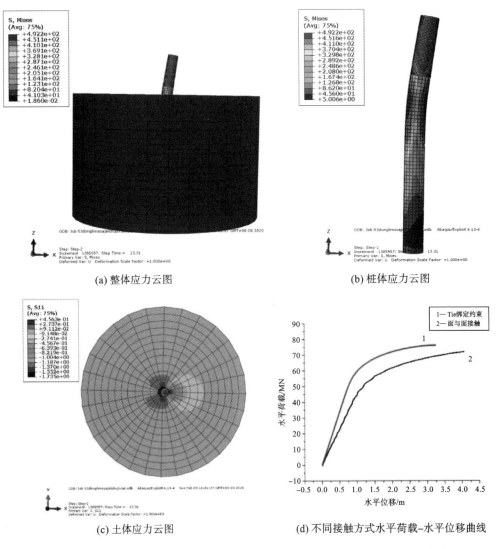

(a) 整体应力云图

(b) 桩体应力云图

(c) 土体应力云图

(d) 不同接触方式水平荷载-水平位移曲线

图 3-28　采用面与面接触结果应力云图和不同接触方式水平荷载-水平位移曲线

由图 3-28 可知,Tie 绑定约束和面与面接触方式算得的结果不同,面与面接触桩体应力屈服集中在泥土面 6～10 m,而 Tie 绑定约束应力屈服集中在泥土面 4～6 m。面与面接触方式算得土体应力主要集中在桩前 X 轴正方向,而 Tie 绑定约束应力集中在桩前桩后都发生了,主要原因是 Tie 绑定约束与土体相当于焊在一起,桩的移动会带动土体移动。Tie 绑定约束和面与面接触两者算得的水平荷载或水平位移也存在差别,若施加相等的力和幅值函数加载分析,面与面接触算得位移较大。刚开始结构处于弹性阶段,但是刚度不同,这说明桩-土作用接触方式不同对整体极限强度有很大影响。

3.2.7.3 不同桩体厚度、直径下含桩-土作用单桩基础结构的水平极限强度研究

桩体厚度不同也会对整体极限强度产生影响,前述研究中桩体厚度是 80 mm,现取桩体和过渡段厚度为 70 mm 进行研究。力加载在桩体过渡段最高耦合点上,大小为 3000 N,方向沿 X 轴正方向,采用准静态法加载分析,得到的结果应力云图和水平荷载-水平位移曲线如图 3-29 所示。

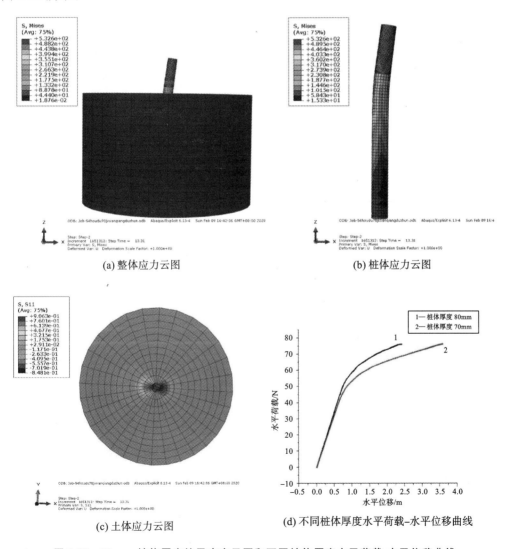

(a) 整体应力云图

(b) 桩体应力云图

(c) 土体应力云图

(d) 不同桩体厚度水平荷载-水平位移曲线

图 3-29 70 mm 桩体厚度结果应力云图和不同桩体厚度水平荷载-水平位移曲线

由图 3-29 可知,桩体厚度不同,线性阶段刚度也不同;结构进入弹塑性阶段后,基础结构的极限强度也不同,厚度减少,极限强度降低,符合力学碰撞规律。

桩体直径不同也会影响极限强度,现研究桩体基础直径为 6.5 m,过渡段也采用渐变段,过渡段最高点直径为 6 m,厚度为 80 mm,桩-土作用接触方式采用 Tie 绑定约束,力施加在桩体过渡段最高点,沿 X 轴正方向。准静态分析得到的结果应力云图和水平荷载-水平位移曲线如图 3-30 所示。

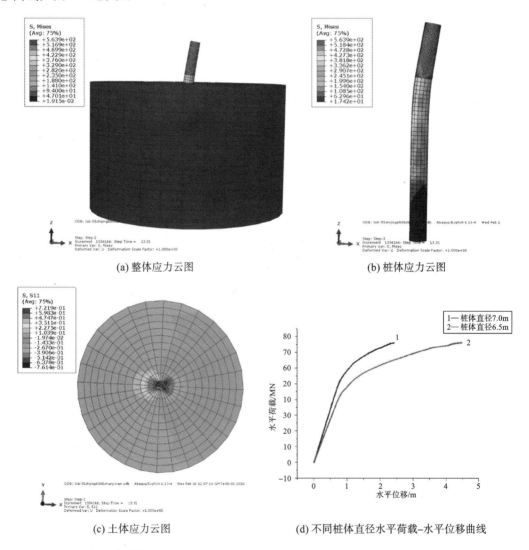

(a) 整体应力云图

(b) 桩体应力云图

(c) 土体应力云图

(d) 不同桩体直径水平荷载–水平位移曲线

图 3-30　桩体直径 6.5 m 结果应力云图和不同桩体直径水平荷载-水平位移曲线

由图 3-30 可知,直径不同,线性阶段刚度也不同;结构进入弹塑性阶段后,直径不同,桩基的极限强度也会不同,直径减少,极限强度也会降低,符合物理规律。

3.2.7.4　打桩过程中附件疲劳断裂研究

打入桩体是靠桩锤的冲击能量将预制桩打入土中,使土被压挤密实,以达到加固加基的目的,主要施工方法包括锤击沉桩、振动沉桩、静力沉桩以及钻孔埋置沉桩等,本书主要研究对象为锤击沉桩。单桩基础打入过程是海上风电安装施工过程中的一种主要技术手段,桩在打入过程中引起桩侧周围土体应力场剧烈变化,造成桩侧土体颗粒破碎等复杂变化,不断锤击打入的过程中会出现应力波在桩体中来回传递,使附件结构在不断锤击的过程中产生疲劳损伤,最终导致结构损伤断裂破坏。

目前打入桩竖向受荷特性的核心问题在于揭示桩在打入过程中桩土作用机理,并组建高可靠性的打入桩静载试验数据库以验证主流设计方法的可靠性。基础桩基试验研究是推动打入桩设计方法发展的关键因素,目前亟待探明打桩过程引起的应力场变化规律,揭示影响打入桩竖向承载力的主要因素,据此改进已有的打入桩设计方法,并建立更可靠的打入桩计算理论和方法。当前试验研究技术及数值模拟技术蓬勃发展,很好地弥补了模型槽试验和现场试验的不足,为桩打入过程中桩土作用机理的研究提供了扎实的基础,极大地推动打入桩竖向承载力设计方法的研究。

有限元数值方法是进行打桩过程模拟的最常用手段。打桩过程有限元模拟的难点主要在于如何解决网格的畸变问题。近年来,随着计算能力的大幅提升以及大型有限元模拟平台的功能嵌入,通过有限元方法模拟打桩过程的技术日趋成熟。

目前处理打桩过程大变形问题常用的有限元方法如下。

(1)Lagrange 方法。

Lagrange 方法多用于固体结构的应力应变分析,这种方法以物质坐标为基础,其所描述的网格单元将以类似"雕刻"的方式划分在用于分析的结构上,即采用 Lagrange 方法描述的网格和分析的结构是一体的,有限元节点即为物质点。采用这种方法时,分析结构的形状的变化和有限单元网格的变化完全是一致的(因为有限元节点为物质点),物质不会在单元与单元之间发生流动。这种方法主要的优点是能够非常精确地描述结构边界的运动,但当处理大变形问题时,由于算法本身的限制,将会出现严重的网格畸变现象,因此不利于计算的顺利进行。

(2)ALE 自适应网格技术。

任意拉格朗日-欧拉(Arbitrary Lagrangian-Eulerian,ALE)自适应网格技术结合拉格朗日方法的优势,应用于处理结构边界运动,能对物质结构边界进行准确的运动监测。另外,ALE 自适应网格技术汲取了欧拉法的优点,应用于内部网格的划分,最终使网格与材料相互脱离,可以发生相对流动而互不影响,从而使网格质量在分析过程中得到保证。ALE 自适应网格方法能够在调整网格的情况下始终保持网格的拓扑结构不变,这使得 ALE 自适应网格技术在分析模型存在大变形的问题时具有独特的优势。ABAQUS 软件内嵌有 ALE 自适应网格技术,一定程度上缓解了网格畸变问题。尽管 ALE 自适应网格技术和网格重划分方法有各自的优势,但是也存在各自无法解决的问题。ALE 自适应网格技术仅适用于ABAQUS/Explicit 模块,而且 ALE 自适应网格技术只能在一定程度上缓解网格畸变问题,对于切削等存在大变形的工程情况进行仿真是不能完全解决畸变问题的。另外,ALE 自适应网格技术占用大量的计算资源,降低了计算的效率,这是因为每次进行全局网格扫掠调整都增加了额外的计算量。

(3)网格重划分技术。

网格重划分技术是一种基于误差指示变量控制运算的进程,适时中断计算提高网格质量的方法。因此运用网格重划分技术首先要设定误差指示变量,通常为单元能量密度、等效应力、等效塑性应变、塑性应变、热流量等。ABAQUS 在计算的过程中始终监测着误差指示变量的值,一旦误差指示变量的值超过设定值,运算就会中断。用户可以在中断后对有限元模型的网格进行细化。完成网格的重新划分后,再次提交运算,以达到提高精度的目的。网格重划分方法的细化网格过程不可控,对细化区域和网格尺寸设定后不能进行改变,网格重划分仅能应用于 ABAQUS/Standard 模块,对接触问题在内的非线性问题和许多准静态问题束手无策。

(4)CEL 技术。

CEL(Coupled Eulerian-Lagrangian)技术,即使用欧拉单元来模拟流体材料,并使用拉格朗日单元来模拟结构材料,结构的边界和流体的边界可以产生接触。在建模时需要用几何模型来模拟流体可能流过的欧拉区域,流体只能在该区域内流动。默认情况下,欧拉网格是没有任何材料的,欧拉部件在赋予截面属性时并不像常规部件赋予截面属性一样,在材料模块中仅仅提供了一系列可以在欧拉区域内使用的材料,因此在创建完截面属性后,用户必须在 Load 模块的初始定义中为相应的欧拉网格区域赋予相应的材料属性。在后处理中需要通过观察 EVF 变量来观察流体材料的流动情况。打桩过程采用 CEL 技术。该技术中材料流动,网格不流动,能解决网格畸变问题,但同时欧拉单元需要划分较小的网格,进行大量的计算。在动力模拟方面,常将无限元作为边界条件吸收能量。使用无限单元作为反射边界,将无反射,防止在边界上产生应力波反射。目前无限元的建立无法在 ABAQUS 截面中操作,只能通过修改 inp 文件实现。与普通单元相比,无限单元只是多了两个 IN 字母而已,即 infinite 单词的缩写。所以在 inp 中添加 IN 就实现了无限元的建立。最后将 inp 文件导入 ABAQUS 中进行计算。欧拉单元边界不能设置无限元,通过 CEL 通用接触的功能,欧拉体与弹性土材料进行接触,弹性土材料是有限元,最外层土材料设置为无限元处理边界震荡。

打桩过程采用无过渡段单桩基础结构,桩体直径 7 m,壁厚 80 mm,土体直径按照相关桩径 20~40 倍进行设计建模,由于 CEL 技术是流固耦合技术,欧拉单元土体结构需要划分较细的网格。为了提高计算效率,选取的土体长和宽都为 150 mm,高为 60 m。欧拉土体外层是弹性土边界,弹性土边界最外层是无限元。假设锤体 700 t,打桩碰撞接触时的速度为 8 m/s。采用等效的方法进行锤击力等效。打桩有限元模型和利用无限元处理桩体能量回弹如图 3-31 所示。

桩体材料采用单桩基础极限强度研究中材料本构参数,土体材料采用 Drucker-prager/Cap 模型参数,其服从弹塑性材料中改进的 Drucker-prager 屈服准则,其材料密度为 2000 kg/m³,弹性模量 E 为 20700 MPa,泊松比 ν 为 0.3。其他参数如表 3-9 所示。

图 3-31　打桩有限元模型和利用无限元处理桩体能量回弹

表 3-9　土体的 Drucker-prager/Cap 模型参数

d/MPa	β	R/mm	$\varepsilon_{\mathrm{vol}}{}^{\mathrm{pl}}$	α	K
1.38	30.64°	0.1	0.00041	0.01	1.0

表 3-9 中,d 是 $p-t$ 平面上的粘聚力;β 是 $p-t$ 平面上的摩擦角;R 是偏心距;$\varepsilon_{\mathrm{vol}}{}^{\mathrm{pl}}$ 定义初始屈服位置,α 为形状参数,决定了过渡区的形状;K 是三轴拉伸强度与三轴压缩强度之比。硬化参数如表 3-10 所示。

表 3-10　硬化参数

应力/MPa	2.75	4.14	5.51	6.20
应变	0	0.02	0.05	0.09

分析步设置为动态显式分析步,为了提高计算效率而又不影响欧拉网格计算精度,需要设置质量缩放,将整个分析过程的稳定时间增量改为 1×10^{-5} s 进行计算。设置整个模型中所有接触面为通用接触,程序自动检验接触面,接触属性为法向设置硬接触,切向设置罚函数摩擦接触,摩擦系数设为 0.2。欧拉体周围设置无限元处理边界能量反弹。欧拉体网格划分相对较密,参考体不设置材料参数和材料属性以及网格划分。

打桩过程涉及锤击打桩的动量变化、能量变化,锤打入桩后涉及锤子所有的能量传递到桩的能量的传递效率问题,锤击打桩过程的实质是应力波的产生和传播。桩受到锤子的锤击应力,应力波在碰撞面反射和透射,这个过程涉及反射系数和透射系数概念,应力波在传递的过程中涉及波阻问题,应力波传递到桩底的时间和波阻有关,波阻和波速有关,波速和材料有关。所以这个传递过程中大部分能量储存为桩体的应变能,导致桩顶位移大于桩底位移。在二次锤击过程中,锤体和桩体两者下降的位移不同,在第二次锤击的过程中发现,在施加边界速度最大的地方,锤体和桩体并未接触,而是锤体在此时刻按照一定的幅值速度下降,这就导致不符合锤击过程规律。故采用等效锤击力的方法进行加载,这样进行多次锤击过程中,直接添加相应的分析步。最大的桩基液压锤为 700 t,打桩碰撞接触时的速度为 8 m/s。

桩是弹塑性硬化材料模型时,锤击过程中能量主要储存为桩本身弹性应变能,应力波在传输的过程中会涉及波阻的影响,导致应力波从桩顶传输到桩身存在时间的效应,一般锤击时间大约为 40 次/min,但显式算法计算时间为 0.05 s,也就是 20 次/min,在这 0.05 s 中,桩顶的应力波还没有完全传递到桩底,就需要进行二次锤击,故将分析步设置为 1.05 s。当然,应力波在传递的过程中有压缩变形和拉伸变形,可以对桩的设计进行指导。

在进行打桩分析时,需要进行地应力平衡,采用欧拉体计算时地应力平衡使用施加体力的方法,体力 $\gamma = \rho g$,即土体设置的质量密度乘以重力加速度,根据得到的值在 Load 模块中选择体力施加在欧拉网格中。用动力显式分析步进行加载分析,分析时间为 8 s,设置光滑分析步,使地应力平衡处于准静态加载过程,从而实现地应力的施加,进而对桩基进行打桩分析。等效锤击力和锤击力作用下桩底加速度、位移、速度如图 3-32 所示。

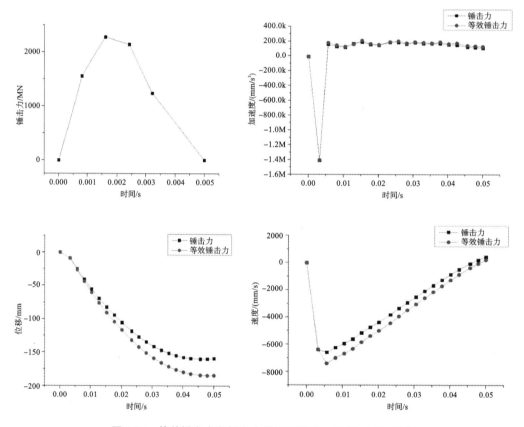

图 3-32 等效锤击力和锤击力作用下桩底加速度、位移、速度

打桩过程中桩身存在附件以输送电缆,在打桩过程中打桩桩体有应力波的传递,应力波传递到附件以进行能量输送,导致附件结构振动产生损伤。图 3-33(a)是其中附件的结构有限元模型和网格划分,划分网格时采用结构化网格,避免在较大能量下结构网格产生畸变,导致网格爆炸。图 3-33(b)是桩体打入过程中土体应力分布状态,可以看出桩体打入过程中桩周土体产生应力,同时无限元存在减少边界能量的反射。桩底下降的位移如图 3-34 所示。

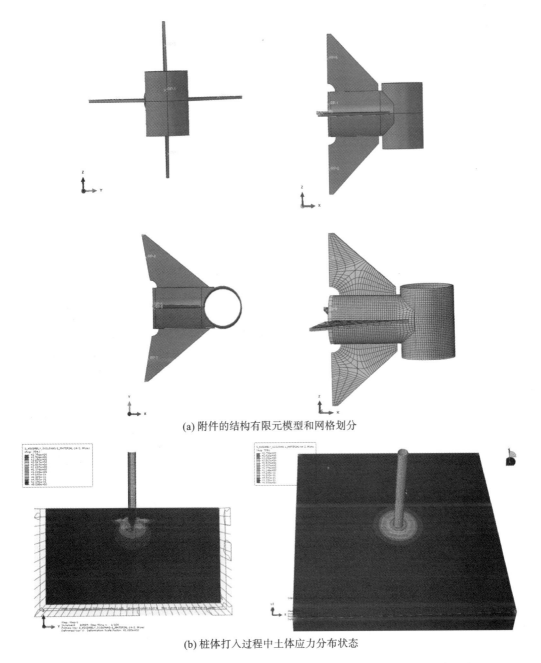

(a) 附件的结构有限元模型和网格划分

(b) 桩体打入过程中土体应力分布状态

图 3-33　附件的结构有限元模型和网格划分及桩体打入过程中土体应力分布状态

在锤击的过程中,应力波在桩身之间进行传递,使附件产生振动损伤,导致结构断裂。图 3-35 为附件损伤断裂结果应力云图以及与实际破坏过程的对比。在等效锤击力下附件产生损伤断裂,等效锤击力相对于实际施工现场中液压锤能量较大,故此附件断裂是在一次打桩过程中发生的。在今后的研究中,若采用液压锤打击的打击能量相对较小,应采用多次打桩的方法研究其附件的疲劳断裂损伤。

本章主要采用 CEL 技术研究打桩过程,CEL 技术能解决网格畸变问题,采用欧拉体模拟土体结构,桩土采用拉格朗日体进行研究,采用无限元处理边界震荡,使能量不反弹,采用

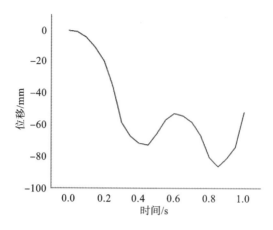

图 3-34　桩底下降的位移

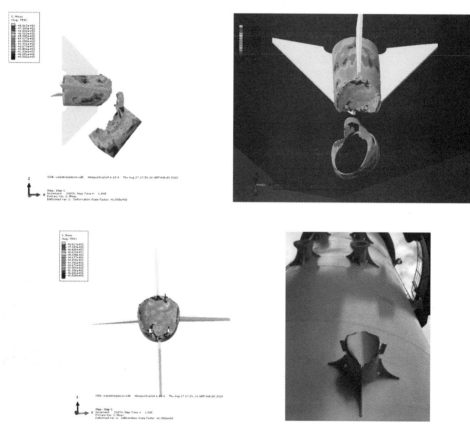

图 3-35　附件损伤断裂结果应力云图以及与实际破坏过程的对比

等效锤击的方法可进行多次打桩分析,针对附件结构的断裂问题,采用大能量的锤击力来进行一次断裂模拟。打桩分析采用的 CEL 技术更能解决土体大变形问题,可观测到桩体的下降位移、速度和加速度等。打桩过程涉及多体动力学分析,打桩过程中产生的能量在桩体之间传递使桩体下沉,欧拉体和拉格朗日体会产生接触,一部分产生网格穿透,通过施加罚函数进行设置,使欧拉体和拉格朗日体进行相互作用,从而实现整个过程分析。

3.2.8 准静态分析能量研究

评价一个数值仿真结果是否产生合适的准静态响应可以从能量转化角度进行研究。ABAQUS/Explicit 有限元程序评估准静态中的能量平衡方程如式(3-2)所示。

$$E_I + E_V + E_{KE} - E_W = E_{total} = \text{constant} \tag{3-2}$$

式中：E_I 是内能(包括弹性和塑性应变能)；E_V 为粘性耗散所吸收的能量；E_{KE} 为动能；E_W 为外力所做的功；E_{total} 为系统的总能量。

选取一工况进行能量研究,由图 3-36 准静态分析各能量曲线可知,系统能量守恒,产生了合适的准静态响应。在准静态分析中材料加速度很小,故惯性力可以忽略不计。由于计算分析时间是固有周期的 10 倍,速度相对较小,故系统动能相对较小。在分析的整个过程中系统动能不能超过所占系统内能的 10%。图 3-37 是系统动能/内能百分比曲线,可知系统动能占系统内能的 4% 以下,符合上述规律。

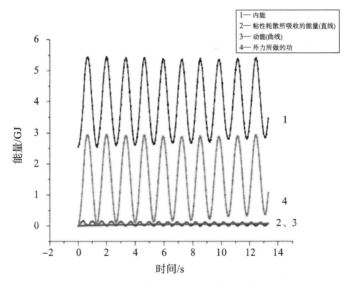

图 3-36 准静态分析各能量曲线

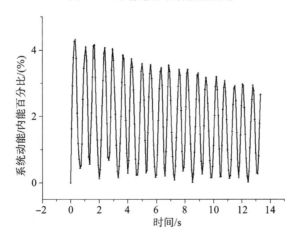

图 3-37 系统动能/内能百分比曲线

3.2.9 导管架极限强度研究

极限强度是指物体在外力作用下发生破坏时出现的最大应力,也可称为破坏强度或破坏应力。材料抵抗外力破坏的最大能力总称为极限强度。受的外力是拉力时称抗拉极限强度;受压时称抗压极限强度;受弯时称抗弯极限强度;受剪时称抗剪极限强度。

有限元结构极限强度分析三种方法各存在利弊,结合本项目实际,工程导管架模型复杂,节点连接约束较多,模型设置工作量大,对于船体碰撞导管架运算来说,船体质量较大,计算所需的 CPU 运行时间较长,模型计算完成之后还要进行下一步的结果稳定及导入计算。综合分析,采用准静态方法对导管架的极限强度进行研究。

3.2.9.1 有限元模型

(1)特征值屈曲分析。

对导管架结构进行准静态法极限强度分析的第一步是特征值屈曲分析。对于单一结构,如梁、板、杆等来说,对结构施加一定的外荷载,当达到某一值时,结构会出现失稳的状态,此时,随着时间的推移,结构变形会逐渐加大,不需要增大荷载的值,结构就会慢慢发生变形,随着变形进一步加大,达到某一值时,结构又会呈现出刚度恢复,能够抵抗变形的状态,此时称该结构发生了屈曲。结构失稳之前的状态称为前屈曲,失稳之后的状态称为后屈曲。

而对于一个复杂结构来说,结构不可能是完全理想、没有任何缺陷的。结构的初始缺陷一般有特征值屈曲模态缺陷、随机缺陷、焊缝缺陷等,对于一个结构来说,在结构失效之前甚至结构失效之后,我们都无法得知实际的缺陷是什么形式,具体在什么位置。在工程有限元模型的具体运算中,我们常常采用特征值屈曲的方式来引入模型的初始缺陷,对一阶位移特征值乘以相应的系数得到模型的初始变形或初始缺陷。

对导管架结构进行特征值屈曲分析。桩腿底部采用固支约束,提取一阶特征值 $\lambda = -2.01665 \times 10^8$,由此可以得出导管架基础固支结构弹性屈曲极限承载力为 201.665 MN,将该值作为导管架结构在理想状态下加载的极限强度。在一阶屈曲位移云图(图 3-38)上可以看出,一阶屈曲模态变形发生在 Y 轴方向下部 X 形节点处,节点出现扭曲变形,将一阶模态位移的 1% 作为初始缺陷,引入导管架极限强度分析中。

(2)频率分析。

对导管架有限元模型进行频率分析,得到一阶模态,通过模型一阶模态的固有频率来确定准静态解的加载时间。导管架一阶模态位移云图如图 3-39 所示,提取一阶模态固有频率为 1.3190 Hz,对应的固有一阶周期为 0.758 s,准静态分析时长为模型固有一阶周期的 10倍,所以对结构进行分析加载的时间为 7.58 s。

3.2.9.2 准静态法求解极限强度

对导管架模型底端采用固支约束,塔筒基础部位耦合一个参考点,在此参考点上施加质量作为上部塔筒的质量,根据工程实际数据,参考点质量取为 1140 t。将塔筒上部基础耦合

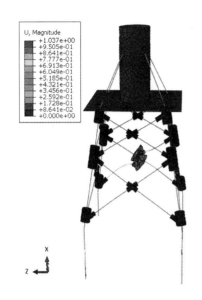

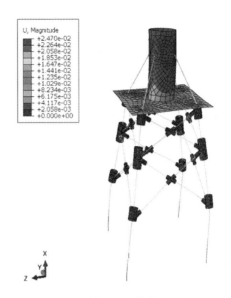

**图 3-38 导管架模型屈曲分析一阶有限元
位移云图**

图 3-39 导管架一阶模态位移云图

在一个参考点上,对此参考点施加强制力作用,提取导管架模型力-位移曲线。

准静态方法实现的关键是找到合适的加载曲线,加载速度如果过快,模型计算的结果就会出现比较大的局部变形,网格失效,力-位移曲线也会出现震荡,这样的结果对于准静态方法的计算来说都是不准确的。综合以上考虑进行多次实验,模型加载幅值曲线采用光滑步骤 Smooth Step 幅值曲线,该曲线在连接每一组数据对时,都采用光滑的曲线进行连接,并且该曲线的一阶和二阶导数都是 0,曲线在每一处都是光滑的,从而保证了在进行准静态分析时不会因为加载速率过大而产生局部大变形,导致强度曲线出现震荡。

由模型力-位移曲线(图 3-40)可以发现,未设置初始缺陷即理想状态下的模型极限承载

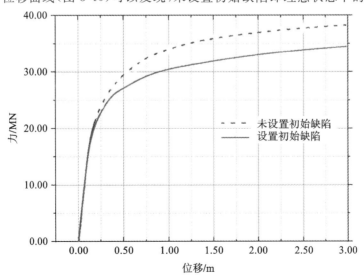

图 3-40 模型力-位移曲线

力为 33.0 MN,设置初始缺陷的模型极限承载力为 29.5 MN,承载力降低约为 10.6%。将此极限承载力作为外荷载,计算导管架受到撞击后的剩余强度。

3.2.10 导管架极限强度分析的多尺度方法

本章应用多尺度有限元建模方法,发展了多类简化单元和实体单元的势函数耦合方法,建立了三维框架结构的多尺度有限元模型,针对动态算法,对不同节点耦合位置与数目的模型进行计算效率的分析。

3.2.10.1 多尺度有限元方法介绍

对于海洋工程结构来说,工程结构尺寸多为几十米甚至上百米,结构模型建立较为复杂,结构在外荷载的作用下会产生局部的应力集中,进而产生损伤破坏。损伤多发生在关键的节点部位,损伤的范围较小,且多分散。在有限元计算过程中,整体精细建模较为烦琐,模型组装过程复杂,切割过程精细,单元与单元之间的连接又存在很多不同的方式,而且对于整个实体单元的模型来说,模型厚度和长宽之间的差异极易使得整体建模在网格划分模块出现问题,以上每一个环节出现错误都会使得整个分析过程无法进行。对于海洋工程大跨度结构来说,整体模型较大,达到局部计算精度所需的种子数较多,网格数量庞大,计算复杂且耗时长,对计算人员和运算工具都提出了更高的要求。如果采用梁单元建模,模型分析时间会缩短,而且建模较为简单,但与此同时,模型分析过程中的精度要求常常很难达到。一般情况下,结构在外荷载工况作用下的结构破坏部位比较集中,结合以上各种因素综合考虑,本章引入有限元多尺度的概念,对宏观结构和微观结构进行耦合,研究局部区域的破坏机理。

结构多尺度是指对工程结构不同部位根据需求进行不同尺度建模并进行耦合计算的一种方法,对部分结构进行简化,使有限元计算达到精度和计算效率的双重标准。多尺度法图解如图 3-41 所示。

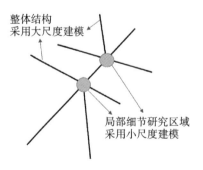

图 3-41 多尺度法图解

3.2.10.2 多尺度有限元分析理论

结构多尺度分析中主要解决的问题是不同单元之间的连接问题。截面连接之后能够实现运算目的的前提是连接之后截面满足力和位移的协调条件。一般情况下,solid-beam、solid-shell、shell-beam 三种不同截面连接方式之间共用同一套原理。通常截面之间实现连接的方法有力平衡和位移平衡。

在 ABAQUS 有限元的分析计算中,两个结构实现约束的形式主要有两种,一种是运动耦合(kinematic coupling),另一种是分布耦合(distributing coupling)。运动耦合在有限元计算过程中的约束性较强,当采用运动耦合对结构进行约束时,通常是将结构连接截面的六个自由度全部约束住,截面随约束的控制点一起发生刚性运动。当控制点发生平动时,截面上每一个点都随控制点发生同样的平动,控制点发生转动时,截面上的每一个点都根据自身位置随控制点发生转动。截面的具体形状不会发生变化,即在有限元计算中,截面上的点之间不会发生相对位移。分布耦合在计算的过程中,截面的连接方式相较于运动耦合更为柔软,表现为截面形状可以发生改变,即截面上每个点之间会有相对位移。

在有限元计算中,solid 单元节点没有转动自由度 UR1、UR2 和 UR3,只存在平动自由度 U1、U2、U3,beam 单元六个自由度都存在。单元节点在多尺度分析中的变形协调过程都满足平截面假定。在进行 solid 单元和 beam 单元连接时,一般将梁单元作为截面的控制点。solid-beam 耦合模型在轴向力及弯矩作用下的变形图如图 3-42、图 3-43 所示。

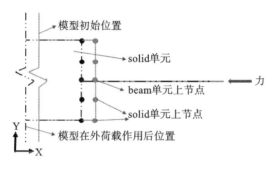

图 3-42　solid-beam 耦合模型在轴向力作用下的变形图

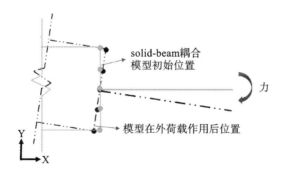

图 3-43　solid-beam 耦合模型在弯矩作用下的变形图

令 $A_i \cdots\cdots A_n$ 均为 solid 单元上的节点,B 为 beam 单元节点,B 点为截面实现连接后的控制点。solid 单元节点和 beam 单元节点在计算中均满足位移协调的关系。

当 beam 单元节点发生形变时,solid 单元节点也相应发生变形,位移关系可用下式表示。

$$\Delta x_{A_i} = \Delta x_B + r_{A_i}\sin\alpha \tag{3-3}$$

$$\Delta y_{A_i} = \Delta y_B + r_{A_i}(\cos\alpha - 1) \tag{3-4}$$

式(3-3)、式(3-4)中：Δx_{A_i} 为 solid 单元节点 A_i 在 x 方向的位移；Δx_B 为 beam 单元节点 B 在 x 方向的位移；r_{A_i} 为 solid 单元节点 A_i 位移差，数值上等于 solid 单元节点 A_i 在 y 方向的位移与 beam 单元控制点 B 在 y 方向位移的差值，即 $r_{A_i} = y_{A_i} - y_B$；$\sin\alpha$ 为 solid 单元节点在 z 方向的转角的正弦值；Δy_{A_i} 为 solid 单元节点 A_i 在 y 方向的位移；Δy_B 为 solid 单元节点 B 在 y 方向的位移；$\cos\alpha$ 为 solid 单元节点在 z 方向的转角的余弦值。

当 solid 单元发生形变带动 beam 单元控制节点发生位移时，两者之间的位移关系为：

$$\Delta y_B = (\sum_{i=1}^{n}\Delta y_{A_i})/n \tag{3-5}$$

$$\Delta x_B = (\sum_{i=1}^{n}\Delta x_{A_i})/n \tag{3-6}$$

$$\tan\alpha = (\Delta x_{A_n} - \Delta x_{A_1})/h \tag{3-7}$$

式(3-7)中：h 为 solid 单元沿 y 方向截面的高度。

当截面之间耦合连接采用力平衡方法时，solid-beam 耦合模型节点的受力及反力关系示意图如图 3-44 所示。

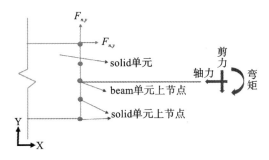

图 3-44　solid-beam 耦合模型节点的受力及反力关系示意图

假设 $P = [N, M, Q]^{\mathrm{T}}$ 表示 beam 单元的控制节点的内力，$F^i = [F^i_x, F^i_y]^{\mathrm{T}}$ 表示 solid 单元节点的内力，则当 beam 单元发生形变时，solid 单元节点的内力可以表示为：

$$F^i_x = \frac{S_i}{S}N + \frac{Mr_{A_i}S_i}{I} \tag{3-8}$$

$$F^i_y = \frac{S_i}{S}Q \tag{3-9}$$

式中：S 为 solid 单元截面的面积；S_i 为 solid 单元节点 A_i 的形变面积；I 为 solid 单元截面惯性矩。

当 solid 单元发生形变时，beam 单元节点的内力表示如下：

$$M = \sum_{i=1}^{n}F^i_x r_{A_i} \tag{3-10}$$

$$N = \sum_{i=1}^{n}F^i_x \tag{3-11}$$

$$Q = \sum_{i=1}^{n} F_z^i \tag{3-12}$$

对于位移协调方法建立的多尺度耦合模型,连接截面约束为刚性,容易出现应力集中的现象,而采用力的平衡条件建立的多尺度耦合模型在计算时,不仅可以满足变形协调的条件,还不会出现应力集中的现象,所以对结构进行多尺度分析时,使用力的平衡条件建模计算更为精确。

3.2.10.3 梁结构多尺度静态分析

1.同一类型不同尺寸单元耦合模型分析

(1)单元连接方式简介。

对于同一个结构同类型不同尺度的单元,由于同一种单元节点自由度都是相同的,因此截面连接较为简单。如果要在截面上实现减少计算时间、提高精度,可以采用同类型不同尺度单元来计算。通常采用 MPC(multi-point-constraints)约束。

MPC 连接方式是工程中常用的耦合方式,该方式应用范围比较广泛,在有限元计算中,如果结构连接处界面自由度存在差异,则 MPC 会选取某一节点作为约束的控制点,将该节点的自由度作为标准,建立与其他自由度不同的节点之间的关系。MPC 约束类型有梁约束(beam type MPC)、线性约束(linear type MPC)等。

(2)算例分析。

以一个两端固支的三维梁模型为例,梁宽度 t 为 1 m,高度 H 为 1 m,长度 L 为 6 m,在 ABAQUS 中建立三种梁的有限元模型,第一种是粗糙单元模型,单元尺寸为 200 mm,单元类型为四面体(C3D8R)单元,单元个数为 900,节点个数为 1302;第二种为精细单元模型,单元尺寸为 100 mm,单元类型为四面体(C3D8R)单元,单元个数为 6000,节点个数为 7381;第三种为粗糙单元与精细单元耦合模型,粗糙单元尺寸为 200 mm,精细单元尺寸为 100 mm,总单元个数为 3576,节点个数为 4584。截面连接采用有限元 MPC 约束,模型如图 3-45～图 3-47 所示。

图 3-45　粗糙单元梁有限元模型图

图 3-46　精细单元梁有限元模型图

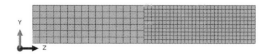

图 3-47　粗糙单元与精细单元耦合梁有限元模型图

在跨中部位施加大小为 $2×10^6$ N 的力,采用理想弹塑性材料,常温 293 K 下的弹性模量为 210000 MPa,泊松比为 0.3,密度为 7.85 g/cm³,屈服强度为 384 MPa,计算结果如图 3-48~图 3-50 所示。

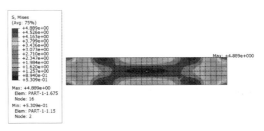

图 3-48　粗糙单元梁有限元模型应力云图

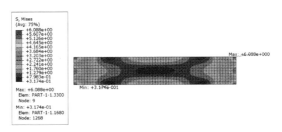

图 3-49　精细单元梁有限元模型应力云图

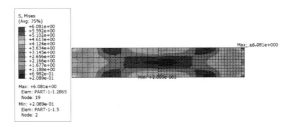

图 3-50　单元耦合梁有限元模型应力云图

分别提取梁跨中部位 Y 轴方向的位移时程图、最大应力发生位置的应力时程图、梁轴线($y=0.5,x=0.5$)上梁截面剪力与弯矩,绘制曲线图如图 3-51~图 3-54 所示。

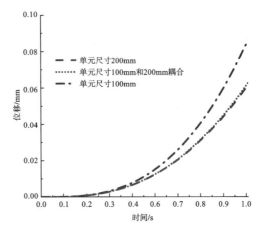

图 3-51　梁跨中部位 Y 轴方向位移时程图

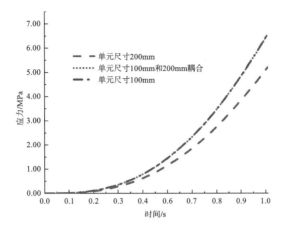

图 3-52 最大应力发生位置的应力时程图

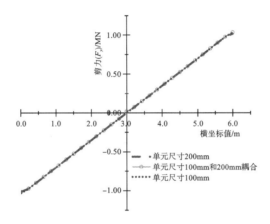

图 3-53 三种模型剪力（F_y）曲线图

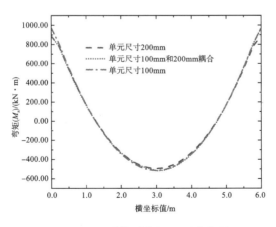

图 3-54 三种模型弯矩（M_x）曲线图

分析以上数据可以看出，对于同一个模型，当采用不同精度的单元进行计算时，得出来的数据精度是存在一定差异的。

①图 3-48～图 3-50 为三个模型的应力云图，图中梁的应力分布趋势大致是相同的，但

精细部位的应力值存在差异。施加相同的力,单元尺寸为 100 mm 的模型最大的 Mises 应力为 6.09 MPa,单元尺寸为 200 mm 的模型为 4.89 MPa,单元尺寸为 100 mm 和 200 mm 耦合的模型为 6.081 MPa。从应力发生的位置来看,三种模型最大应力均发生在梁端固支部位,最小应力均发生在梁跨中部位,并且相同尺寸单元应力变化相同。

②图 3-51 为梁跨中部位 Y 轴方向位移时程图,图中单元耦合模型和 200 mm 单元模型跨中部位 Y 轴方向位移变化较为接近,图 3-52 为最大应力发生位置的应力时程图,图中单元耦合模型与 100 mm 单元模型最大应力发生单元的应力时程图高度拟合。

③图 3-53 为三种模型剪力(F_y)曲线图,三种模型轴心剪力变化趋势相同,在梁边界和跨中部位剪力存在微小差异,其余部位三种模型剪力曲线均重合。图 3-54 为三种模型弯矩(M_x)曲线图,图中梁轴线上的弯矩在梁边界和跨中部位存在差异,其他部位弯矩曲线均重合。耦合模型连接截面左半边梁弯矩变化曲线与 200 mm 单元模型重合,右半边梁弯矩变化曲线与 100 mm 单元模型重合,耦合截面处,弯矩曲线由 200 mm 平滑地降至 100 mm 弯矩曲线处。在单元尺寸差异部位呈现出相同尺寸的单元弯矩值相同的规律。

2. 同一尺寸不同类型单元耦合模型分析

(1)单元连接方式简介。

有限元计算中实体单元与梁单元耦合方式有 kinematic coupling 与 distributing coupling 两种。这两种约束最大的区别是 distributing coupling 比 kinematic coupling 更为柔软。简单来说,当两个截面由两个不同尺度单元连接的时候,如果采用 kinematic coupling 约束,表示两个不同尺度的截面之间是刚性约束,六个自由度全被耦合住,这两个截面之间在这六个自由度上保持相对位置不变,该约束截面上各点的相对位置不变,被约束的这两个截面的相对位置也是保持不变的。而采用 distributing coupling 约束时,被约束住的自由度只有三个转动自由度,即两个约束面之间不存在相对转动,两个面之间各对应节点上的力和力矩是根据运动进行加权处理的。也就是上面说的,distributing coupling 比 kinematic coupling 更柔软。但从计算效率来看,kinematic coupling 约束比 distributing coupling 约束的力的传递方式更为简单,所以计算起来更为高效。下面算例主要研究不同尺度之间计算效率的差异,因此采用该简便的约束形式。

在 ABAQUS 中,分布耦合(distributing coupling)有几种不同的加权方式,默认加权因子为 1。二次加权方式采用约束区域内各耦合节点的加权因子与该节点到控制点的距离呈现二次关系,即

$$\omega_i = 1 - \left(\frac{r_i}{r_0}\right)^2 \tag{3-13}$$

式中:ω_i 为编号为 i 的节点的加权因子;r_i 为编号为 i 的节点与耦合约束控制点之间的距离;r_0 为耦合约束区域内节点与约束控制点之间最远的距离。

线性约束与分布耦合不同,采用各个约束节点到该耦合约束控制点距离与该节点耦合的加权因子呈线性关系,即

$$\omega_i = 1 - \left(\frac{r_i}{r_0}\right) \tag{3-14}$$

（2）算例分析。

建立悬臂梁多尺度有限元模型，梁的高度 H 为 1 m，长度 L 为 5 m，宽 t 为 1 m，在 ABAQUS 中分别建立三种不同尺度的模型，第一种采用 solid 单元模型，单元为尺寸是 250 mm 的四面体（C3D8R）单元，第二种采用 beam 单元模型，单元类型为 B31。第三种模型将 solid 单元与 beam 单元采用耦合方式连接，其中实体部分取 1.5 m，梁单元部分为 3.5 m，模型如图 3-55～图 3-57 所示。

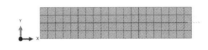

图 3-55　实体单元梁有限元模型图

图 3-56　梁单元梁有限元模型图

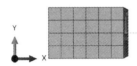

图 3-57　实体单元与梁单元耦合梁有限元模型图

在悬臂梁自由端施加大小为 10×10^6 N 的力，采用理想弹塑性材料，常温 293 K 下的弹性模量为 210000 MPa，泊松比为 0.3，密度为 7.85 g/cm³，屈服强度为 384 MPa，计算结果如图 3-58～图 3-60 所示。三种有限元梁模型应力云图统计表如表 3-11 所示。

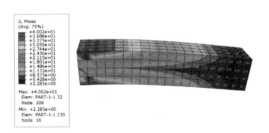

图 3-58　实体单元梁有限元模型应力云图

图 3-59　梁单元梁有限元模型应力云图

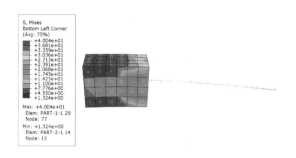

图 3-60 单元耦合梁有限元模型应力云图

表 3-11 三种有限元梁模型应力云图统计表　　　　　　　　　（单位：MPa）

	梁单元模型	单元耦合模型	实体单元模型
最大应力单元	1	29	32
数值	51.64	40.04	40.02
最小应力单元	14	20	130
数值	1.322	1.324	2.283

图 3-58～图 3-60 为三种模型应力云图，从图中可以看出，单元耦合模型和实体单元模型最大应力发生的位置相同，差值为 0.02 MPa，差距较小，单元耦合模型和梁单元模型最小应力发生位置相同，差值为 0.002 MPa，差距较小。由此得出，不同单元类型耦合的多尺度模型在单元类型相同的位置处应力差距较小，可以忽略不计。

分析图 3-61、图 3-62 数据可以看出，对于同一个模型，当采用不同类型的单元进行计算时，得出来的数据是存在一定差异的。

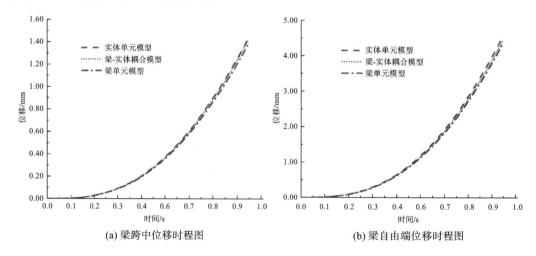

(a) 梁跨中位移时程图　　　　　　　　　　　(b) 梁自由端位移时程图

图 3-61 三种有限元梁模型位移时程图

①图 3-61(a) 为梁跨中位移时程图，耦合模型跨中部位位移值介于实体单元模型与梁单元模型之间，上下差值小于 0.2 mm，且与实体单元模型吻合度更高。图 3-61(b) 为梁自由端位移时程图，图中呈现的规律与跨中部位曲线图一致，与此同时，耦合模型与实体单元模型

位移差值增大。

②图 3-62(a)中在最大应力发生位置,由于耦合模型和实体单元模型都是实体单元,因此两模型应力时程曲线吻合度较高。图 3-62(b)中在最小应力发生位置,由于耦合模型和梁单元模型都是梁单元,两模型应力时程曲线吻合度较高,与实体单元模型相差 0.18 MPa。

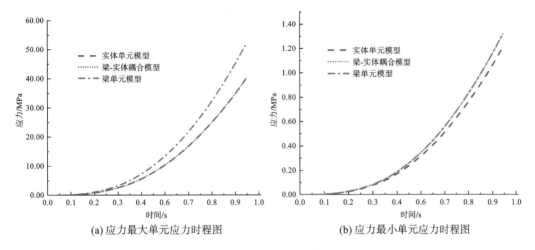

(a) 应力最大单元应力时程图　　　　　　(b) 应力最小单元应力时程图

图 3-62　三种有限元梁模型应力时程图

3.2.10.4　三维框架结构多尺度动态分析

1. 有限元模型

基于类型不同的单元在 ABAQUS 中的连接方式,建立了三维框架结构的多尺度有限元模型,采用动态计算的方法,分别对不同节点耦合位置与数目的模型进行计算效率的分析。三维框架结构由 5 层组成,每层的高度为 10 m,腿柱圆管的内径为 1.22 m,管厚度为 0.08 m。横撑长度为 10 m,横撑的内径为 0.65 m,厚度为 0.05 m。斜撑的长度为 11.18 m,内径为 0.65 m,厚度为 0.05 m。模型采用理想弹塑性钢材,杨氏模量为 210 GPa,泊松比为 0.3。屈服应力为 384 MPa,密度为 7850 kg/m³。

在 ABAQUS 中建立三种有限元模型。第一种是全尺度壳单元模型,如图 3-63(a)所示,单元尺寸为 80 mm,壳单元类型为四边形(S4R)。第二种为梁单元与壳单元耦合连接模型,如图 3-63(b)所示,单元尺寸为 80 mm,壳单元类型为四边形(S4R)和三角形(S3)单元,梁单元类型为 B31。第三种为梁单元模型,如图 3-63(c)所示,梁单元类型为 B31,单元尺寸为 80 mm。

2. 单列不同节点数目耦合模型效率分析

建立单腿柱精细单元管节点不同数目的有限元模型,基于类型不同的单元在 ABAQUS 中的连接方式,对每个模型连接截面进行耦合约束,整体模型采用底端固定约束,在模型顶端施加集中力 1×10^6 N,计算结果如表 3-12 所示。

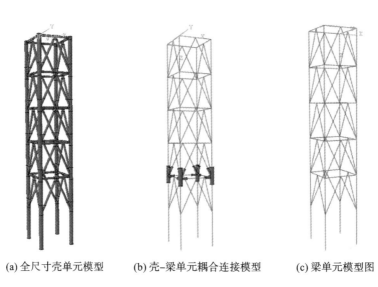

(a) 全尺寸壳单元模型　　　(b) 壳–梁单元耦合连接模型　　　(c) 梁单元模型图

图 3-63　三维框架有限元模型图

表 3-12　三维框架模型应力云图以及最大最小 Mises 应力值统计表　（应力单位：MPa）

模型	S, Mises Angle = -90.0000, (Avg: 75%) +8.766e+00 +8.040e+00 +7.313e+00 +6.587e+00 +5.861e+00 +5.135e+00 +4.409e+00 +3.682e+00 +2.956e+00 +2.230e+00 +1.504e+00 +7.777e-01 +5.149e-02	S, Mises SNEG, (fraction = -1.0) (Avg: 75%) +2.637e+01 +2.418e+01 +2.198e+01 +1.979e+01 +1.759e+01 +1.540e+01 +1.320e+01 +1.101e+01 +8.815e+00 +6.620e+00 +4.425e+00 +2.230e+00 +3.557e-02	S, Mises Multiple section points (Avg: 75%) +8.776e+00 +8.048e+00 +7.319e+00 +6.591e+00 +5.862e+00 +5.134e+00 +4.405e+00 +3.677e+00 +2.949e+00 +2.220e+00 +1.492e+00 +7.631e-01 +3.458e-02
最大应力值	8.766	26.37	8.776
最小应力值	0.05149	0.03557	0.03458
模型	S, Mises Multiple section points (Avg: 75%) +9.404e+00 +8.623e+00 +7.842e+00 +7.061e+00 +6.280e+00 +5.499e+00 +4.717e+00 +3.936e+00 +3.155e+00 +2.374e+00 +1.593e+00 +8.122e-01 +3.110e-02	S, Mises Multiple section points (Avg: 75%) +1.090e+01 +9.993e+00 +9.088e+00 +8.183e+00 +7.278e+00 +6.373e+00 +5.468e+00 +4.563e+00 +3.658e+00 +2.752e+00 +1.847e+00 +9.423e-01 +3.718e-02	S, Mises Multiple section points (Avg: 75%) +1.112e+01 +1.020e+01 +9.273e+00 +8.349e+00 +7.426e+00 +6.503e+00 +5.579e+00 +4.656e+00 +3.733e+00 +2.809e+00 +1.886e+00 +9.626e-01 +3.925e-02
最大应力值	9.404	10.90	11.12
最小应力值	0.0311	0.03718	0.03925

表 3-12 汇总的即为不同数目精细管节点耦合模型的计算结果，对比每个模型的最大应力值发现：精细单元管节点耦合数目越多，模型最大应力值与全尺寸壳单元模型越接近。该结构在水平方向力的作用下，精细管节点部位变形较小，梁单元模型不能精确模拟，壳单元模型计算值较为精确。

图 3-64 为六种模型顶端在 X 轴方向的位移曲线图,图中所有耦合模型位移曲线与全尺寸壳单元模型位移曲线都高度拟合,可知耦合模型数值计算结果与全尺寸壳单元模型在位移分析上误差较小。表 3-13 为单列不同节点数目耦合模型计算效率统计表,壳单元模型计算时间为 169.5 s,单个节点耦合连接的模型计算时间为 35.8 s,时间缩短了 133.7 s,计算效率提高了 78.9%。

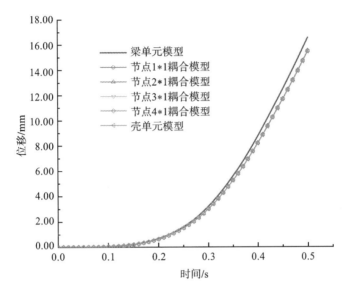

图 3-64　六种模型顶端在 X 轴方向的位移曲线图

表 3-13　单列不同节点数目耦合模型计算效率统计表

类　　　型	节点数	梁单元数	三角形单元数	四边形单元数	单元总数	CPU 运行时间/s
梁单元模型	4384	4440	0	0	4440	12.7
节点 1＊1 耦合模型	5395	4365	40	1050	5455	35.8
节点 2＊1 耦合模型	6406	4290	80	2100	6470	44.7
节点 3＊1 耦合模型	7417	4215	120	3150	7485	47.5
节点 4＊1 耦合模型	8428	4140	160	4200	8500	52.5
壳单元模型	94203	0	970	94298	95268	169.5

3. 单层不同节点数目耦合模型效率分析

建立单层精细单元管节点不同数目的有限元模型,基于类型不同的单元在 ABAQUS 中的连接方式,对每个模型连接截面进行耦合约束,整体模型采用底端固定约束,在模型顶端施加集中力 1×10^{6} N,计算结果如表 3-14 所示。

表 3-14 汇总了单层不同数目精细单元节点耦合模型的应力云图,模型间最大应力差值较大,说明该结构在进行水平荷载推导分析时应力最大部位不在第一层节点。

表 3-14　三维框架模型应力云图以及最大最小 Mises 应力值统计表（应力单位：MPa）

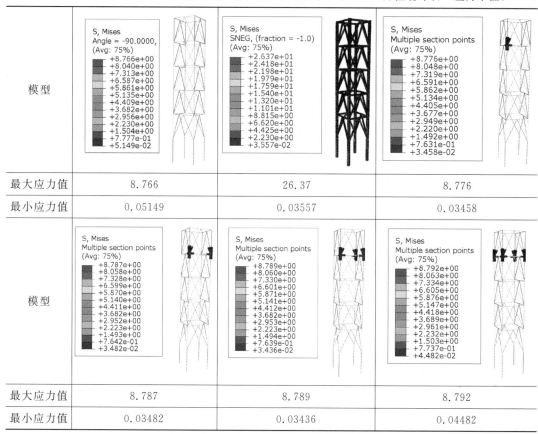

模型			
最大应力值	8.766	26.37	8.776
最小应力值	0.05149	0.03557	0.03458
模型			
最大应力值	8.787	8.789	8.792
最小应力值	0.03482	0.03436	0.04482

　　图 3-65 为六种模型顶端 X 轴方向位移曲线图,图中所有节点耦合模型与全尺寸壳单元模型位移曲线都高度拟合,梁单元模型与壳单元模型位移差值较大。分析表 3-13 和表 3-15

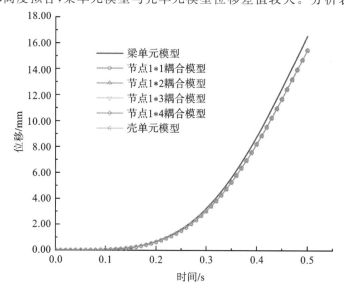

图 3-65　六种模型顶端 X 轴方向位移曲线图

可知,耦合节点数目相同的情况下,不同位置节点的计算效率不一致。精细单元节点数目为 2 时,纵向(腿柱节点)耦合模型与横向(第一层节点)耦合模型节点数与单元总数均一致,纵向耦合模型计算时间为 44.7 s,横向耦合模型计算时间为 35.4 s,由此可知影响计算时间的不只有单元个数,节点耦合位置也会对计算效率产生一定影响。

表 3-15　单层不同节点数目耦合模型计算效率统计表

类型	节点数	梁单元数	三角形单元数	四边形单元数	单元总数	CPU 运行时间/s
梁单元模型	4384	4440	0	0	4440	12.7
节点 1 * 1 耦合模型	5395	4365	40	1050	5455	35.8
节点 1 * 2 耦合模型	6406	4290	80	2100	6470	35.4
节点 1 * 3 耦合模型	7417	4215	120	3150	7485	40.8
节点 1 * 4 耦合模型	8428	4140	160	4200	8500	38.5
壳单元模型	94203	0	970	94298	95268	169.5

4. 不同层数节点数目耦合模型效率分析

建立精细单元管节点不同层数的有限元模型,基于类型不同的单元在 ABAQUS 中的连接方式,对每个模型连接截面进行耦合约束,整体模型采用底端固定约束,在模型顶端施加集中力 1×10^6 N,计算结果如表 3-16 所示。

表 3-16　三维框架模型应力云图以及最大最小 Mises 应力值统计表 （应力单位：MPa）

模型			
最大应力值	8.766	26.37	8.792
最小应力值	0.05149	0.03557	0.04482
模型			

最大应力值	9.388	11.57	11.62
最小应力值	0.0722	0.04957	0.05776

表 3-16 汇总了精细单元管节点耦合层数不同时的模型计算结果,分析发现耦合节点数目的增多并不能使模型间的最大应力差值减小,由此可知在应用不同类型单元耦合的多尺度方法建模计算时,对于需要进行精确分析的部件需要进行精细建模,创建 set 单独提取分析,计算结果更为精确。

图 3-66 为六种模型顶端 X 轴方向位移曲线图,分析可知所有节点耦合模型与全尺寸壳单元模型位移曲线都高度拟合,梁单元模型与壳单元模型误差较大,该规律与置换单层或单列节点规律一致。由此可知,对于与位移有关的分析,为提高计算效率,均可以采用多尺度方法建模计算。表 3-17 显示,全部腿柱与斜撑和横撑相接部位的管节点换成精细单元管节点时,计算时间为 81.4 s,与壳单元模型相比时间缩短 88.1 s,效率提高了 52%。

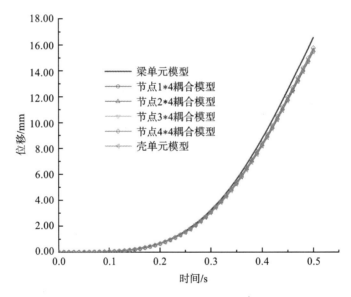

图 3-66　六种模型顶端 X 轴方向位移曲线图

表 3-17　不同层数节点数目耦合模型计算效率统计表

类型	节点数	梁单元数	三角形单元数	四边形单元数	单元总数	CPU 运行时间/s
梁单元模型	4384	4440	0	0	4440	12.7
节点 1 * 4 耦合模型	8428	4140	160	4200	8500	38.5
节点 2 * 4 耦合模型	12472	3840	320	8400	12560	60.4
节点 3 * 4 耦合模型	16516	3540	480	12600	16620	77.5
节点 4 * 4 耦合模型	20560	3240	640	16800	20680	81.4
壳单元模型	94203	0	970	94298	95268	169.5

3.3 风机基础结构撞船实例分析

3.3.1 船体模型

3.3.1.1 38000 t 船体结构模型

挪威船级社规范(DNVGL-OS-A101)指出,碰撞能量根据典型船只计算,船侧碰撞一般不低于 14 MJ,船艏和船尾碰撞不低于 11 MJ。船舶碰撞能量计算公式如下。

$$E = \frac{1}{2}(M+a)v^2 \tag{3-15}$$

式中:M 是船舶排水量(t);a 是船舶附加质量,通常船侧碰撞 0.4 M,船艏和船尾 0.1 M;v 是碰撞速度。本书根据风电单机容量 6 MW 大直径钢管桩,结合珠江三角洲经济特区繁忙航道,以及碰撞过程中基础结构能产生明显的凹陷损伤,考虑船体结构弹塑性材料和结构内部分布特征,在特定状况下进行模拟计算,建立本研究船体模型。

利用有限元软件 MSC.Patran 建立全尺寸船舶有限元数值模型。选用载重量为 38000 t,船体外体结构自重 5000 t,集中质量点总重量 1800 t,机电设备以及上层建筑 2200 t,总共 9000 t 自重,带有球鼻艏的散货船,船总长 185.8 m,垂线间长 170 m,船舶型宽 31 m,型深 15.43 m。设计吃水 9.5 m,结构吃水 10 m。

有限元网格划分节点和单元类型如下。

总共 402844 个节点,414949 个单元,57000 个两节点线性梁单元,12229 个两节点三维桁架单元,286102 个四节点双弯薄壳或厚壳单元,59618 个三节点三角形单元。

船体整体有限元和碰撞部位局部网格细化模型如图 3-67 所示。船体材料模型和风电结构采用低碳钢 S235,断裂应变、应力三轴度、应变率采用相应钢材试验测得,损伤演化方向和断裂位移选取值与风电结构模型相一致。

图 3-67　船体整体有限元和碰撞部位局部网格细化模型

3.3.1.2　3000 t 船体结构模型

根据挪威船级社规范(DNVGL-OS-A101)的规定,海上风机能承受的船舶撞击的撞击动能不小于 11 MJ,结合海上风电场实际过往船只的具体情况,选用一艘满载质量为 3000 t 的散货船,船舶的具体尺寸如表 3-18 所示。

表 3-18　船舶尺寸表　　　　　　　　　　　　　　　　　　　　（单位:m）

总长	型宽	型深	空载吃水	满载吃水
81	13.6	6.9	2.6	5.6

在工程领域常见的船舶碰撞问题中,船头是船舶主要产生变形的部位,因为碰撞产生的变形主要集中在碰撞接触部位。因此在研究碰撞问题时,为提高计算效率,将船体进行简化建模,在主要产生损伤变形的部位进行精细的建模研究。

本章模型采用的船头部位如图 3-68 所示,模型单元为壳单元,采用的单元类型为 S4R 和 S3R,单元总数为 2260,具体的单元与节点数如表 3-19 所示。

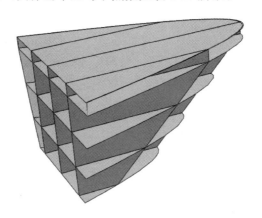

图 3-68　船头有限元模型图

表 3-19　船头结构单元与节点个数统计表　　　　　　　　　　（单位:个）

部位	节点数	三角形单元数	四边形单元数
船头	1905	138	2144

材料本构采用 DNVGL-RP-C208 推荐的弹塑性硬化模型,其真实应力-应变曲线如图 3-69所示。

材料屈服满足下式:

$$f = \sigma_{eq} - \sigma_f(\varepsilon_p) = 0 \tag{3-16}$$

式中:σ_{eq}表示材料的 Mises 等效应力;σ_f 表示材料的等效应力;ε_p 表示材料的等效应变,满足霍洛蒙幂律硬化准则:

$$\sigma_f(\varepsilon_p) = \begin{cases} \sigma_0 & \text{if} \quad \varepsilon_p \leqslant \varepsilon_{p,y_2} \\ K(\varepsilon_p + \varepsilon_{p,\text{eff}}) & \text{if} \quad \varepsilon_p > \varepsilon_{p,y_2} \end{cases} \tag{3-17}$$

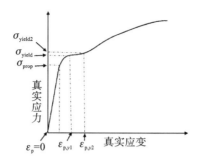

图 3-69 材料本构真实应力-应变曲线

$$\varepsilon_{0,\text{eff}} = \varepsilon_0 - \varepsilon_{p,y_2} = \left(\frac{\sigma_{\text{yield2}}}{K}\right)^{\frac{1}{n}} - \varepsilon_{p,y_2} \qquad (3\text{-}18)$$

式(3-17)和式(3-18)中,K 和 n 为硬化系数;σ_0 为材料开始发生硬化的屈服应力;ε_0 为材料开始发生硬化的等效塑性应变。因此,该应力应变关系可写为下式:

$$\sigma_f(\varepsilon_p) = \begin{cases} \sigma_{\text{yield2}} & \text{if} \quad \varepsilon_p \leqslant \varepsilon_{p,y_2} \\ K\left[\varepsilon_p + \left(\frac{\sigma_{\text{yield2}}}{K}\right)^{\frac{1}{n}} - \varepsilon_{p,y_2}\right]^n & \text{if} \quad \varepsilon_p > \varepsilon_{p,y_2} \end{cases} \qquad (3\text{-}19)$$

本书中导管架基础采用的材料为 S355 低碳钢,船舶钢材采用 S235 低碳钢,规范中钢材的参考属性定义如表 3-20、表 3-21 所示。

表 3-20 低碳钢 S355 规范提议钢材属性参数统计表

厚度(T)/mm	$T \leqslant 16$	$16 < T \leqslant 40$	$40 < T \leqslant 63$	$63 < T \leqslant 100$
E/MPa	210000	210000	210000	210000
σ_{prop}/MPa	384.0	357.7	332.1	312.4
σ_{yield}/MPa	428.4	398.9	370.6	348.4
σ_{yield2}/MPa	439.3	409.3	380.3	350.6
ε_{p,y_1}	0.004	0.004	0.004	0.004
ε_{p,y_2}	0.015	0.015	0.015	0.015
K/MPa	900	850	800	800
n	0.166	0.166	0.166	0.166

表 3-21 低碳钢 S235 规范提议钢材属性参数统计表

厚度(T)/mm	$T \leqslant 16$	$16 < T \leqslant 40$	$40 < T \leqslant 63$	$63 < T \leqslant 100$
E/MPa	210000	210000	210000	210000
σ_{prop}/MPa	285.8	273.6	251.8	242.1
σ_{yield}/MPa	318.9	305.2	280.9	270.1
σ_{yield2}/MPa	328.6	314.8	289.9	278.8
ε_{p,y_1}	0.004	0.004	0.004	0.004

厚度(T)/mm	$T\leqslant16$	$16<T\leqslant40$	$40<T\leqslant63$	$63<T\leqslant100$
$\varepsilon_{\mathrm{p},y_2}$	0.02	0.02	0.02	0.02
K/MPa	700	700	675	650
n	0.166	0.166	0.166	0.166

针对船舶撞击导管架过程,采用的计算模型为韧性损伤模型,满足

$$\bar{\varepsilon}_{\mathrm{D}}^{\mathrm{pl}} = (\eta, \dot{\bar{\varepsilon}}^{\mathrm{pl}}) \tag{3-20}$$

式中:$\bar{\varepsilon}_{\mathrm{D}}^{\mathrm{pl}}$ 表示结构发生损伤时等效塑性应变;η 表示模型的应力三轴度,数值上等于模型所承受的静水压力与米塞斯等效应力比值的相反数;$\dot{\bar{\varepsilon}}^{\mathrm{pl}}$ 表示该模型的等效塑性应变率。则结构损伤可以表示为

$$\omega_{\mathrm{D}} = \int \frac{d\bar{\varepsilon}^{\mathrm{pl}}}{\bar{\varepsilon}_{\mathrm{D}}^{\mathrm{pl}}(\eta, \dot{\bar{\varepsilon}}^{\mathrm{pl}})} \tag{3-21}$$

式中:ω_{D} 表示结构损伤的状态变量,该变量随着塑性变形的增加而增加,计算方式为

$$\Delta\omega_{\mathrm{D}} = \int \frac{\Delta d\bar{\varepsilon}^{\mathrm{pl}}}{\bar{\varepsilon}_{\mathrm{D}}^{\mathrm{pl}}(\eta, \dot{\bar{\varepsilon}}^{\mathrm{pl}})} \geqslant 0 \tag{3-22}$$

式中:$\Delta\omega_{\mathrm{D}}$ 表示结构损伤增量。为求解结构损伤演化方程,假定该韧性损伤模型遵循延性金属韧性损伤的起始准则,损伤发生的标志是材料刚度出现退化,在损伤发生后根据断裂条件判断单元删除设置。

结构的韧性损伤演化过程开始于损伤萌生,材料的弹性模量随之降低,取损伤演化之前损伤因子值为0,从演化开始直至结构发生断裂过程中损伤因子从0增大到1。则材料发生断裂时满足

$$\bar{u}^{\mathrm{pl}} = L\bar{\varepsilon}_{\mathrm{f}}^{\mathrm{pl}} \tag{3-23}$$

式中:$\bar{u}^{\mathrm{pl}}$ 表示材料塑性断裂位移;L 为单元的特征长度。令 $\bar{u}_{\mathrm{f}}^{\mathrm{pl}}$ 表示损伤发生断裂的位移,则损伤可表示为:

$$d = \frac{\bar{u}^{\mathrm{pl}}}{\bar{u}_{\mathrm{f}}^{\mathrm{pl}}} \tag{3-24}$$

当等效塑性位移等于结构断裂位移时,$D=1$,此时材料刚度完全退化。

导管架材料钢材杨氏模量为 210 GPa、泊松比为 0.3、屈服应力为 384 MPa、密度为 7850 kg/m³。船体材料为 NV-NS 钢材,钢材的屈服强度为 308 MPa,伸长率为 0.1,对材料进行单轴拉伸数值模拟,得到的应力-应变曲线如图 3-70、图 3-71 所示。

船舶的碰撞是一个瞬间释放巨大能量的过程,对于材料强度较低的船舶,碰撞可能引发极其严重的破坏,材料塑性达到一定极限时,即会发生断裂破坏。所以在分析时要设置单元失效。本模型中,若伸长率达到 0.1 即判断单元失效,并在场输出中设置删除失效单元。

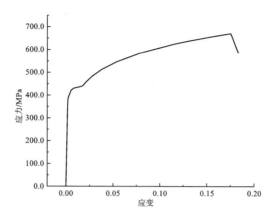

图 3-70　导管架钢材应力-应变曲线图

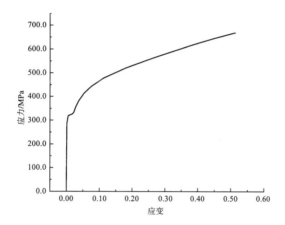

图 3-71　船体钢材应力-应变曲线图

3.3.2　碰撞中使用的荷载

3.3.2.1　附加质量系数

船舶在水中运动会影响周围水体流场的变化,同时周围水体流场变化也会使船舶受到动水压力,这种船体和水体之间的相互作用影响称为流固耦合。由于船舶体积较大,船舶碰撞时周围流体对碰撞结果影响很大。如果流固耦合作用周围存在流体,将严重增加计算时间,同时也会对周围的波浪产生影响,带来不稳定的因素。船舶在水体流场中做加速运动,同时附带的流体也做加速运动,附着水流的这部分质量在碰撞过程中加大碰撞荷载的质量,把这部分在碰撞作用中加大船舶的质量称为附加质量。附加质量大小主要取决于流体的密度、船舶的外形特征和运动方向。研究表明:采用附加质量系数形式计算所需时间仅为考虑流固耦合作用所需时间的 1%。相关附加质量系数总结如表 3-22 所示。

表 3-22　附加质量系数总结

作者/出处	船体运动方向	附加质量系数
Minorsky	横向	0.4
Woisin	纵向	0.05
	横向	0.7～0.8
Motora	纵向	0.02～0.07
	横向	0.4～1.3
DNVGL-ST-0126 和 C61400-3	纵向	0.1
	横向	0.4
AASHTO	纵向	0.05～0.25
	横向	0.5～0.8
同济大学	纵向	0.05

3.3.2.2　摩擦系数

船舶碰撞海上风电基础，由于碰撞过程中两者存在接触，会产生切向的接触摩擦力。两者碰撞之间由于材料不同或者不同的规范采用的动静摩擦系数不同，对碰撞的结果会产生影响。接触属性的摩擦系数在碰撞中应用需要通过相关试验获得。摩擦生热导致内能和动能改变，同时接触应力法向和切向方向都会改变。摩擦系数总结如表 3-23 所示。

表 3-23　摩擦系数总结

作者/出处	接触材料	选项	摩擦系数
AASHTO	钢材-钢材	静、动摩擦系数	0.15
	钢材-混凝土	静、动摩擦系数	0.35
DNVGL-ST-0126	钢材-钢材	静、动摩擦系数	0.2～0.5
ET-Tavil	钢材-钢材	静、动摩擦系数	0.3
公路桥涵设计相关规范	钢材-钢材	动摩擦系数	0.15～0.25
同济大学	钢材-钢材	静、动摩擦系数	0.2
	钢材-混凝土	静、动摩擦系数	0.3

3.3.2.3　风荷载

在船舶碰撞海上风电结构分析中风荷载是主要设计荷载之一，风向的变化影响碰撞的结果。

作用在海上风电结构的风荷载可以根据下式计算。

$$F=PA \tag{3-25}$$

式中：P 为受风结构表面上的风压，N/m^2；A 为受风结构垂直于风向的轮廓投影面积，m^2；F 为作用在构件上的风力，N。

计算风压 P 时的两个主要参数为一定的标准高度变化系数和形状系数。首先计算基本风压 P_0,并以此为基础通过高度修正和构件形状修正计算最后风压。

$$P_0 = \frac{1}{2g}\gamma v^2 \tag{3-26}$$

式中:重力加速度 $g = 9.8 \text{ m/s}^2$;空气重度 $\gamma = 12.01 \text{ N/m}^3$;$v$ 为设计风速,m/s。

$$P_0 = 0.613 v^2 \tag{3-27}$$

进而可以表示成:

$$P = 0.613 C_H C_S v^2 \tag{3-28}$$

式中:C_H 为风压沿高度变化的系数;C_S 为受风结构形状系数。

描述风荷载的两个主要特征参数是风速和风向。取设计风速的重现期、风速大小遵循已有的标准进行风速设计。一般取某观测时间内风速的平均值来表示风速大小。时距为 3 s、10 s 等按秒来计时的是阵风风速;时距为 1～3 min、10 min 等按分钟计时的是持续风速;按小时计时的是稳定风速。船舶碰撞海上风电结构一般发生在几秒钟之内,所以研究风荷载对碰撞的影响选取阵风风速。美国石油协会 API 规范采用下式:

$$C_H = \left(\frac{z}{10}\right)^{\frac{2}{n}} \tag{3-29}$$

在开阔海域,对于持续风速 n 取 8;对于阵风风速 n 取 13。z 为某点的高度。

植石群等总结了广东省沿海地区风随高度变化系数,如表 3-24 所示。

表 3-24 广东省沿海地区风随高度变化系数

| 离地面高度/m | 徐闻 | 汕尾 | 黄埔 | 港口规范 | | 建筑结构荷载规范 | AASHTO |
				海上	陆上		
10	1.00	1.00	1.00	1.00	1.00	1.00	1.00
20	1.06	1.07	1.09	1.12	1.12	1.18	1.10
30	1.10	1.11	1.14	1.19	1.19	1.30	1.15
40	1.13	1.14	1.17	1.24	1.25	1.39	1.19
50	1.15	1.17	1.20	1.28	1.30	1.47	1.22
60	1.17	1.19	1.22	1.31	1.34	1.54	1.26
70	1.19	1.20	1.44	1.27	1.37	1.60	1.31
80	1.20	1.22	1.48	1.29	1.40	1.65	1.33
90	1.21	1.23	1.51	1.31	1.43	1.69	1.35
100	1.22	1.24	1.55	1.33	1.46	1.74	1.37

注:表中 AASHTO 为美国联邦公路和运输部门公路设计规范。

C_S 取值与构件表面粗糙度、构件形状及雷诺数有关。C_S 取值如表 3-25 所示。

表 3-25　形状系数 C_S 取值

形状	C_S
球形	0.40
圆柱形	0.50
大的平面板(船体、甲板室、甲板以下的光滑平板)	1.00
钻井架	1.25
甲板以下暴露的梁和桁架	1.30
孤立结构(起重机、梁材)	1.50

　　本研究采用广东省粤电珠海金湾海上风电场项目所测得的数据来进行正常运行荷载和极限荷载设计。表 3-26 为 50 年一遇的风浪荷载设计参数值。

表 3-26　风浪荷载设计参数值

轮毂高度处平均空气密度(常温设计)	1.176 kg/m³
年平均风速	7.34 m/s
轮毂高度处 50 年一遇极大风速(3 s 均值)	72.1 m/s
轮毂高度处 50 年一遇最大风速(10 min 均值)	53.4 m/s
轮毂高度处 1 年一遇极大风速(3 s 均值)	57.6 m/s
轮毂高度处 1 年一遇最大风速(10 min 均值)	42.8 m/s
平均水深	15.26 m
50 年一遇极大有效波高	8.59 m(极端高水位)和 7.54 m(极端低水位)
50 年一遇极大峰值周期	15.8 s(极端高水位)和 14.9 s(极端低水位)
5 年一遇极大有效波高	6.33 m(极端高水位)和 6.02 m(极端低水位)
5 年一遇极大峰值周期	13.9 s(极端高水位)和 13.5 s(极端低水位)
50 年一遇最大设计波高	11.92 m(极端高水位)和 10.45 m(极端低水位)
50 年一遇最大设计波周期	21.1 s(极端高水位)和 19.9 s(极端低水位)
设计寿命	25 年

　　本研究风荷载采用轮毂高度处 50 年一遇阵风风速(3 s 均值)极大值。采用高度变化系数依次进行轮毂以下的风荷载施加。桩基和塔筒采用分层建模,风荷载施加在一个耦合点上,分别施加力和弯矩。图 3-72 表示了风荷载施加集中点位置和方向。

　　通过计算大直径塔筒投影面积等效为圆柱形,得到风荷载大小如表 3-27 所示,计算原则是采用轮毂高度处 50 年一遇极大风速(3 s 均值),根据高度变化系数依次取值。C_S 采用圆柱形形状系数 0.50。

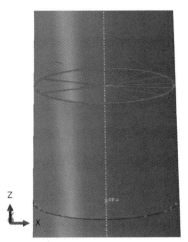

图 3-72 风荷载施加集中点位置和方向

表 3-27 风荷载大小

塔筒分层名称	F_x/N	$M_y/(\text{N} \cdot \text{m})$
塔筒 1	123691.88	−309229.7
塔筒 2	123316.60	−308291.5
塔筒 3	121590.32	−303975.8
塔筒 4	119713.92	−299284.8
塔筒 5	117162.03	−292905.075
塔筒 6	114497.55	−286243.875
塔筒 7	111232.62	−278081.55
塔筒 8	107892.64	−269731.6
塔筒 9	104477.61	−261194.025
塔筒 10	100987.51	−252468.775
塔筒 11	97422.37	−243555.925
塔筒 12	185762.99	−1546748.5

3.3.2.4 波浪荷载

目前针对波浪荷载对圆柱桩体相互作用采用莫里森方程进行计算,该理论做如下假定:桩体的存在对波浪运动无显著影响,认为波浪对柱体的作用主要是黏滞效应和附加质量效应引起的。基本思想是把波浪力分成两项:一项为同加速度成正比的惯性力项,另一项为同速度的平方成正比的阻力项。

莫里森方程计算示意图如图 3-73 所示,坐标原点 O 位于海底线的一点,X 轴正向沿 O 点向右,Z 轴竖直向上。图中 d 为水深,海底上直立着一直径为 D 的圆柱桩体,桩体地面中

心点与 O 点重合,波高为 H 的入射波沿海面向 X 轴正向传播。

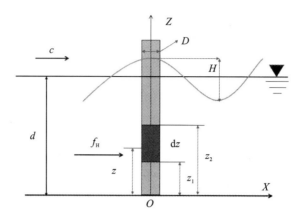

图 3-73 莫里森方程计算示意图

$$F_H = \int_0^d f_H dz = C_D \frac{\gamma D H^2}{2} K_1 \cos\theta |\cos\theta| + C_M \frac{\pi \gamma D^2 H}{8} K_2 \sin\theta \qquad (3\text{-}30)$$

$$\begin{cases} K_1 = \dfrac{2kd + \sinh 2kd}{8 \sinh 2kd} \\ K_2 = \tanh kd \end{cases} \qquad (3\text{-}31)$$

波浪荷载作用在单桩最大总水平拖拽力和最大总水平惯性力分别为:

$$\begin{cases} F_{HD_{max}} = \int_0^d f_{HD_{max}} dz = C_D \dfrac{\gamma D H^2}{2} K_1 \\ F_{HI_{max}} = \int_0^d f_{HI_{max}} dz = C_M \dfrac{\pi \gamma D^2 H}{8} K_2 \end{cases} \qquad (3\text{-}32)$$

$$F_H = F_{HD_{max}} \cos\theta |\cos\theta| + F_{HI_{max}} \sin\theta \qquad (3\text{-}33)$$

选择表 3-26 中 50 年一遇有效波长 8.59 m(极端高水位)和 50 年一遇的极大峰值周期 15.8 s(极端高水位)。$C_D = 1.2$,$C_M = 2.0$。直径为 7 m,水深为 17 m。由线性波理论弥散关系可确定波长和波数。

$$L = \frac{gT^2}{2\pi} \tanh \frac{2\pi}{L} d, k = \frac{2\pi}{L} \qquad (3\text{-}34)$$

通过牛顿迭代法求解波长。使用 MATLAB 迭代得到极限波长 $L = 185.3649$ m。波速 $c = L/T = 185.3649/15.8$ m/s $= 11.7319$ m/s。波数 $k = 0.03389$,频率 $\omega = \dfrac{2\pi}{T} = 0.39767$ rad/s。

$$\begin{cases} K_1 = \dfrac{2kd + \sinh 2kd}{8 \sinh 2kd} = 0.2302 \\ K_2 = \tanh kd = 0.5171614 \end{cases}$$

$$\begin{cases} F_{HD_{max}} = \int_0^d f_{HD_{max}} dz = C_D \dfrac{\gamma D H^2}{2} K_1 = 720118.945 \text{ N} \\ F_{HI_{max}} = \int_0^d f_{HI_{max}} dz = C_M \dfrac{\pi \gamma D^2 H}{8} K_2 = 1724633.19 \text{ N} \end{cases}$$

$$F_H = 720118.945 \cos\theta |\cos\theta| + 1724633.19 \sin\theta$$

由于相位角 θ 的存在,当处于同一相位角时,$F_{HD_{max}}$ 和 $F_{HI_{max}}$ 不同时达到最大值。由于 $F_{HI_{max}} > 2F_{HD_{max}}$,最大水平波浪力只能发生在 $\cos\theta = 0$($\theta = \frac{\pi}{2}$),即静水面通过 Y 中心轴线位置即 $X = 0$ 位置瞬间,最大水平波浪力与最大水平惯性力相等,即

$$F_{H_{max}} = F_{HI_{max}} = 1724633.19 \text{ N}$$

3.3.2.5 重力荷载和水压荷载

海上风电塔筒以上部分采用集中荷载,大约 370 t。碰撞过程中水平碰撞力还受到风电结构整体的自重和水压力影响,同时也会受土体自重的影响。为了更好地模拟真实的工程概况,塔筒以上施加集中荷载,耦合在塔筒最高点处,同时塔筒和桩基自重、土体自重施加在整体模型中。

水压荷载计算如下。

$$P = \rho g h \tag{3-35}$$

式中:ρ 是海水的密度,为 1030 kg/m^3;$h = 17 \text{ m}$;$g = 9.8 \text{m/s}^2$;$P = 171598 \text{ Pa}$。

3.3.3 不同碰撞速度下的船撞海上风电事故后评估

不同速度的碰撞场景如下:船体质量为 9000 t(含附加质量,附加质量系数为 0.05),速度分别为 4 m/s、3 m/s、2 m/s,能量分别为 7.2×10^7 J、4.05×10^7 J、1.8×10^7 J,正碰,水深 17.3 m,吃水深度 9 m,桩基直径 7 m,桩基和塔筒厚度 80 mm,塔筒最高点集中质量 370 t,正碰不计摩擦系数,土体参数不变,土体和风机整体施加重力,水压力 0.17 MPa,初始地应力作为土体初始条件,桩土作用部分切向方向采用罚函数公式,摩擦系数为 0.4。

船舶-风电-土体耦合碰撞整体有限元模型如图 3-74 所示。

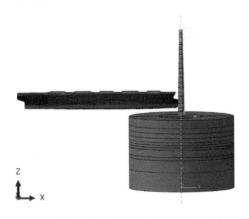

图 3-74 船舶-风电-土体耦合碰撞整体有限元模型

碰撞过程中采用质量缩放功能提高求解效率。碰撞部位先发生在球鼻艏和桩基过渡段,取两者之间接触力为碰撞力,桩基过渡段凹陷部位位移为凹陷值,得到碰撞力-凹陷位移曲线,如图 3-75 所示。从图中可以看出速度越大,碰撞产生的凹陷位移越大,回弹位移也越

大;结构刚开始碰撞属于弹性碰撞,不同碰撞速度下斜率基本相同,随后结构进入弹塑性阶段,曲线表现出较强的非线性不稳定波动特征,碰撞力每一次达到峰值后卸载都是接触重新建立和消失,主要是由于船舶构件或桩体的受损失效破坏。图 3-76 是 4 m/s 速度下碰撞整体和船体损伤等效塑性应变云图,可以看出船体球鼻艏部位产生较大损伤,船甲板产生较小的损伤。图 3-77 是 4 m/s 速度下碰撞桩体整体和局部凹陷应力云图,碰撞过程在桩基过渡段产生局部凹陷,在桩基嵌入土体表面下 2.2～17.8 m 中会发生局部弯曲挠度,在此区域内也产生损伤。图 3-78 为 4 m/s 速度下碰撞土体等效塑性应变和位移云图,可以看出,土体表面区域出现塑性应变,土体产生塑性破坏。图 3-79 为不同碰撞速度下桩基过渡段最大凹陷位移应力云图,可以看出不同速度下凹陷位移的变化。图 3-80 为不同碰撞速度下桩基嵌入土体表面下 2.2～17.8 m 部位产生的等效塑性应变云图,可以看出速度越大,产生的挠度越大,等效塑性应变越大。

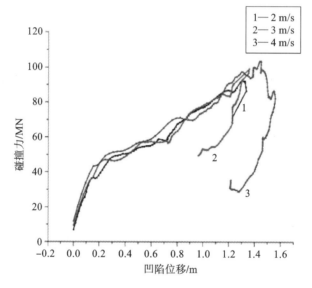

图 3-75　不同速度碰撞下碰撞力-凹陷位移曲线

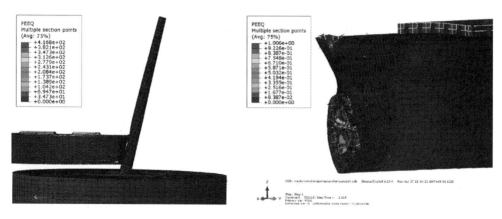

图 3-76　4 m/s 速度下碰撞整体和船体损伤等效塑性应变云图

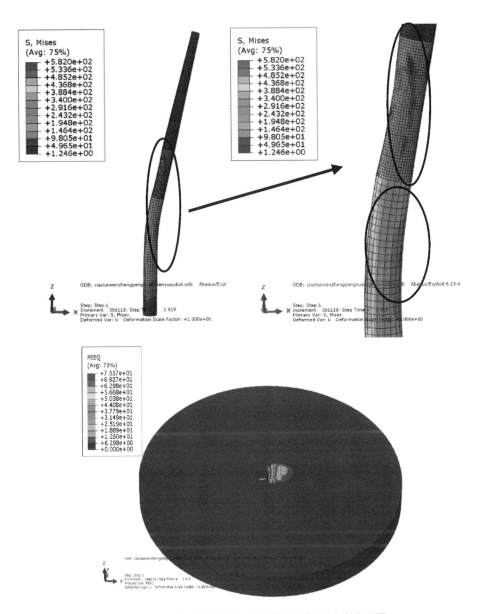

图 3-77　4 m/s 速度下碰撞桩体整体和局部凹陷应力云图

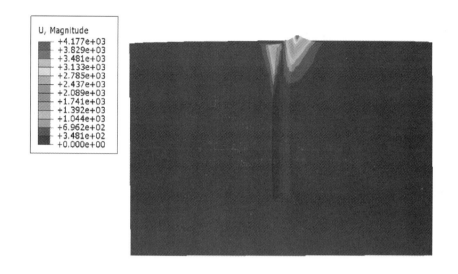

图 3-78　4 m/s 速度下碰撞土体等效塑性应变和位移云图

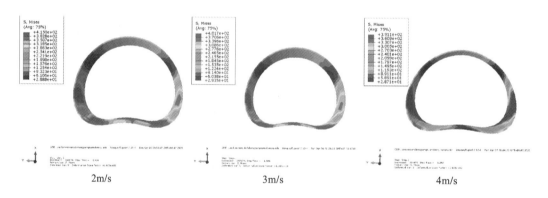

2m/s　　　　　3m/s　　　　　4m/s

图 3-79　不同碰撞速度下桩基过渡段最大凹陷位移应力云图

由于碰撞过程中结构属于非弹性碰撞，接触后船体减速，桩体加速，最终得到共同速度进行加载，持续一段时间后，船体和桩体接触碰撞面积不断变小，接触碰撞力不断减小，船体部位破坏进水，碰撞结束。但是不同的碰撞速度不能达到相同的船体凹陷位移，我们可以提取桩体和船体的运动曲线来描述整个碰撞过程，图 3-81 为不同碰撞速度下碰撞力-凹陷位移曲线，在以后的分析中，可以利用整体凹陷位移曲线来描述整个过程。

由图 3-81 中的曲线可知，结构碰撞刚开始属于弹性碰撞，不同碰撞速度作用下的碰撞力-凹陷位移曲线基本重合，具有一定的线性特征，结构的刚度相同；随后曲线变化剧烈，表现为非线性状态，速度越大，曲线非线性波动特征比较显著，每次峰值的卸载和加载都是接

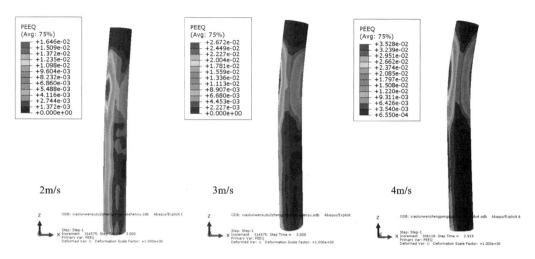

图 3-80 不同碰撞速度下部分桩基等效塑性应变云图

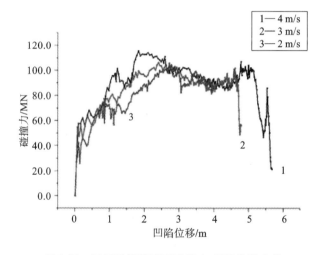

图 3-81 不同碰撞速度下碰撞力-凹陷位移曲线

触消失和重新建立。在一定的碰撞时间内,船舶碰撞速度越大,桩体基础产生凹陷位移越大,结构最大碰撞力出现的时间越早。碰撞速度 4 m/s 出现最大碰撞力位移是 1.75 m 左右,碰撞速度 3 m/s 出现最大碰撞力位移是 2.4 m 左右,碰撞速度 2 m/s 出现最大碰撞力位移是 2.9 m 左右。

3.3.4 不同碰撞角度和碰撞船体质量下的船撞海上风电事故后评估

不同角度碰撞下有限元模型示意图如图 3-82 所示。碰撞角度示意图如图 3-83 所示。不同角度的碰撞场景如下:船体质量为 9000 t,速度为 4 m/s,能量为 7.2×10^7 J,角度分别为 0°(正碰)、20°、30°,水深 17.3 m,吃水深度 9 m,桩基直径 7 m,桩基和塔筒厚度 80 mm,塔筒最高点集中质量370 t,动静摩擦系数为0.2,指数型衰减系数为1,土体参数不变,土体和风机整体施加重力,水压力为0.17 MPa,初始地应力作为土体初始条件,桩土作用部分切向方向采用罚函数公式,摩擦系数为0.4。

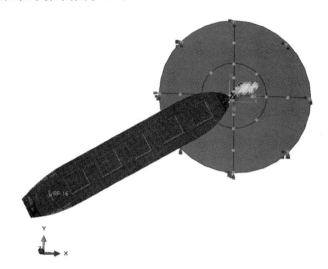

图 3-82　不同角度碰撞下有限元模型示意图

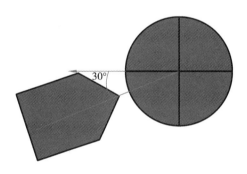

图 3-83　碰撞角度示意图

　　不同碰撞角度下 X、Y 方向碰撞力-凹陷位移曲线如图 3-84 所示。由曲线可知,刚开始接触碰撞时,结构属于弹性碰撞,刚度基本相同,随着碰撞的时间增长,角度越大,刚度先发生非线性变化,碰撞结束的时间也短,X 方向凹陷位移越小。角度越小,刚度变化缓慢,碰撞持续时间增长,X 方向凹陷位移越大。碰撞在 Y 方向,角度越大,最大碰撞力相对越大,一定的碰撞时间内在 Y 方向产生的凹陷位移越大。

　　从碰撞力学角度出发,风电基础遭受船舶碰撞所受损伤的主要影响因素有船舶的质量型号、船舶碰撞速度、船舶碰撞角度等。碰撞过程中船舶的型号涉及接触面积的大小,有限元计算接触问题面积的大小直接影响碰撞力的大小。船舶型号中有带球鼻艏的,有不带球鼻艏的,如果把每种型号的船舶都进行建模来比较不同型号的船舶对碰撞的影响,过程很复杂。本研究只建立特定船舶型号模型,通过改变船体质量来研究碰撞力的影响。为了简化计算,我们假设船舶自重(不包括集中点和集中耦合点质量)5000 t,自重加集中耦合质量点

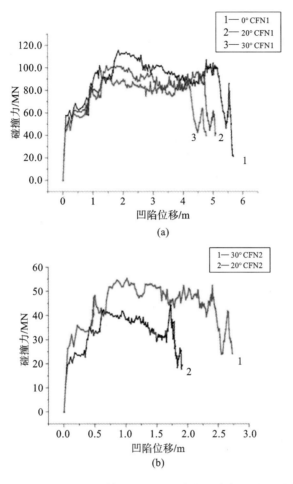

图 3-84　不同碰撞角度下 **X**、**Y** 方向碰撞力-凹陷位移曲线

6800 t，自重加集中质量点和集中耦合质量点 9000 t 三种不同质量的船舶对碰撞的影响。上述质量包括附加质量。

不同质量的碰撞场景如下：速度 4 m/s，能量分别为 4×10^7 J、5.44×10^7 J、7.2×10^7 J。正碰，水深 17.3 m，吃水深度 9 m，桩基直径 7 m，桩基和塔筒厚度 80 mm，塔筒最高点集中质量 370 t，正碰不计摩擦系数，土体参数不变，土体和风机整体施加重力，水压力 0.17 MPa，初始地应力作为土体初始条件，桩土作用部分切向方向采用罚函数公式，摩擦系数为 0.4。

由图 3-85（a）碰撞力-时间曲线和图 3-85（b）碰撞力-凹陷位移曲线可知，结构刚开始碰撞时属于弹性碰撞，不同质量的碰撞下两种曲线基本重合，具有一定的线性特征，曲线的斜率即结构刚度相同；随后曲线表现出较强的非线性不稳定波动特征，碰撞力每一次达到峰值后卸载主要是由于船舶构件和桩体的受损或失效破坏，最大碰撞力也随着质量的增加明显增加。由碰撞力-凹陷位移曲线可知，质量越大，结构接触碰撞时间越长，桩体的凹陷位移越大，最大碰撞力出现时间越晚。

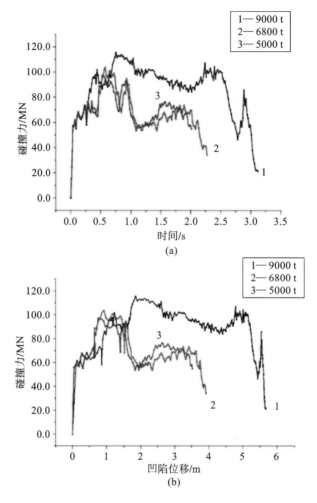

图 3-85 不同碰撞质量下碰撞力-时间曲线和碰撞力-凹陷位移曲线

3.3.5 风、浪荷载和船碰耦合作用下的船撞海上风电事故后评估

风荷载和船碰耦合作用下分为沿碰撞方向风荷载和反碰撞方向风荷载两种情况。碰撞场景如下:风荷载大小采用表 3-27 数值,船体质量为 9000 t,速度 4 m/s,能量为 7.2×10^7 J,船艏正碰,水深 17.3 m,吃水深度 9 m,桩基直径 7 m,桩基和塔筒厚度 80 mm,塔筒最高点集中质量 370 t,正碰不计摩擦系数,土体参数不变,土体和风机整体施加重力,水压力 0.17 MPa,初始地应力作为土体初始条件,桩土作用部分切向方向采用罚函数公式,摩擦系数为 0.4。

由图 3-86 可知,采用 50 年一遇的极大风速与碰撞耦合作用,风的方向与碰撞方向相同或与碰撞方向相反都会对碰撞力产生影响。由曲线可知,当风的方向与碰撞反向时,碰撞力最大,但产生的凹陷位移最小,这是由于风的作用力阻挡风电基础沿碰撞方向平移,碰撞力增大。相反,沿碰撞方向施加风荷载会减小船体与风电基础作用的时间,加大风电基础向前移动。由于船体质量速度较大,风荷载对碰撞的结果影响不大,但它会加强或减弱碰撞力。

当风向未知时,可以利用风荷载与碰撞同向得到碰撞力最大值,风荷载与碰撞反向得到碰撞力最小值,风荷载和碰撞耦合得到的碰撞力都介于两者之间。从曲线也可以看出,当风荷载与船碰撞方向相同时得到的凹陷位移最大,风荷载与船碰撞方向相反时得到的凹陷位移最小,无风的时候介于两者之间。

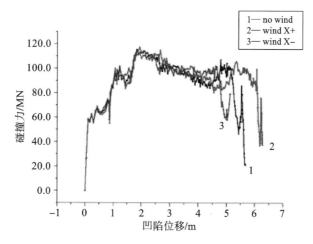

图 3-86　风荷载和船碰耦合碰撞力-凹陷位移曲线之间的对比

浪荷载和船碰耦合现只研究与碰撞方向相同作用下的工况。结构碰撞场景如下:浪荷载大小为 1724633.19 N,船体质量为 9000 t,速度 4 m/s,船舶正碰,水深 17.3 m,吃水深度 9 m,桩基直径 7 m,桩基和塔筒厚度 80 mm,塔筒最高点集中质量 370 t,正碰不计摩擦系数,土体参数不变,土体和风机整体施加重力,水压力 0.17 MPa,初始地应力作为土体初始条件,桩土作用部分切向方向采用罚函数公式,摩擦系数为 0.4。

浪荷载和船碰耦合碰撞力-凹陷位移曲线之间的对比如图 3-87 所示。浪荷载与船舶碰撞耦合,不考虑波浪对船体的作用,只考虑波浪对风电基础等效为一集中力施加在基础上,从而对基础产生相互作用力。从曲线可以看出浪荷载对碰撞力影响很小,浪荷载作用与碰撞方向相同,从而加快风电基础向碰撞方向平移,相同时间下有浪荷载作用,碰撞接触面积会减小,从而最大碰撞力也减小,但凹陷位移增大。

风、浪荷载和船碰同时作用下的耦合碰撞:风荷载大小采用表 3-27 数值,浪荷载大小为 1724633.19 N,船体质量为 9000 t,速度 4 m/s,船舶正碰,水深 17.3 m,吃水深度 9 m,桩基直径 7 m,桩基和塔筒厚度 80 m,塔筒最高点集中质量 370 t,正碰不计摩擦系数,土体参数不变,土体和风机整体施加重力,水压力 0.17 MPa,初始地应力作为土体初始条件,桩土作用部分切向方向采用罚函数公式,摩擦系数为 0.4。

从图 3-88 可以看出当风荷载与碰撞反向时碰撞力最大,相等的时间内产生的水平凹陷位移最小;当风荷载和浪荷载与碰撞方向相同时碰撞力最小,主要原因是船碰过程中风、浪会减小接触面积,但在相等的时间内产生的水平凹陷位移最大。通过以上研究可知,当力与碰撞方向相同时,得到的最大碰撞力相对较小,但相等时间内产生的水平凹陷位移最大,当力与碰撞方向相反时,得到的最大碰撞力相对较大,但相等时间内产生的水平凹陷位移最小。

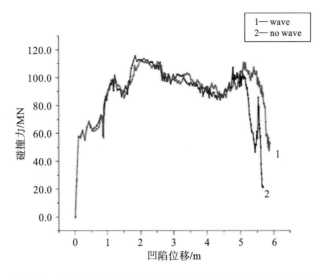

图 3-87 浪荷载和船碰耦合碰撞力-凹陷位移曲线之间的对比

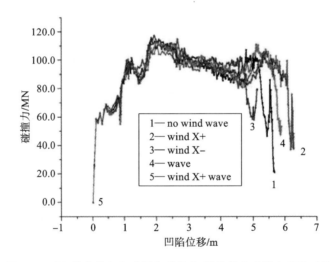

图 3-88 风、浪荷载和船碰耦合碰撞力-凹陷位移曲线之间的对比

3.3.6 碰撞之间的能量研究

3.3.6.1 海上风电基础与船舶发生碰撞时的能量研究

选择其中某一工况:船体质量为 9000 t,速度 4 m/s,船艏正碰,水深 17.3 m,船舶结构吃水深度 9 m,附加质量系数为 0.05,正碰不计摩擦,土体参数不变,土体和风机整体施加重力,无风、浪荷载。

碰撞中船体减少的动能+外力做的功(重力)=整体塑性耗散能+整体应变能+内能+风机的动能+摩擦耗散能(阻尼能)+伪应变能+船体损伤耗散能。

外力功和船体减少动能之和及转化能量之和如图 3-89 所示。能量转化之间的关系如图 3-90 所示。

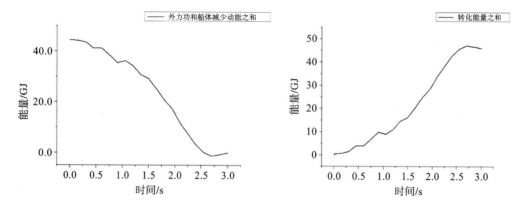

图 3-89　外力功和船体减少动能之和及转化能量之和

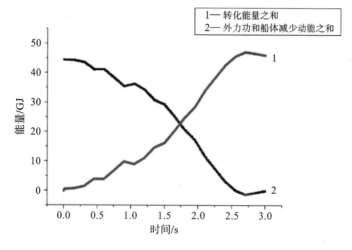

图 3-90　能量转化之间的关系

船舶碰撞风电基础过程中能量主要转化为船舶-风电-土体整体塑性耗散能和整体应变能、系统的内能和风电获得的动能。

求解全耦合模型质量体积较大,对于碰撞部位的网格细化,导致网格特征长度变小,系统的稳定时间增量变小,求解时间较长,通常采用质量缩放。质量缩放会改变系统的动内能计算结果,所以质量缩放会使应力、应变等计算结果产生一定的误差,可通过对比伪应变能/内能百分比是否合适(通常 10% 以内),来判断碰撞过程的质量缩放使用的合理性和准确性。图 3-91 选取某一碰撞工况下系统伪应变能/内能百分比曲线,可以看出该百分比控制在 4% 以内,说明其碰撞数值模拟符合以上规律。

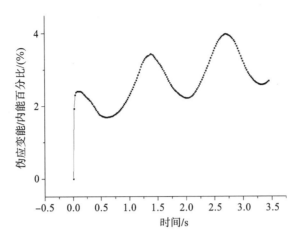

图 3-91　系统伪应变能/内能百分比曲线

3.3.6.2　导管架与船舶发生碰撞时的能量研究

在 ABAQUS 有限元分析中,完全积分指的是单元积分过程中所用的 Gauss 积分点的数目足以对单元刚度矩阵中的多项式进行精确的积分,但是在承受弯曲的荷载时,由于完全积分单元线性的边不能发生弯曲,所以极易出现剪切自锁的现象,为提高计算效率,提高计算结果的收敛性,避免出现剪切自锁的状况,部分单元采用缩减积分单元进行数值计算。

缩减积分指的是 Gauss 积分点的数目少于精确积分时要求的积分点的数目。缩减积分单元比完全积分单元在每个积分的方向上少用一个积分点。具体如图 3-92、图 3-93 所示。

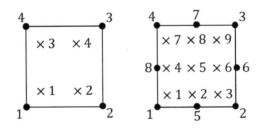

图 3-92　完全积分线性单元(如 CPS4)和完全积分二次单元(如 CPS8)

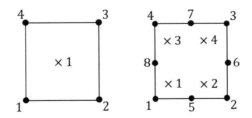

图 3-93　缩减积分线性单元(如 CPS4R)和缩减积分二次单元(如 CPS8R)

为了保证碰撞过程有限元计算的准确性,首先对碰撞过程的能量曲线进行分析。船舶碰撞过程中,船舶的能量转化主要是初始动能转化为船舶和导管架的内能、粘性耗散能、摩擦耗能以及船舶和导管架剩余动能。在 ABAQUS 有限元分析过程中,结构的能量一般通过施加阻尼的形式达到衰减的目的。对结构进行阻尼系数的计算需要进行频率分析,由于耦合模型约束节点和面较多,极易出现过约束而不收敛的问题,所以频率分析的模型采用同样尺寸的壳单元模型。导管架模型前两阶模态如图 3-94 所示。

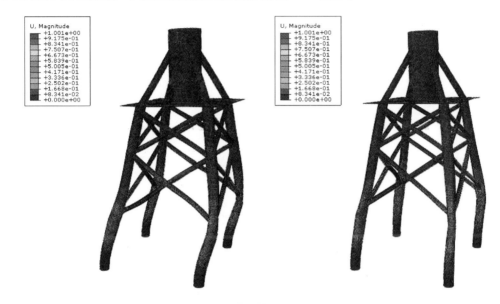

图 3-94　导管架模型前两阶模态

对壳单元模型进行模态分析,得到结构前两阶模态的频率,并将频率值代入阻尼计算公式。

$$\begin{cases} \omega_1 = 2\pi f_1 \quad \omega_2 = 2\pi f_2 \\ \alpha = \dfrac{2\omega_1\omega_2\xi}{\omega_1+\omega_2} \quad \beta = \dfrac{2\xi}{\omega_1+\omega_2} \end{cases} \tag{3-36}$$

式中:ω_1,ω_2 为第一阶和第二阶模态的圆频率;ξ 为材料阻尼比,取值范围为 $0\sim1$,在该计算中 ξ 取为 0.05;α,β 为阻尼系数。计算得 α 取值为 0.67766,β 取值为 0.0037。

材料阻尼施加后,模型计算时间以千倍增加,极大降低了分析效率,对计算机造成不必要的浪费。所以在碰撞有限元显式分析步分析中,采用体积粘度默认设置,对碰撞过程中动能产生轻度衰减,通过施加阻尼器的方式来模拟结构阻尼,在碰撞过程完成后,对结构存在的动能继续进行衰减,所以碰撞过程中阻尼耗能占比较小,碰撞过程完成后整体模型还有剩余动能,仅取动能第一次降到最低之前的能量变化来分析。

图 3-95 为四种工况下船舶碰撞导管架整体模型总能量转化曲线。沙漏能占比统计表如表 3-28 所示,四种工况下沙漏能与总能比值均小于 5%,并且整体模型能量守恒,说明碰撞有限元计算网格划分是合理有效的。图 3-95(a)中,$t=0.06$ s 时,船舶开始接触导管架节点并发生碰撞,系统动能迅速下降,内能迅速上升,在 $t=0.19$ s 时,动能曲线降到最低点,表明此时碰撞过程已经完成,碰撞过程持续时间为 0.13 s。在这之后,导管架在体积粘度作用

下处于轻微的衰减振动,船体在碰撞结束后产生回弹。整个过程中,模型总能量始终保持不变,沙漏能、粘性耗散能和摩擦耗能逐渐增大后保持稳定,系统的内能和动能发生交换。初始动能分别为 4.73 MJ、9.45 MJ 和 14.18 MJ 的工况,动能和内能交换的规律与图 3-95(a)一致。四种工况碰撞发生时间分别为 0.13 s、0.38 s、0.52 s、0.64 s,可知初始动能增加,船舶与导管架接触时间随之增加,与此同时,摩擦耗能也逐渐增大。初始动能越大,动能和内能曲线的振荡越微弱,这也意味着,随着船舶初始动能的增大,导管架受到撞击后的振动幅度越来越小。

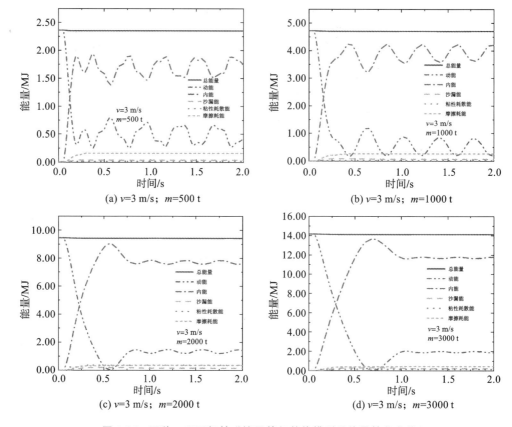

(a) $v=3$ m/s; $m=500$ t (b) $v=3$ m/s; $m=1000$ t (c) $v=3$ m/s; $m=2000$ t (d) $v=3$ m/s; $m=3000$ t

图 3-95 四种工况下船舶碰撞导管架整体模型总能量转化曲线

表 3-28 沙漏能占比统计表

初始速度 /(m/s)	船舶质量/t（不含附连水）	初始动能/MJ	沙漏能/MJ	百分比/(%)
3	500	2.36	0.036	1.53
3	1000	4.73	0.086	1.83
3	2000	9.45	0.019	2.02
3	3000	14.18	0.029	2.05

图 3-96 为四种工况下船舶碰撞导管架整体模型内能转化曲线。船舶碰撞过程中的内

能主要包括弹性应变能、非弹性耗能、沙漏能、粘弹性耗能和损伤耗能。弹性应变能在碰撞开始之后迅速增大,直到内能曲线出现下降趋势,弹性应变能也开始下降,而非弹性耗能也就是塑性应变能在碰撞初期一直增加,直到碰撞完成之后非弹性耗能达到最大并保持稳定。这表明在碰撞发生的过程中,导管架受到撞击产生应变,包括一部分弹性应变和部分塑性应变。在碰撞结束后导管架弹性应变恢复,储存的弹性应变能释放,转化成导管架和船的动能使导管架振动以及船舶回弹,在初始动能为 14.18 MJ 的工况中,这个过程耗时大概为1.0 s,之后船舶与导管架分离,模型能量稳定下来,在整个能量交换的过程中,总能量保持恒定。

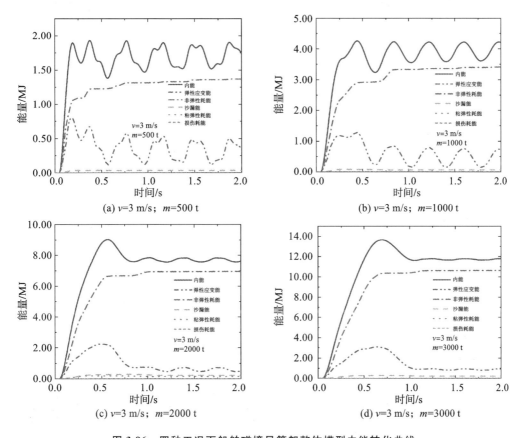

图 3-96　四种工况下船舶碰撞导管架整体模型内能转化曲线

3.3.7　船撞导管架后的事故评估与仿真

3.3.7.1　事故简介

2017 年 8 月 20 日,台风"天鸽"在西北太平洋生成,8 月 23 日一天之内,"天鸽"连升两级,转变为强台风,最大速度达到 52 m/s,12 时 50 分左右,"天鸽"在南海附近海域将船只卷入风电场,对风电基础设施产生了严重的撞击损伤。

根据事故发生后现场工作人员拍摄的导管架受损情况照片(图 3-97),可以看出导管架主要受损部位为腿柱 KK 节点、圆管以及斜撑 X 节点处,针对腿柱圆管部位受到撞击凹陷的情况,建立船撞导管架有限元模型,分析结构损伤。

图 3-97　南海某风电场导管架受到撞击后照片

3.3.7.2　撞击事故数值仿真

针对"天鸽"台风侵袭风电场的实际工程事故,运用有限元软件将受到撞击的导管架进行数值模拟,最大限度还原碰撞状态,使分析结果更为精确。根据实际工程资料模拟导管架圆管受到船舶撞击的情况。

设计船舶总质量为 3000 t,撞击瞬间速度为 3 m/s,撞击方向为导管架对角线 45°方向,其他设置参照前文。

为模拟船舶撞击导管架腿柱圆管部位的工况,将圆管部位用壳单元建模,以便于分析圆管部位局部变形以及损伤状态。碰撞仿真有限元模型如图 3-98 所示。

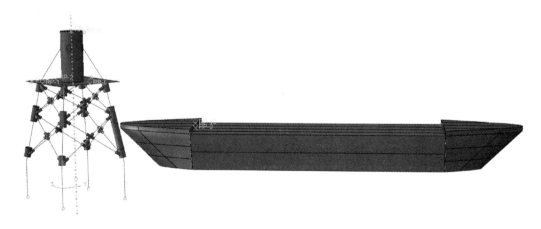

图 3-98　碰撞仿真有限元模型

3.3.7.3　撞击过程能量分析

船舶碰撞导管架圆管工况中,系统主要能量包括动能、内能、沙漏能、粘性耗散能和摩擦耗能,提取以上几种能量绘制曲线如图 3-99 所示。

根据图 3-100 可以看出,沙漏能与总能量的比值始终小于 5%,说明该计算结果是合理

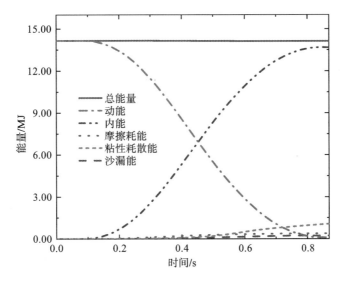

图 3-99 船舶撞击导管架能量变化曲线

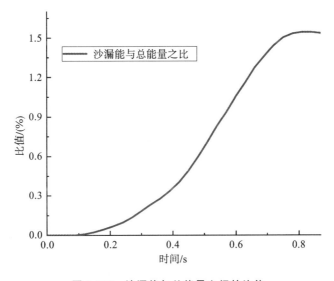

图 3-100 沙漏能与总能量之间的比值

的。能量变化曲线图中,模型总能量保持不变,$t=0.1$ s 时,船舶与导管架开始发生碰撞,模型动能迅速下降,内能迅速上升,斜率变化较快,直至碰撞发生 0.5 s 以后,动能曲线下降变缓,$t=0.6$ s 之后模型能量转化较为平缓。模型内能主要包括导管架受到撞击局部弹性应变能、塑性应变能以及导管架整体弯曲的弹塑性耗能。

3.3.7.4 导管架塑性损伤状况分析

分析导管架受撞击主要部位的局部变形,提取圆管部位应力云图与等效塑性应变云图如图 3-101 所示。

由圆管的应力云图可以看出,在撞击部位出现块状的应力集中区域,撞击发生过程时间很短,撞击作用还未传递到整个结构,先在碰撞部位产生了局部凹陷,出现应力集中。应力

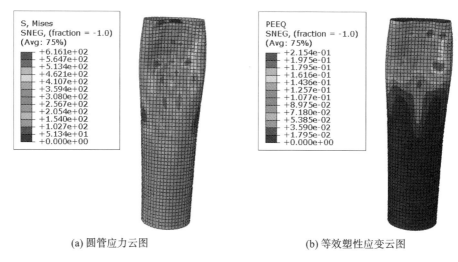

(a) 圆管应力云图   (b) 等效塑性应变云图

图 3-101　圆管应力云图与等效塑性应变云图

较大的部位出现在凹陷边缘,呈条状分布。在圆管与 KK 节点相连接部位也出现应力集中,范围较小。在圆管的等效塑性应变云图中,塑性应变最大的部位也出现在凹坑的外侧边缘处,最深凹坑处塑性应变较小。

由图 3-102 可以看出导管架圆管受到撞击凹陷深度随时间的变化,导管架圆管受到初速度为 3 m/s、质量为 3000 t 船舶的撞击,在 $t=0.75$ s 时凹陷深度达到 1.283 m,圆管已被压扁,其中,凹陷最深的部位为船舶直接撞击接触部位。

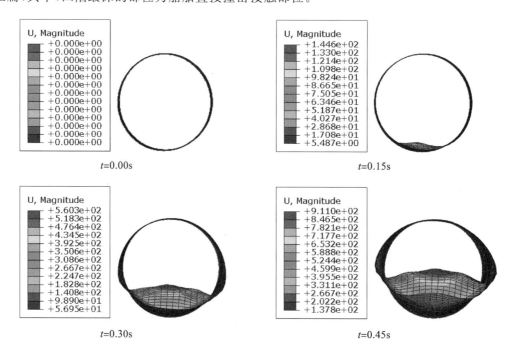

图 3-102　不同时刻圆管凹陷深度云图

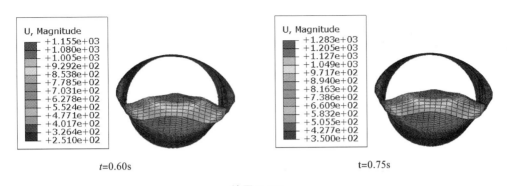

t=0.60s   t=0.75s

续图 3-102

实际工况与仿真结果对比图如图 3-103 所示。仿真有限元云图与现场照片显示受到撞击的部位一致,从照片判断凹陷深度与凹陷面积大致相同。受到撞击导管架圆管部位变形最为严重,单元应力最大,上部 KK 节点受到影响,在与斜撑相接部位出现应力集中,应力带呈环状分布,最下部 4 个 X 节点也出现了不同程度的应力集中。

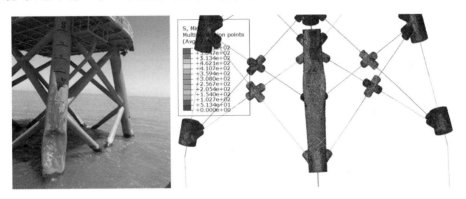

图 3-103   实际工况与仿真结果对比图

3.3.8 船撞单桩基础固支结构的事故后剩余强度评估

为了研究含桩-土作用基础结构剩余强度求解方法,首先在简单基础固支情况下进行单桩基础结构剩余强度研究。单桩基础遭受船舶碰撞后,会在局部产生凹陷,选取一碰撞工况:船舶碰撞速度 4 m/s,正碰不计摩擦,塔筒以上结构自重采用集中质量耦合在作用点进行施加,水深 17.3 m,吃水深度 9 m,桩基直径 7 m,桩基和塔筒厚度 80 mm,桩基施加重力荷载。单桩基础固支结构遭受船舶碰撞有限元模型和碰撞结果桩体应力云图如图 3-104 所示。

当结构遭受船舶碰撞后,基础结构过渡段顶端会产生较大的加速度,当去除船舶接触后,会产生来回振动。如果把现在的结果导入下一步进行剩余强度研究,会产生收敛问题或不稳定解,导致结构不是静态加载或准静态加载,使结果有偏差。为了更符合工程特点,我们把碰撞的结果导入动态衰减分析中,由动态导入和传递结果到动态不会出现收敛问题,是动平衡到动平衡的相互传递。导入动态衰减能量分析时需要设置阻尼参数。设置阻尼的目的是把碰撞能量传递给风电基础和土体,阻尼会使能量得以耗散,使桩体振动幅度不断减少直到结构基础停止运动,达到静态平衡。

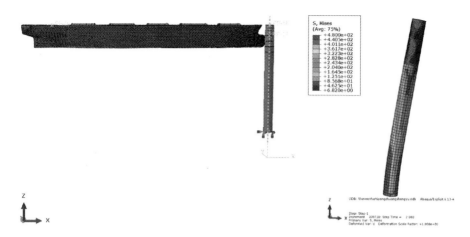

图 3-104 单桩基础固支结构遭受船舶碰撞有限元模型和碰撞结果桩体应力云图

动力学分析中通常采用粘性阻尼,其阻尼力大小与速度成正比,方向与速度相反。有阻尼结构系统的动力学方程可以写为

$$m\ddot{u}(t) + c\dot{u}(t) + ku(t) = p(t) \tag{3-37}$$

式中:$u(t)$ 是相对于静力平衡位置的动力反应位移矢量;c 为阻尼;k 为弹簧刚度;m 为系统质量;p 为系统的外力荷载。

从宏观角度看主要是使用库伦摩擦阻尼来耗散能量,针对结构衰减吸收碰撞中传递给基础的能量,现利用 ABAQUS 软件材料模块定义材料阻尼,它能有效吸收重要的能量,并不需要模拟具体的耗能机制。

衰减能量分析采用动态直接积分法进行求解,直接积分法定义阻尼只能在材料模块中定义,故称为材料阻尼。ABAQUS/Explicit 材料阻尼中使用 Rayleigh 阻尼参数设置进行能量衰减。

在 Rayleigh 阻尼中,阻尼矩阵可以用质量矩阵和刚度矩阵与材料特性相应系数的线性组合,即

$$\boldsymbol{C} = \alpha \boldsymbol{M} + \beta \boldsymbol{K} \tag{3-38}$$

式中:α 是质量比例阻尼,用来减弱低阶频率振荡;β 为刚度比例阻尼,用来减弱高阶频率振荡。

Rayleigh 阻尼与对应该结构无阻尼系统的每阶模态的特征频率值是相同的,故可以准确求出每阶模态的 Rayleigh 阻尼参数。每阶临界阻尼值 ξ、Rayleigh 阻尼系数 α 和 β 与结构系统每阶模态之间的关系为

$$\xi_i = \frac{\alpha_i}{2\omega_i} + 2\beta_i\omega_i \tag{3-39}$$

式中:ω_i 是第 i 阶模态的频率值。本书选取结构的前两阶频率来计算阻尼系数,其计算公式为

$$\alpha = \frac{2\omega_1\omega_2\xi}{\omega_1 + \omega_2} \qquad \beta = \frac{2\xi}{\omega_1 + \omega_2} \tag{3-40}$$

ABAQUS软件中可以使用频率分析得到单桩基础固支结构的一阶和二阶频率,进而求得

$$\alpha = 0.06115 \quad \beta = 0.006541 \tag{3-41}$$

把所得参数输入材料模块中,进行动态自由衰减能量分析,分析所使用的动态分析时间基于振动幅度即位移基本上趋向于零,则衰减分析完成,最后对结构中存在的残余应力和残余应变进行剩余强度研究。衰减分析得到的应力云图如图3-105所示。

ABAQUS软件中结果传递和导入功能即把上一步分析的结果作为初始条件进行下一步分析。ABAQUS软件提供了从Standard-Explicit之间分析结果相互传递和导入功能。一般我们定义需要传递的数据的分析为原始分析,导入原始分析数据并传递到下一步分析的称为后续分析。在原始分析分析步模块设置重启动进行数据输出,在后续分析中对需要传递数据的部件定义预定义场作为部件材料初始状态。ABAQUS/Explicit中会自动输出重启动数据,不需要单独进行设置。衰减能量分析和剩余强度分析都是Explicit至Explicit相互传递导入分析,都是动态平衡到动态平衡,不需要进行静态平衡到动态平衡过渡。由于弧长法是采用静态加载的,Explicit至Standard需要进行平衡过渡,求解时常常因位移过大导致出现收敛问题,故都不采用弧长法进行加载分析。剩余强度研究中所有的分析过程都采用动态加载分析来完成,传递过程中避免出现收敛问题。

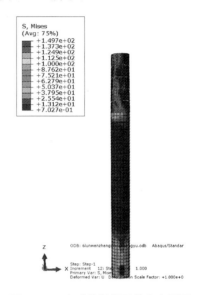

图 3-105　衰减分析得到的应力云图

把衰减分析得到的结果导入剩余强度分析中,结果文件包括应力、应变/位移等材料状态。需要对模型重新设置接触、约束、边界条件、主从表面和导入结果文件作为初始状态预定义场。含桩-土作用基础结构模型中不需要再施加初始地应力。材料模型和施加力的大小方向都与极限强度研究相同,保证了其他条件的一致性。采用准静态加载,利用光滑幅值函数来控制力的大小。由于碰撞造成局部损伤或者会产生凹陷,力施加就会有两种方向:一个是沿碰撞方向施加力,这样会使凹陷部分隆起,对局部产生反凹陷方向弯矩作用,使反碰撞方向产生回弹位移;另一个是反碰撞方向施加力,这样会加强凹陷部分,对局部产生沿凹陷方向弯矩作用,使沿碰撞方向产生回弹位移。

利用准静态分析对固支基础结构进行沿碰撞方向和反碰撞方向力加载得到结果应力云图如图3-106所示,由应力云图看出反碰撞方向桩基应力相对沿碰撞方向应力较大,以此推测反碰撞方向剩余强度较小,相应结构承载性能降低。

由图3-107和图3-108所示,反碰撞方向极限承载力下降较大。刚开始进行力加载时曲线具有线性关系,结构处于弹性阶段,曲线的斜率即结构刚度相同;随着力继续加载,曲线呈现非线性,反碰撞方向首先达到极限承载力,这是因为力加载方向沿局部损伤部位继续压缩,导致局部压缩继续增大,而沿碰撞方向需要克服局部损伤部位产生弯矩,导致需要更大极限承载能力。综合以上分析可知结构受损后结构极限承载性能都有所降低,同时也验证了分析剩余强度研究步骤的适用性。

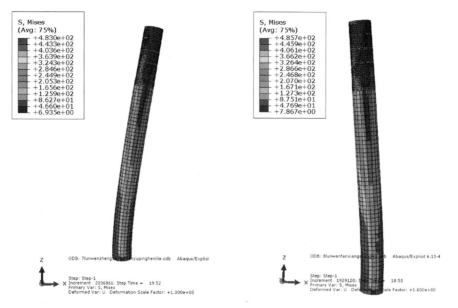

图 3-106　沿碰撞方向和反碰撞方向剩余强度分析应力云图

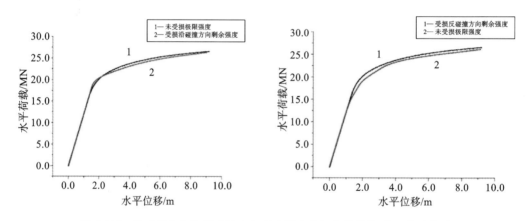

图 3-107　沿碰撞方向和反碰撞方向剩余强度分析水平荷载-水平位移曲线

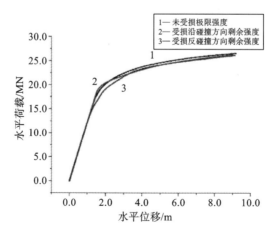

图 3-108　极限强度分析和剩余强度分析水平荷载-水平位移曲线

3.3.9 含桩-土作用单桩基础结构的事故后剩余强度评估

上述研究是单桩基础固支情况下结构剩余强度研究,以此证明使用准静态法进行加载分析得到结果的准确性。现开展桩-土作用基础结构剩余强度研究,首先进行碰撞研究,选取一工况:速度 4 m/s,正碰,水深 17.3 m,吃水深度 9 m,桩基直径 7 m,桩基和塔筒厚度 80 mm,塔筒及其以上结构耦合过渡段最高点集中质量 1144 t,正碰不计摩擦系数,土体参数不变,土体和风机整体施加重力,水压力 0.17 MPa,初始地应力作为土体初始条件,桩土作用部分切向方向采用罚函数公式,摩擦系数为 0.4。某工况下结构碰撞有限元模型示意图如图 3-109 所示。

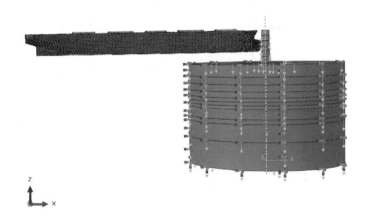

图 3-109　某工况下结构碰撞有限元模型示意图

碰撞得到的结果应力云图如图 3-110 所示,可以看出桩基过渡段遭受船舶碰撞受损产生凹陷,同时桩体也向 X 轴正方向侧移。通过频率分析得到结构一阶和二阶频率,进而得

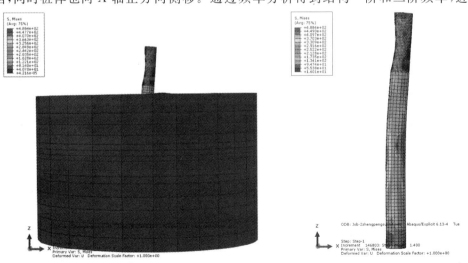

图 3-110　含桩-土作用单桩基础结构碰撞整体结果应力云图和桩体结果应力云图

到 Rayleigh 阻尼质量比例系数 α 和刚度比例系数 β，把两参数输入 ABAQUS 软件中进行动态衰减能量分析。衰减能量分析不加任何力进行自由能量衰减，直至桩基连接段最高点加速度、速度、位移接近于零。通过使用 ABAQUS 数据传递和导入功能，把碰撞得到的应力应变导入衰减分析，衰减分析得到的结果应力云图如图 3-111 所示。

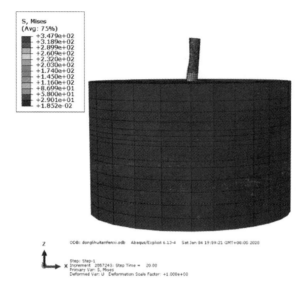

图 3-111　含桩-土作用单桩基础结构衰减分析得到的结果应力云图

将衰减分析得到的结果数据导入后续剩余强度分析，将预定义场加入剩余强度分析中作为初始状态。导入衰减分析结果中的应力应变，这样保证结果符合工程实际需求。在剩余强度分析中，需要导入衰减分析后变形网格，再重新定义材料属性、约束、边界条件、荷载等，利用准静态法进行加载分析，力的大小为 7.62×10^7 N，方向为沿 X 轴正负方向，利用光滑幅值函数进行加载控制力的大小。X 轴正向为沿碰撞方向加载，X 轴负向为反碰撞方向加载。具体分析结果如图 3-112～图 3-116 所示。

如图 3-112 所示，桩体位移在刚开始加载时，会有沿 X 轴正方向的突变，这是由于初始应力主要集中在土体泥面 2.2～15.2 m 之间，进行力加载时应力集中区域进行弹性释放，产生回弹位移。如图 3-113 所示，曲线刚开始呈线性特征，结构处于弹性阶段，曲线的斜率即结构刚度，受损后曲线斜率变小，结构刚度降低；随后结构进入非线性阶段，根据曲线斜率相等可以得到受损后结构剩余极限强度为 5×10^7 N，与未受损结构相比下降了 16.7%。

如图 3-114 所示，桩体位移在刚开始加载时，沿 X 轴负方向产生突变，这是由于初始应力主要集中在土体泥面 2.2～15.2 m 之间，进行力加载时应力集中区域进行弹性释放，产生回弹位移；施加荷载时桩体对土体产生力的作用，由应力图可知沿碰撞方向相对反碰撞方向对土体产生作用力较大，相应地桩体受到土的抗力越大。如图 3-115 所示，曲线刚开始呈线性特征，结构处于弹性阶段，曲线的斜率即结构刚度，受损后曲线斜率变小，结构刚度降低；随后结构进入非线性阶段，根据曲线斜率相等可以得到受损后结构极限剩余强度为 5.25×10^7 N，

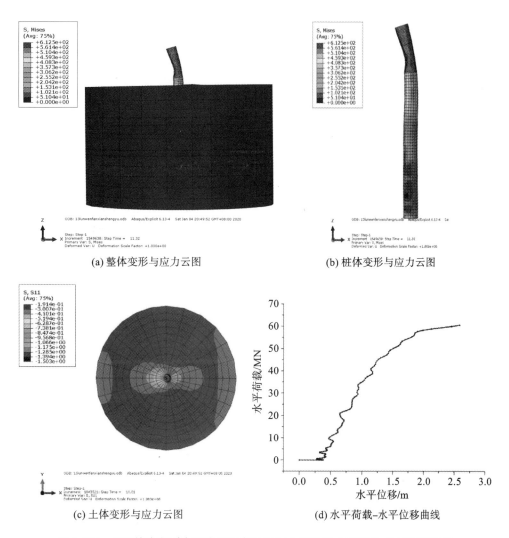

(a) 整体变形与应力云图　　　　(b) 桩体变形与应力云图

(c) 土体变形与应力云图　　　　(d) 水平荷载-水平位移曲线

图 3-112　反碰撞方向剩余强度结果变形与应力云图和水平荷载-水平位移曲线

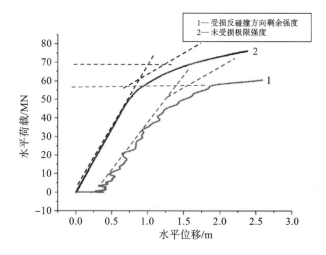

图 3-113　未受损极限强度和受损反碰撞方向剩余强度分析水平荷载-水平位移曲线对比

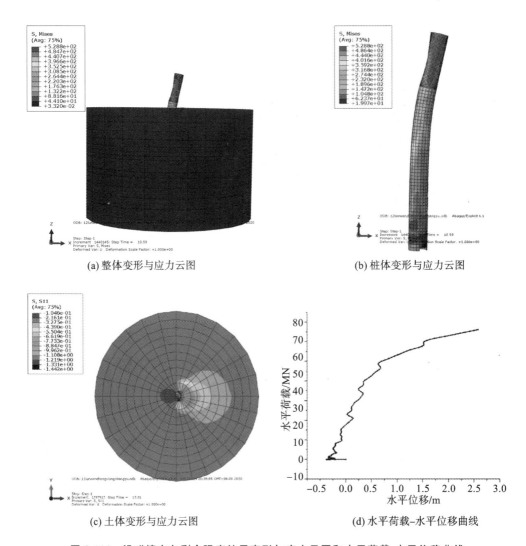

(a) 整体变形与应力云图   (b) 桩体变形与应力云图

(c) 土体变形与应力云图   (d) 水平荷载–水平位移曲线

图 3-114　沿碰撞方向剩余强度结果变形与应力云图和水平荷载-水平位移曲线

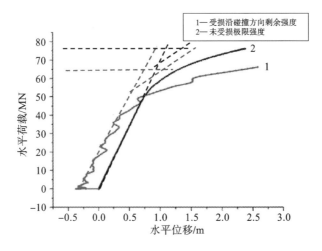

图 3-115　未受损极限强度和受损沿碰撞方向剩余强度分析水平荷载-水平位移曲线对比

与未受损结构相比下降了 12.5%，相对反碰撞方向施加力得到的结构极限强度较大。由图 3-116 可以看到未受损极限强度和受损沿、反碰撞方向剩余强度分析水平荷载-水平位移曲线对比关系，可知结构刚开始处于弹性阶段，结构刚度沿碰撞方向较大，极限承载能力较强。研究发现施加不同方向的荷载，结构的极限承载能力不同，沿碰撞方向施加力使受损后承载力较大，反碰撞方向施加力使受损后承载力较小，当施加不同方向的力时，受损后承载力介于两者之间。

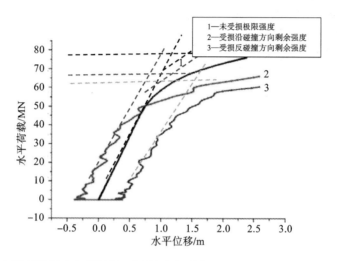

图 3-116 未受损极限强度和受损沿、反碰撞方向剩余强度分析水平荷载-水平位移曲线对比

上述研究主要是水平力作用下的极限强度研究，利用同样的方法进行弯矩加载下的研究。同样将衰减后结果导入剩余强度研究，边界条件、约束、材料状态都和力加载进行剩余强度分析相同。荷载采用弯矩加载分析，大小为 $M_y = 1.37125 \times 10^{12}$ N·mm，弯矩为正是绕 Y 轴正向即沿碰撞方向施加弯矩，为负是绕 Y 轴负向即反碰撞方向施加弯矩。采用准静态法进行求解，利用光滑幅值函数控制施加弯矩的大小。准静态法得到的沿碰撞方向和反碰撞方向剩余强度分析结果如图 3-117~图 3-119 所示。

由图 3-117 所示沿碰撞方向弯矩作用下的应力云图，可以看出沿碰撞方向施加弯矩，刚开始结构会发生 X 轴负方向的转角，这是由于桩体泥土面以下应力集中区域进行弹性释放，施加很小的力会产生很大转角，结构回弹；继续施加弯矩，结构在桩体 X 轴正向会产生局部凹陷，导致结构失去承载能力。刚开始结构处于弹性阶段，曲线的斜率是结构刚度，从图 3-117(d) 可以看出，受损后刚度降低导致结构的承载能力下降，受损后沿碰撞方向施加弯矩得到的极限弯矩是 0.98×10^9 N·m，与未受损结构的极限弯矩相比下降 23%。

由图 3-118 所示反碰撞方向施加弯矩得到的应力云图，可以看出桩体在受到碰撞时凹陷区域继续压缩至结构完全失去承载能力。由于桩体采用弹塑性硬化加损伤模型，当结构单元达到断裂位移后，从云图中看到单元删除。刚施加弯矩存在回弹转角，主要是在泥土面

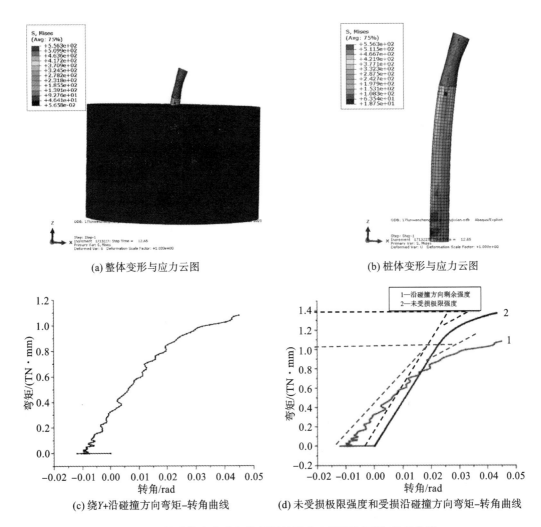

(a) 整体变形与应力云图　　　　　　　　(b) 桩体变形与应力云图

(c) 绕Y+沿碰撞方向弯矩–转角曲线　　(d) 未受损极限强度和受损沿碰撞方向弯矩–转角曲线

图 3-117　沿碰撞方向弯矩作用下结果应力云图和弯矩-转角曲线

应力集中区域进行弹性释放;回弹后施加弯矩使结构进入弹性阶段,曲线具有线性特征,曲线斜率即结构刚度,从图 3-118(d)看出结构刚度明显下降;最后进入非线性阶段,根据未受损极限强度点曲线斜率相同做剩余强度曲线可以得到结构受损后极限弯矩为 0.79×10^9 N·m,与未受损极限强度相比下降了 38.3%。由图 3-119 可知沿、反碰撞方向结构回弹量相同,关于 X 轴对称,弹性阶段的斜率即结构刚度相同,但结构的剩余极限强度值并不相等,沿碰撞方向剩余极限强度值较大。由于沿碰撞方向产生结构剩余强度的最大值,反碰撞方向产生结构剩余强度的最小值,当施加不同方向的弯矩时,受损后刚度和极限弯矩介于两者之间。

　　在不同桩基基础结构、不同荷载形式、不同加载方向的工况下对单桩基础结构遭受船舶碰撞后的剩余强度进行评估,对结构寿命预测、结构损伤修复研究具有重要意义。

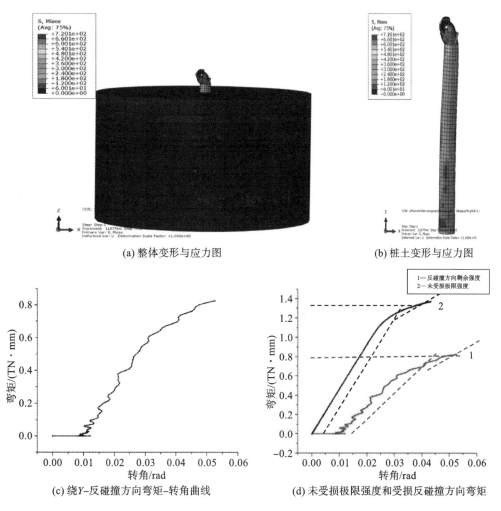

(a) 整体变形与应力图 (b) 桩土变形与应力图

(c) 绕Y-反碰撞方向弯矩-转角曲线 (d) 未受损极限强度和受损反碰撞方向弯矩

图 3-118 反碰撞方向弯矩作用下结果应力云图和弯矩-转角曲线

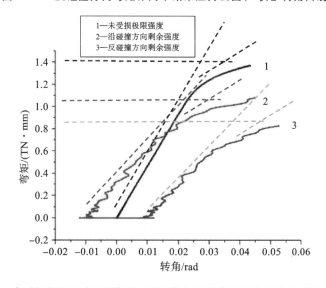

图 3-119 未受损极限强度和受损沿、反碰撞方向剩余强度分析弯矩-转角曲线对比

3.3.10 不同工况下含桩-土作用单桩基础结构的事故后剩余强度评估

以上研究是针对含桩-土作用基础结构基于某一碰撞工况下结构剩余强度研究,分别从水平集中力和弯矩进行加载分析。现针对不同的碰撞工况进行研究,由于结构计算耗时过长,每组工况下只进行两组结构强度计算。

3.3.10.1 碰撞速度不同含桩-土作用单桩基础结构事故后剩余强度评估

选取两碰撞工况速度为 2 m/s、4 m/s 进行研究,按照以上分析步骤进行计算,分别从不同的荷载加载方式和荷载作用方向进行求解。当沿碰撞方向施加力时,初始应力主要集中在土体泥面 2.2~15.2 m 之间,随着力的加大,应力最大值集中在泥土面大约 8.2 m 处。当沿碰撞方向施加力时,应力集中区会继续加载屈曲,由于材料本构是弹塑性硬化模型,当桩体衰减分析后,速度越大,变形越大,累计塑性应变越大,刚施加力时回弹位移越小,随着力的继续施加,应力集中区域继续受弯屈曲,由图 3-120(a)~(d)可以看出。当反碰撞方向施加力时,首先在应力集中区域从弯曲状态发生回弹变成竖直状态,随着力的增加在碰撞凹陷区域会发生局部屈曲破坏,当桩体衰减分析后,速度越大,变形越大,累计塑性应变越大,刚施加力时回弹位移越小,由图 3-120(e)~(h)可以看出。

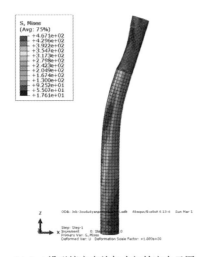
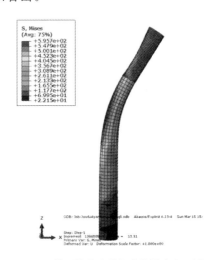

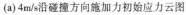

(a) 4m/s沿碰撞方向施加力初始应力云图　　　(b) 4m/s沿碰撞方向施加力结果应力云图

图 3-120　不同碰撞速度工况下沿、反碰撞方向施加集中力得到的应力云图

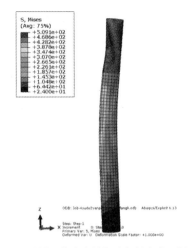

(c) 2m/s沿碰撞方向施加力初始应力云图

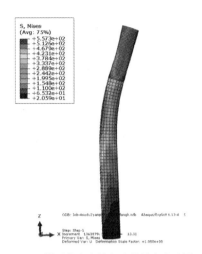

(d) 2m/s沿碰撞方向施加力结果应力云图

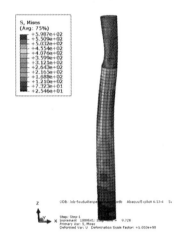

(e) 4m/s反碰撞方向施加力某时应力云图

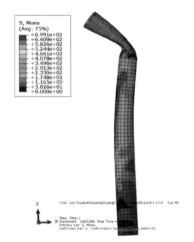

(f) 4m/s反碰撞方向施加力局部破坏应力云图

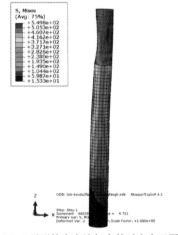

(g) 2m/s反碰撞方向施加力某时应力云图

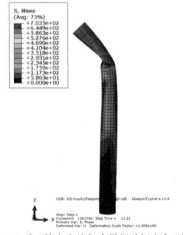

(h) 2m/s反碰撞方向施加力局部破坏应力云图

续图 3-120

由图 3-121 可知沿、反碰撞方向刚开始施加力时,回弹位移基本相同,结构刚开始是处于弹性阶段,曲线来回摆动是施加力时初始弹性力不断释放的过程,曲线的斜率即刚度基本相同。从表 3-29 可以看到不同工况下剩余极限承载力。由图 3-122 可以看出沿、反碰撞方向剩余极限强度和速度之间的关系。当沿、反碰撞方向施加力时,速度越大,剩余极限强度越小,但不是线性关系。沿碰撞方向极限强度大的原因是土的作用阻止结构进一步变形,反碰撞方向在碰撞受损区域局部破坏导致极限承载能力迅速下降。

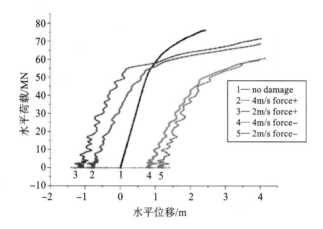

图 3-121 不同速度下未受损极限强度和受损沿、反碰撞方向剩余强度分析水平荷载-水平位移曲线对比

表 3-29 不同速度下沿、反碰撞方向剩余极限强度值

碰撞速度/(m/s)	沿碰撞方向施加力/N	反碰撞方向施加力/N
0	6.32914×10^7	6.32914×10^7
2	5.52528×10^7	4.86768×10^7
4	5.20333×10^7	4.7303×10^7

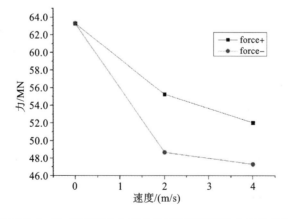

图 3-122 沿、反碰撞方向剩余极限强度和速度之间的关系

使用弯矩加载得到结果应力云图如图 3-123 所示,速度为 4 m/s 沿碰撞方向施加弯矩首先在应力集中区域发生回弹变形,然后在碰撞受损区域反面进行压缩,直至压缩破坏,然而速度为 2 m/s 时碰撞区域受损较小,在应力集中区域发生回弹后,在碰撞区域反面压缩较小;反碰撞方向施加弯矩,都会在碰撞受损区域发生压缩破坏,但在应力集中区域回弹变形量不同,可以看出速度为 4 m/s 时仍然存在弯曲变形。

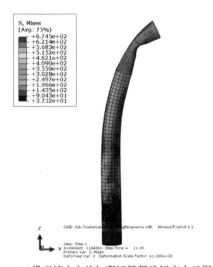

(a) 4m/s沿碰撞方向施加弯矩局部破坏应力云图

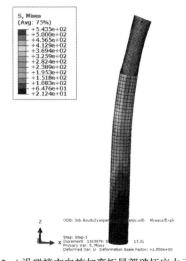

(b) 2m/s沿碰撞方向施加弯矩局部破坏应力云图

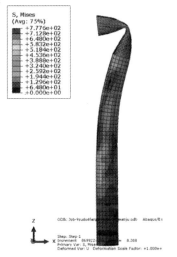

(c) 4m/s反碰撞方向施加弯矩局部破坏应力云图

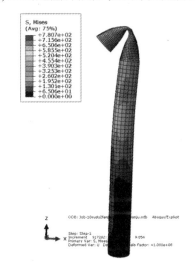

(d) 2m/s反碰撞方向施加弯矩局部破坏应力云图

图 3-123　不同碰撞速度工况下沿、反碰撞方向施加弯矩得到的应力云图

由图 3-124 可以看出,沿、反碰撞方向施加弯矩时,速度相同时回弹量相同,曲线的斜率即刚度也相同;不管弯矩施加方向如何,速度越大,碰撞受损越大,剩余极限强度越小,承载性能越差。表 3-30 是不同速度下沿、反碰撞方向剩余极限强度值,速度为 0 时是未受损结构的极限强度值。由图 3-125 可以看出施加弯矩作用沿、反碰撞下剩余极限强度和速度之间的关系,由图可知两者不一定是线性关系。

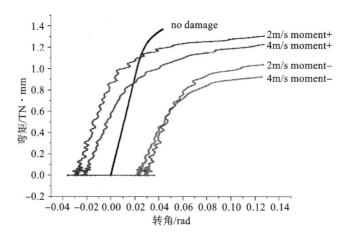

图 3-124   不同速度下未受损极限强度分析和受损沿、反碰撞方向剩余强度分析弯矩-转角曲线对比

表 3-30   不同速度下沿、反碰撞方向剩余极限强度值

碰撞速度 /(m/s)	绕 $Y+$ 方向施加弯矩 /(N·m)	绕 $Y-$ 方向施加弯矩 /(N·m)
0	1.30196×10^9	1.30196×10^9
2	1.1825×10^9	9.59453×10^8
4	1.08006×10^9	8.38416×10^8

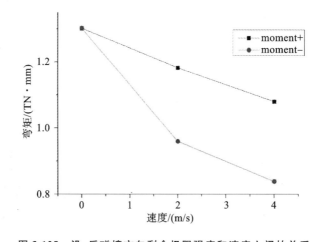

图 3-125   沿、反碰撞方向剩余极限强度和速度之间的关系

3.3.10.2   碰撞角度不同含桩-土作用单桩基础结构事故后剩余强度评估

碰撞角度不同所得到 X、Y 轴方向的损伤不同,针对以上损伤区域我们对 X、Y 轴方向进行集中力和弯矩加载。首先对 X 轴方向进行力加载分析,0°船艏与桩基基础正碰。图 3-126所示为不同碰撞角度下未受损极限强度和受损沿、反碰撞方向剩余强度分析力-位移曲线对比。由图可知相同角度下结构刚开始的回弹量相等,弹性阶段呈线性变化,曲线的斜率即刚度相同；不管加载方向如何，碰撞角度越大，结构剩余极限强度值越大；表 3-31 为不同碰撞角度下沿、反碰撞方向剩余极限强度值。图 3-127 为沿、反碰撞方向剩余极限强度与角度之间的关系，可以看到两者不是线性关系。

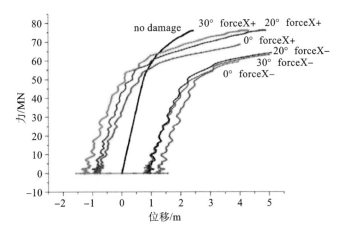

图 3-126　不同碰撞角度下未受损极限强度和受损沿、反碰撞方向剩余强度分析力-位移曲线对比

表 3-31　不同碰撞角度下沿、反碰撞方向剩余极限强度值

碰撞角度/(°)	沿碰撞(X轴)方向施加力/N	反碰撞(X轴)方向施加力/N
0	5.20333×10^7	4.73036×10^6
20	5.52527×10^7	4.7303×10^7
30	6.17083×10^7	5.00339×10^7
无损伤	6.32914×10^7	

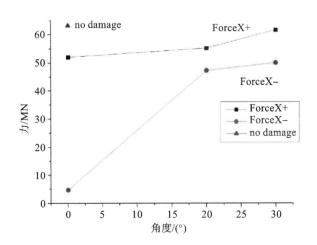

图 3-127　沿、反碰撞方向剩余极限强度和角度之间的关系

　　在 Y 轴方向施加集中力得到的力-位移曲线对比如图 3-128 所示，0°是沿 X 轴正碰情况下，结构得到的损伤对称分布，Y 轴正向和负向强度都相同，故只有一条曲线。在同一角度下，结构刚开始加载沿 Y 轴正向和负向得到的回弹量不同，回弹位移关于 500 mm 处对称分布,主要是由于在 Y 轴方向结构得到相应的碰撞损伤不对称分布,但弹性阶段曲线斜率即结构刚度相同;不管加载方向如何,角度越大,局部得到的相应损伤越小,结构剩余极限强度值越大。表 3-32 为不同碰撞角度下沿、反碰撞方向剩余极限强度值。图 3-129 为沿、反碰撞方向剩余极限强度与角度之间的关系,可以看出两者不是线性关系。

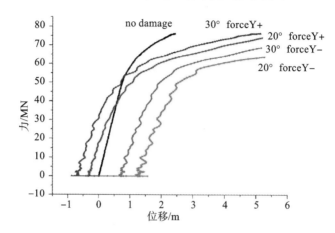

图 3-128　不同角度下未受损极限强度和受损沿、反碰撞方向剩余强度分析力-位移曲线对比

表 3-32　不同碰撞角度下沿、反碰撞方向剩余极限强度值

碰撞角度/(°)	沿碰撞(Y轴)方向施加力/N	反碰撞(Y轴)方向施加力/N
0	5.07054×10^7	5.07054×10^7
20	5.52528×10^7	5.58776×10^7
30	6.06077×10^7	5.83049×10^7
无损伤	6.32914×10^7	

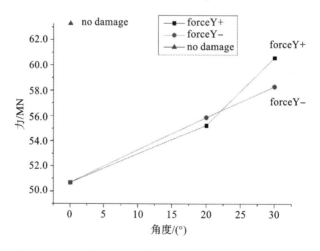

图 3-129　沿、反碰撞方向剩余极限强度和角度之间的关系

绕 Y 轴施加弯矩得到弯矩-转角曲线如图 3-130 所示,由曲线可知,同一碰撞角度下,弯矩刚开始施加时不管加载方向如何,结构的回弹量都相同,弹性阶段曲线的斜率即结构刚度相同;不同碰撞角度下,不管加载方式如何,角度不同对应的剩余极限强度不同,在 $0°\sim30°$ 之间存在剩余极限强度极大值,剩余极限强度值随着角度增大变化趋势是先增大后减小。表 3-33 为不同碰撞角度下沿、反碰撞方向剩余极限弯矩值。图 3-131 为沿、反碰撞方向剩余极限强度与角度之间的关系,可以看出两者不是线性关系。

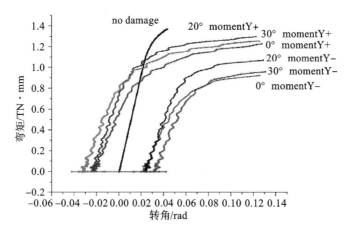

图 3-130 不同碰撞角度下未受损极限强度和受损沿、反碰撞方向剩余强度分析弯矩-转角曲线对比

表 3-33 不同碰撞角度下沿、反碰撞方向剩余极限弯矩值

碰撞角度/(°)	绕 $Y+$ 方向施加弯矩/(N·m)	绕 $Y-$ 方向施加弯矩/(N·m)
0	1.08006×10^9	8.38416×10^8
20	1.12914×10^9	9.35962×10^8
30	1.12914×10^9	8.00702×10^8
无损伤	1.30196×10^{12}	

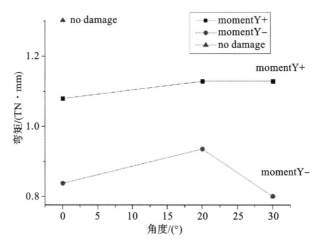

图 3-131 沿、反碰撞方向剩余极限强度和角度之间的关系

绕 X 轴施加弯矩得到弯矩-转角曲线如图 3-132 所示,由曲线可知,同一碰撞角度下,弯矩刚开始施加时不管加载方向如何,结构的回弹量都相同,弹性阶段曲线的斜率即结构刚度

相同,不同的是绕 X 轴正向施加弯矩得到的曲线出现在图中曲线 Y 轴右侧,绕 X 轴负向施加弯矩得到的曲线出现在图中曲线 Y 轴左侧;不同碰撞角度下,不管加载方式如何,角度越大,在 Y 轴方向损伤越大,结构的剩余极限强度值越小,这与力加载得到的规律不同,同时也验证加载方式不同,极限承载性能也不同。表 3-34 为不同碰撞角度下沿、反碰撞方向剩余极限弯矩值。图 3-133 为沿、反碰撞方向剩余极限强度与角度之间的关系,可以看出两者不是线性关系。

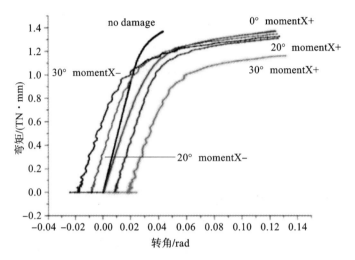

图 3-132 不同角度下未受损极限强度和受损沿、反碰撞方向剩余强度分析弯矩-转角曲线对比

表 3-34 不同碰撞角度下沿、反碰撞方向剩余极限弯矩值

碰撞角度/(°)	绕 $X+$ 方向施加弯矩/(N·m)	绕 $X-$ 方向施加弯矩/(N·m)
0	1.22198×10^9	1.22198×10^9
20	1.16542×10^9	1.15661×10^9
30	1.01622×10^9	1.10999×10^9
无损伤	1.30196×10^{12}	

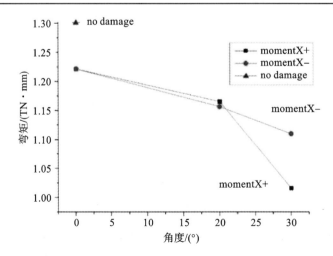

图 3-133 沿、反碰撞方向剩余极限强度和角度之间的关系

通过以上研究我们可以根据碰撞的场景，通过剩余强度值与各碰撞因素之间的关系，预测结构的承载性能、结构寿命等，评估结构是否受损报废拆除或修复加固补强，这对工程建设、维护具有重要的指导意义和应用价值。

3.3.11 不同工况下导管架的事故后剩余强度评估

3.3.11.1 不同碰撞速度下的船撞导管架事故后剩余强度评估

分别提取不同质量下四种速度撞击后导管架剩余强度曲线，如图 3-134 所示。导管架剩余强度统计表如表 3-35 所示。

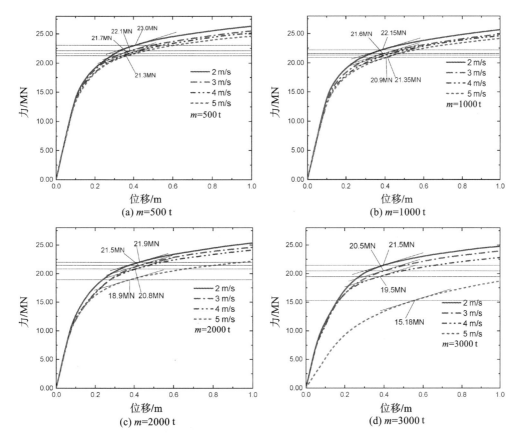

图 3-134 不同船舶初速度碰撞后导管架剩余强度曲线

表 3-35 导管架剩余强度统计表 （单位：MN）

速度	500 t	降幅	1000 t	降幅	2000 t	降幅	3000 t	降幅
2 m/s	23.9	18.98%	23.3	21.0%	22.8	22.71%	22.5	23.73%
3 m/s	22.0	25.4%	21.5	27.12%	21.3	27.8%	20.5	30.51%
4 m/s	21.7	26.44%	21.25	27.97%	20.8	29.49%	18.5	37.29%
5 m/s	21.3	27.79%	20.9	29.15%	18.7	36.61%	15.5	47.46%

对 KK 节点受到撞击后导管架进行剩余强度分析。同一质量船舶撞击速度越大,撞后导管架剩余强度越低。质量为 3000 t 船舶以 5 m/s 速度撞击导管架剩余强度下降最快,降幅为 47.46%。说明此工况下导管架损伤最为严重,且船舶质量越大,相同速度撞击导管架剩余强度下降越快。

3.3.11.2 不同碰撞质量下的船撞导管架事故后剩余强度评估

分别提取不同初速度下四种船舶质量撞击后导管架剩余强度曲线,如图 3-135 所示。导管架剩余强度统计表如表 3-36 所示。

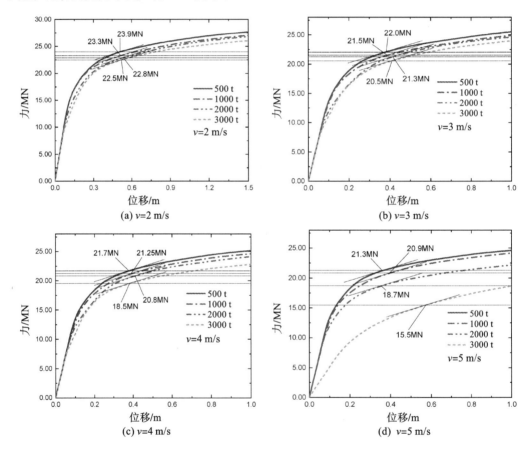

图 3-135 不同质量船舶碰撞后导管架剩余强度曲线

表 3-36 导管架剩余强度统计表 （单位:MN）

质量	2 m/s	降幅	3 m/s	降幅	4 m/s	降幅	5 m/s	降幅
500 t	23.9	18.98%	22.0	25.42%	21.7	26.44%	21.3	27.8%
1000 t	23.3	21.02%	21.5	27.12%	21.25	27.97%	20.9	29.15%
2000 t	22.8	22.71%	21.3	27.80%	20.8	29.49%	18.7	36.61%
3000 t	22.5	23.73%	20.5	30.51%	18.5	37.29%	15.5	47.46%

KK 节点相同速度下,船舶质量越大导管架剩余强度越小。速度较小时,剩余强度曲线

差值较小,速度较大时,剩余强度曲线差值较大,且随船舶质量增大下降幅度越来越大。说明在同一质量下,船舶速度越大对结构产生的破坏越严重,剩余强度下降较快。

3.3.11.3 不同碰撞角度下的船撞导管架事故后剩余强度评估

分别提取不同质量下四种碰撞角度撞击后导管架剩余强度曲线,如图 3-136 所示。导管架剩余强度统计表如表 3-37 所示。

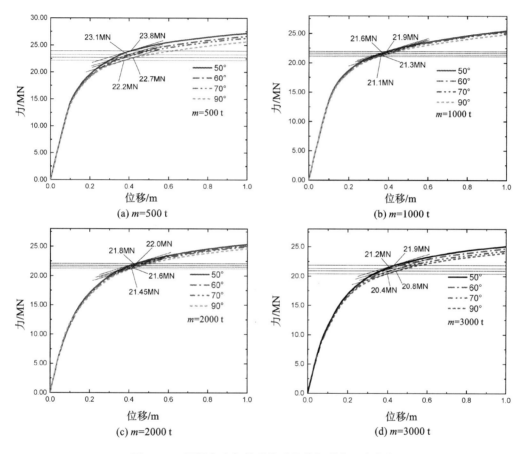

图 3-136 不同角度船舶碰撞后导管架剩余强度曲线

表 3-37 导管架剩余强度统计表 （单位:MN）

角度	500 t	降幅	1000 t	降幅	2000 t	降幅	3000 t	降幅
50°	23.8	19.32%	21.9	25.76%	22.0	25.42%	21.9	25.76%
60°	23.1	21.69%	21.6	26.78%	21.8	26.10%	21.2	28.14%
70°	22.7	23.05%	21.3	27.8%	21.6	26.78%	20.8	29.49%
90°	22.2	24.75%	21.1	28.47%	21.45	27.29%	20.4	30.85%

由表 3-37 可以看出,500 t 船舶 50°和 90°碰撞剩余强度差值为 1.6×10^6 N,降幅差值为 5.43 个百分点,3000 t 船舶 50°和 90°碰撞剩余强度差值为 1.5×10^6 N,降幅差值为 5.09 个

百分点,说明对于碰撞角度对剩余强度产生的影响来说,船舶质量影响较小。从导管架剩余强度曲线来看,不同的角度碰撞后导管架剩余强度曲线较为接近,说明碰撞角度对导管架剩余强度降低产生影响,但相较于船舶质量和速度改变对剩余强度产生的变化来说,影响较小。

3.3.11.4 船撞导管架不同部位损伤对剩余强度的影响分析

分别提取相同动能下船舶撞击不同部位后导管架剩余强度曲线,如图 3-137 所示。导管架剩余强度统计表如表 3-38 所示。

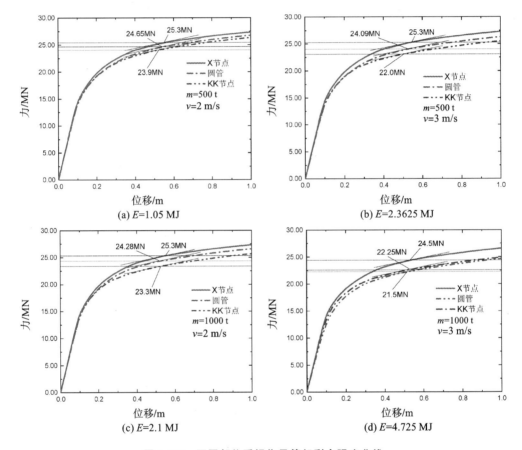

图 3-137 不同部位受损伤导管架剩余强度曲线

表 3-38 导管架剩余强度统计表 （单位:MN)

位置	500 t 2 m/s	降幅	500 t 3 m/s	降幅	1000 t 2 m/s	降幅	1000 t 3 m/s	降幅
X 节点	25.3	14.24%	25.3	14.24%	25.3	14.24%	24.5	16.95%
圆管	24.65	16.44%	24.09	18.34%	24.28	17.69%	22.25	24.58%
KK 节点	23.9	18.98%	22.0	25.42%	23.3	21.02%	21.5	30.85%

船舶相同初速度和质量下撞击导管架不同部位对结构剩余强度影响不同,当船舶初速度为 2 m/s 时,500 t 和 1000 t 船舶碰撞导管架,KK 节点受到撞击对结构剩余强度影响最大,其次为圆管,最后为 X 节点。当船舶初速度为 3 m/s 时,500 t 船舶撞击三个部位与 2 m/s时规律一致,1000 t 船舶撞击结构剩余承载力最低的为圆管受到撞击的情况。这说明圆管厚度较 KK 节点来说相对较薄,在受到轻微撞击时产生损伤较小,对剩余承载力影响较小,当受到较严重撞击时,圆管损伤较大,对结构承载力影响较大。

3.3.11.5 不同方位的船撞导管架事故后剩余强度评估

对导管架受到撞击后结构不同方向剩余强度进行对比分析,导管架不同方向定义如图 3-138 所示。

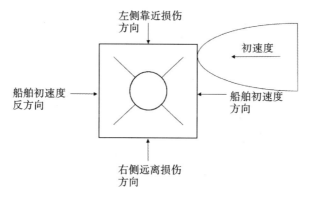

图 3-138 导管架不同方向定义

根据图 3-139、表 3-39 可以看出,沿船舶初速度反方向计算导管架剩余承载力最小,其他三个方向剩余承载力相差很小,接近相等。同时可以看出,对于撞后导管架,沿船舶撞击反方向的剩余承载力较小,结构较为薄弱。

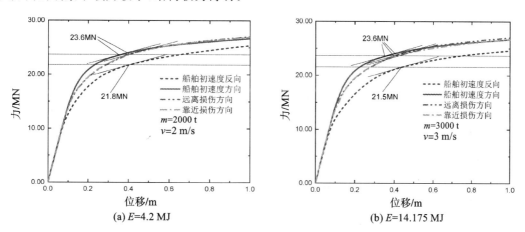

图 3-139 导管架受到撞击后不同方向剩余强度曲线

表 3-39 导管架剩余强度统计表 （单位：MN）

方向	2000 t 2 m/s	降幅	3000 t 3 m/s	降幅
船舶初速度反向	21.8	26.1%	21.5	27.12%
船舶初速度方向	23.6	20.0%	23.6	20.0%
远离损伤方向	23.6	20.0%	23.6	20.0%
靠近损伤方向	23.6	20.0%	23.6	20.0%

如果撞击作用很强烈，可以预测出，上部塔筒会向船舶方向倒塌，根据此预测结果可以对导管架上部结构采取一定的防护措施。

3.3.11.6 导管架圆管与 X 节点受到撞击后的剩余强度评估

对导管架圆管受到船舶撞击后的不同工况进行分析，绘制撞后导管架剩余强度曲线，如图 3-140、图 3-141 所示。

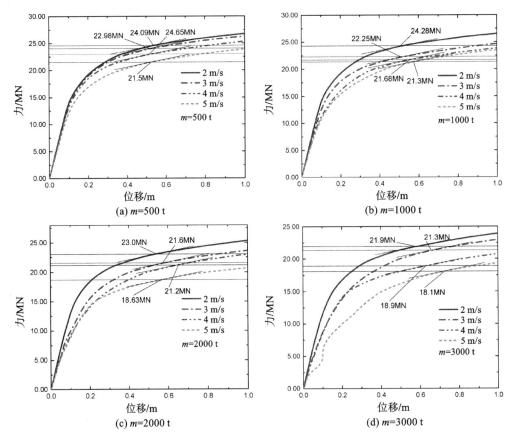

图 3-140 不同船舶初速度碰撞圆管后导管架剩余强度曲线

圆管受到撞击后剩余强度与 KK 节点受到撞击后的剩余强度变化规律一致，即随着船舶初速度或船舶质量增大，导管架剩余强度降低，并且初始动能越大，剩余强度下降越快。

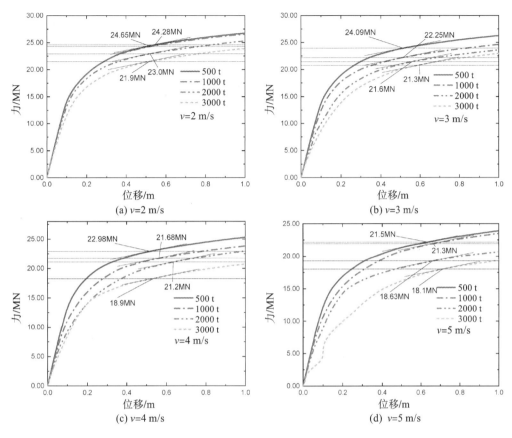

图 3-141　不同质量船舶碰撞圆管后导管架剩余强度曲线

导管架 X 节点较 KK 节点相对薄弱,因此采用 1 m/s、2 m/s、3 m/s、4 m/s 四种初速度设置不同工况,对导管架 X 节点受到撞击的情况进行剩余强度分析,绘制曲线如图 3-142、图 3-143 所示。

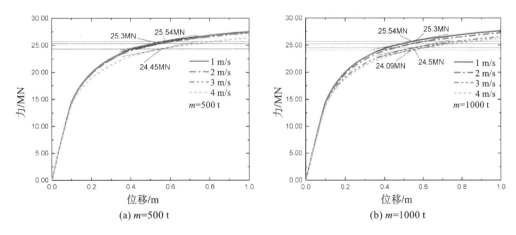

图 3-142　不同船舶初速度碰撞 X 节点剩余强度曲线

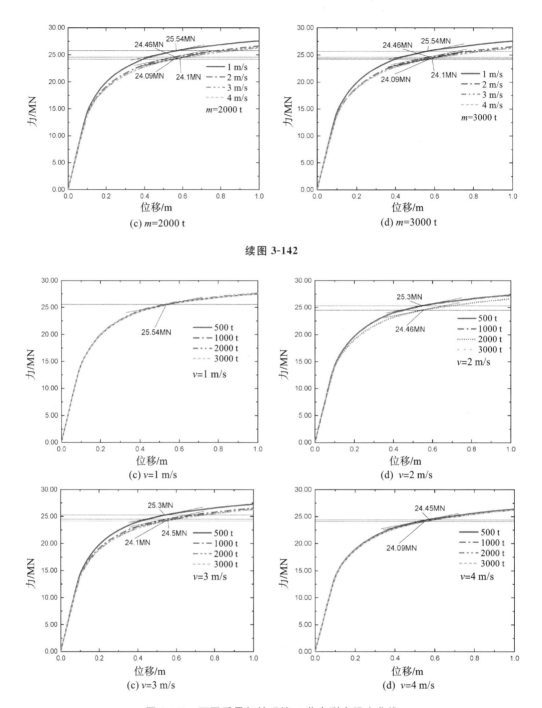

(c) m=2000 t

(d) m=3000 t

续图 3-142

(c) v=1 m/s

(d) v=2 m/s

(c) v=3 m/s

(d) v=4 m/s

图 3-143　不同质量船舶碰撞 X 节点剩余强度曲线

　　导管架撞击 X 节点剩余强度与撞击 KK 节点剩余强度在船舶质量影响上规律一致,即随着船舶质量增大,导管架剩余强度降低。但由于 X 节点较为薄弱,在船舶初速度较低时,随着船舶质量增大,导管架剩余强度未出现较明显的升降,在船舶初速度达到 4 m/s 时,导管架剩余强度也回归一致,说明当初速度较大时,船舶碰撞导管架出现了节点断裂,使得斜撑对于导管架剩余承载力不发挥作用,导致剩余强度变化不明显。

3.3.12　导管架撞击损伤预测

在实际工程结构中,船舶碰撞导管架问题时常发生。船舶撞击不仅会造成人力物力上的损失,也会严重影响风电场正常运转,因此对于船舶碰撞产生影响的预测极为重要,这就需要对撞击工况进行分析,找到船舶撞击与导管架产生损伤之间的关系。

结构承载能力是由结构吸收能量决定的。在碰撞问题中,受到撞击的结构承载力可通过结构吸收能量多少来确定。结构吸收能量与碰撞产生的凹陷深度存在一定的关系。因此,对于碰撞问题的研究可将动态问题转化为静态问题,通过寻找合适的解析表达式,对碰撞问题实现大致的预测,使意外撞击事故防患于未然。

3.3.12.1　解析表达式

以简支圆管为例,陈铁云等学者对于碰撞问题进行研究,分段求解圆管受到撞击后变形深度和撞击力之间的关系,对分段求解的数值进行叠加得到总体凹陷深度和撞击力的关系,然后将撞击力转化为结构变形吸收的能量,总结出结构吸收能量和凹陷深度之间的表达式:

$$E = 100M_0 \left(\delta^3/D\right)^{\frac{1}{2}} \tag{3-42}$$

$$M_0 = \left(\frac{1}{4}\right)\sigma_y t^2$$

式中:E 为受到撞击结构吸收的能量;δ 为结构凹陷深度;D 为圆管的外径;σ_y 为材料的屈服强度;t 为圆管的厚度。

3.3.12.2　修正后的动能和凹陷深度表达式

在实际工程中,如果要实现对工程事故的预测,需要根据碰撞物体的动能实现对受体产生的凹陷深度的预测,体现在船舶碰撞导管架事故中,即通过船舶的碰撞的初始动能预测该工况下导管架产生的凹陷深度。

对于理想弹塑性模型,由动量守恒定律可知

$$m_1 v_1 + m_2 v_2 = (m_1 + m_2)v_{12} \tag{3-43}$$

式中:m_1 为船舶的质量;v_1 为船舶的初速度;m_2 为导管架的质量;v_2 为导管架受到撞击之前的初速度;v_{12} 表示撞击作用发生后导管架和船舶的共同速度。因此,等式移项可以求解出船舶与导管架碰撞之后的共同速度为

$$v_{12} = (m_1 v_1 + m_2 v_2)/(m_1 + m_2) \tag{3-44}$$

船舶碰撞过程的动能一部分转化为导管架的振荡动能,另一部分转化为船舶的剩余动能,剩余部分转化为导管架和船头变形吸收的能量,导管架与船舶碰撞摩擦也会吸收部分能量,但该能量占比较小,可以忽略不计。令船舶吸收的能量为 E_S,导管架吸收的能量为 E_P,则 E_S 和 E_P 满足

$$\frac{1}{2}m_1 v_1^2 + \frac{1}{2}m_2 v_2^2 = \frac{1}{2}(m_1 + m_2)v_{12}^2 + E_S + E_P \tag{3-45}$$

船头变形吸收的能量相对较少,这里忽略不计,导管架初始动能较小,这里忽略不计,导管架吸收能量表示为

$$E_{\mathrm{P}} = \frac{1}{2} m_1 v_1{}^2 / (1 + m_1/m_2) \tag{3-46}$$

其中,导管架吸收的能量主要分为三部分,一部分是受到撞击的局部部位的塑性变形吸能,一部分是导管架产生弹塑性的弯曲变形吸收的能量,剩余部分为导管架整体变形以及弹性振动所吸收的能量。

由式(3-46)可以看出,对于理想弹塑性模型,吸能与船舶的初始动能成正比例函数关系,正比例系数与船舶和导管架质量有关。在有限元计算中,导管架模型存在损伤吸能,同时船头受到撞击也会存在一部分能量吸收,因此导管架受到撞击后吸能与船舶动能之间的关系可近似为一次函数关系。

因此,对于吸能和凹陷深度公式,需要引入三个参数对该公式进行修正。凹陷折减系数K,根据不同节点情况对凹陷深度进行调整。动能与导管架吸能之间存在一次函数关系,引入动能修正系数α和β,其中α为船舶动能修正系数,与导管架和船舶质量有关,β为吸收能量的修正系数。用下式来表征不同节点结构下的动能和吸能之间的关系。

$$\delta = 100 \times D^{\frac{1}{3}} \left(\frac{E_0}{100 M_0} \right)^{\frac{2}{3}} K \tag{3-47}$$

$$E_0 = \alpha E_{\mathrm{k}} + \beta$$

式中:E_0为导管架结构吸收的能量,J;E_{k}表示船舶初始动能,J。

分析船舶碰撞过程中能量曲线,船舶动能主要转化为导管架的内能以及振荡动能,船舶反弹的残余动能以及碰撞过程中摩擦耗能,其他能量可以忽略不计。导管架吸收能量与动能关系可通过对船舶撞击导管架的耗散能和船舶初始动能关系进行拟合计算得到。KK节点船舶撞击耗散能与初始动能关系曲线如图3-144所示。圆管船舶撞击耗散能与初始动能关系曲线如图3-145所示。

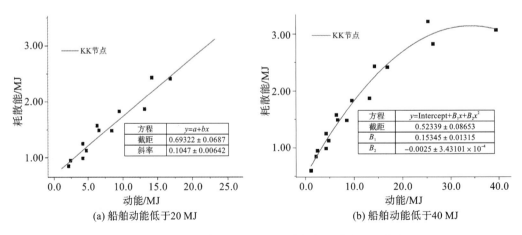

(a) 船舶动能低于20 MJ (b) 船舶动能低于40 MJ

图3-144 KK节点船舶撞击耗散能与初始动能关系曲线

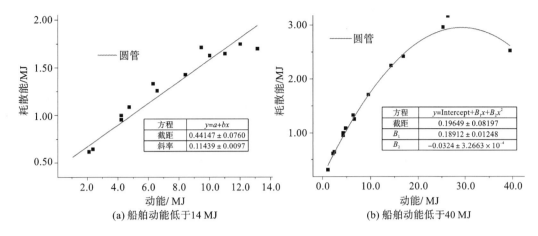

图 3-145　圆管船舶撞击耗散能与初始动能关系曲线

船舶与导管架碰撞产生的耗散能和动能在低动能阶段（KK 节点动能小于 20 MJ，圆管动能小于 14 MJ）成一次函数关系，超过低动能撞击阶段，耗散能与动能呈现的关系曲线呈下降的趋势。

依据耗散能和船舶初始动能拟合曲线的一次函数关系确定修正公式中的各个参数如表3-40 所示。

表 3-40　撞击深度与船舶初始动能公式参数表

	α	β	K
KK 节点	0.8953	-0.69322	0.014
圆管	0.88561	-0.44147	0.0101

3.3.12.3　修正公式与数值模型及现有经验公式验证

对前面所做船舶撞击导管架 KK 节点以及圆管的工况结合修正公式给出的解析解进行数值和理论上的验证。

从图 3-146、图 3-147 可以看出，对于船舶撞击 KK 节点和圆管产生导管架凹陷的情况来说，解析解和数值解曲线变化趋势大致相同。KK 节点在动能超过 20 MJ 之后，两曲线差距越来越大，说明当船舶的初始动能达到 20 MJ 之后的碰撞凹陷深度和动能关系不再满足此表达式。圆管受到撞击后的撞深和船舶动能关系解析解与数值解吻合度在动能小于14 MJ 时较高，在船舶初始动能高于 14 MJ 时，数值解和解析解曲线分离，说明此公式不再适用于高动能船舶撞击。

这说明在船舶撞击过程中，当初始动能较低时（撞击 KK 节点动能小于 20 MJ，撞击圆管动能小于 14 MJ），导管架吸收的能量一部分转化为碰撞局部的塑性变形吸收的能量，一部分转化为导管架振荡动能，其余部位未产生非弹性耗能。当初始动能较高时（撞击 KK 节点动能大于 20 MJ，撞击圆管动能大于 14 MJ），船舶撞击导管架所吸收的能量一小部分能转化为导管架振荡动能，其余大部分转化为导管架塑性变形能。产生塑性变形的部位不只出

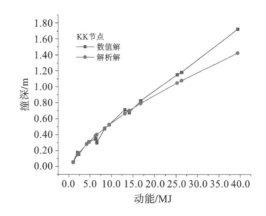

图 3-146　KK 节点受到撞击后撞深与动能关系曲线

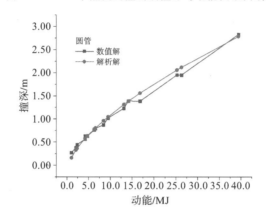

图 3-147　圆管受到撞击后撞深与动能关系曲线

现在碰撞的局部,其他节点连接关键部位以及管单元薄弱部位均会出现塑性损伤变形,吸收部分能量。

对照陈铁云等学者总结出来的结构吸收能量和凹陷深度表达式,修正后的预测公式符合基础力学原理。

3.3.12.4　碰撞解析模型预测

在实际工程中,根据上述解析表达式可完成船舶初始动能对导管架 KK 节点以及圆管产生的碰撞凹坑进行预测,提前布置近海及远海海洋平台导管架的防撞结构,采取导管架防撞措施。船舶撞击导管架 KK 节点有限元云图如图 3-148 所示。船舶撞击圆管有限元云图如图 3-149 所示。

3000 t 船舶以 5 m/s 的速度正向撞击导管架 KK 节点部位,产生凹陷,凹坑深度为 679.1 mm,船舶初始动能为 14.175 MJ,解析模型撞深结果为 704.7985 mm,误差为 3.78%,误差较小,可以达到预测目的。

500 t 船舶以 5 m/s 速度正向撞击导管架圆管部位,产生凹陷深度为 763.4 mm,船舶初始动能为 6.3 MJ,解析模型撞深结果为 784.45 mm,误差为 2.75%,误差较小,可以达到预测目的。

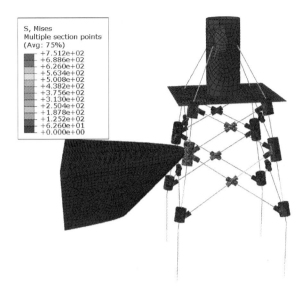

图 3-148　船舶撞击导管架 KK 节点有限元云图

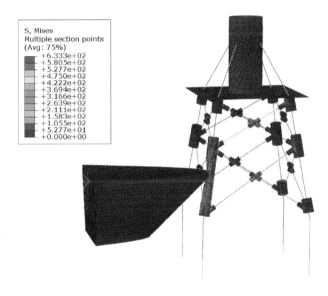

图 3-149　船舶撞击圆管有限元云图

3.3.13　基础极限强度与事故后评估小结

单桩基础结构和导管架基础结构是目前海上风电场中构造最为简单、应用最为广泛的基础构架。由于海上航线布置密集,来往船舶失控导致撞击海上风电基础。含桩-土作用基础结构水平极限强度研究一直以来未有进展,探讨桩基不同的边界条件,不同结构组成,对研究船撞之前结构水平极限强度具有重要的参考意义。由于不同的船舶碰撞质量、碰撞速度、碰撞角度等造成风电基础不同损伤状态,研究不同的碰撞场景从而得到的碰撞力-凹陷位移曲线,对于结构抗撞性能研究具有重要的实用意义。结构受损后仍存在一定的承载能力,研究含桩-土作用单桩基础结构剩余极限强度,这对不同的碰撞工况下预测结构受损后承载能力具有重要的指导意义。本书主要研究含桩-土作用单桩基础结构受损前后结构承载能力的对比,针对不同的碰撞工况导致结构不同损伤形式,从碰撞力和能量的角度分析结果的准确性。导管架多尺度有限元建模与模拟方法,考虑该海域船舶运行实际情况,数值模拟了导管架基础船撞损伤过程,阐明了最大碰撞力与各撞击因素之间的关联关系,实施了导管架船撞后剩余强度评估,由此建立了导管架关键节点船撞损伤与船舶初始动能之间的半解析模型。

(1)建立含桩-土作用基础结构水平极限强度的求解方法。首先根据单桩固支基础结构使用三种方法进行求解分析,验证准静态法和弧长法求解结构的准确有效性;其次使用弧长法和准静态法求解含桩-土作用单桩基础结构的水平极限承载力和水平极限弯矩;最后研究不同的结构组成,比如有无中间土、桩基直径、桩基厚度、桩土接触方式对水平极限强度的影响。得到以下结论:弧长法和准静态法都是求解结构极限强度的有效方法,准静态法可以解决一些含有几何非线性、材料非线性和接触非线性等复杂结构问题,它求解效率高,不存在收敛问题,适用性比较强;有无中间土不影响结构极限强度,桩基直径减小和桩基厚度减小都会对极限强度有影响,采用面与面接触方式更符合实际工程,但与 Tie 绑定约束相比,极限强度有所下降。

(2)考虑船体内部结构、材料的弹塑性、附加水流建立整船模型,开展船舶碰撞海上风电单桩基础研究。不同的碰撞工况作用下对结构产生的损伤是不同的,从碰撞力-凹陷位移的角度出发,来研究碰撞质量不同、碰撞速度不同、碰撞角度不同、碰撞水深不同、船碰位置不同、桩基厚度不同、桩基直径不同、风浪耦合碰撞等产生的损伤,以此应力状态进行剩余强度分析。得到如下结论:碰撞力-凹陷位移曲线斜率是结构刚度,结构刚开始碰撞属于弹性碰撞,具有线性特征,不同质量碰撞、不同速度碰撞、不同角度碰撞等曲线都重合,刚度相同;随后曲线出现较强的非线性不稳定波动特征,碰撞力每一次达到峰值后卸载主要由于船体构件和桩基的受损或失效破坏导致接触面积减小,每次曲线达到峰值都是接触重新建立,直至达到船体破坏进水或弯曲运动导致碰撞结束。碰撞过程符合能量守恒定律,碰撞船体减少的动能和外力功总和,大部分转化为整体塑性耗散能、整体应变能、内能和风机的动能。

(3)建立含桩-土作用单桩基础结构受损后剩余强度评估方法。利用碰撞后结果,首先进行单桩固支结构剩余强度研究,把碰撞的结果进行动态衰减,保证其施加力不会产生振荡,利用准静态求解方法沿碰撞方向和反碰撞方向施加力,得到的结果与未受损结果进行对比分析,发现准静态法求解高效、准确;其次进行含桩-土作用基础结构剩余强度研究,得到力或弯矩作用下沿碰撞方向和反碰撞方向水平力/弯矩-位移/转角曲线;最后选取不同质量、不同速度、不同角度碰撞工况分别对其进行剩余强度研究,得到力或弯矩作用下沿碰撞方向和反碰撞方向水平力/弯矩-位移/转角曲线。以上研究得出如下结论:准静态分析含桩-土作用单桩基础结构剩余强度是有效的求解方法;沿碰撞方向作用力或弯矩首先会加大碰撞局部应力集中区域,先向施加力/弯矩的反方向运动/转动,释放结构储存的弹性力,最后向施加力/弯矩方向运动/转动;反碰撞方向作用力或弯矩,首先也会发生弹性释放,随后荷载的不断施加加快碰撞受损局部凹陷,一直向施加力/弯矩的方向运动/转动;从具体碰撞工况作用下的剩余极限强度值可知,剩余极限强度与碰撞速度、碰撞质量、碰撞角度都不是线性关系。

(4)基于多尺度有限元建模方法,通过不同的单元耦合命令,建立了不同单元尺度和不同单元类型的两种耦合梁模型,进行了不同梁端约束条件下的静态计算。发现各模型在应力分布、梁轴线的剪力和弯矩曲线以及特定点位移曲线上误差较小,基本实现拟合。建立了三维框架结构的多尺度有限元模型,针对动态算法,对不同节点耦合位置与数目的模型进行计算效率的分析。发现三维框架多尺度耦合模型计算效率大幅度提高,管节点部位全部采用精细单元模型时,计算效率提高了52%。

(5)基于前述多尺度建模方式,针对南海某风电场实建导管架,建立了简化的实体耦合有限元模型,实施了单元耦合与网格敏感性分析,考虑海域内船舶实际运行情况,模拟了船舶质量、初速度、碰撞角度不同组合情况下导管架基础船撞损伤过程,得出了最大碰撞力与各撞击因素之间的关联关系。发现在导管架受撞击部位未出现断裂损伤之前,船撞过程的最大撞击力与船舶质量的1/2次方成一次函数关系,与船舶初速度和碰撞角度的正弦值均成一次函数关系,在导管架受撞击部位出现断裂之后,线性关系不再明显。

(6)基于导管架的整体精细有限元模型,提取导管架船撞后的应力状态,进一步分析了K节点、KK节点以及X节点的等效塑性应变,发现在最上部K节点层,受到撞击腿柱对应的K节点塑性应变最大,塑性应变呈块状分布。其余节点层在管节点周围也出现了不同程度的塑性应变,主要集中在腿管与斜管连接处。采用准静态的极限强度分析方法,计算了添加初始缺陷的导管架基础的极限强度,在船撞后的导管架损伤模型的基础上,通过动力显示分析使结构达到位移平衡,得出撞击后导管架的剩余强度。发现船舶的质量或速度增大时,导管架剩余强度降幅较大,相比之下,船舶与导管架之间碰撞角度的变化对导管架剩余强度变化幅度的影响较小,同时,沿船舶撞击反方向的导管架剩余强度最小,并且得出了船舶低动能撞击时对导管架剩余强度影响最大的撞击部位。

(7)基于前述工作获得船撞深度与结构能量吸收数据,建立结构凹陷深度与船舶初始动能的半解析模型,并在数值模拟的基础上进行了撞击预测的算例分析。此表达式能根据船舶运行的动能预测船舶的撞击深度,为实际工程中快速评估相关结构船撞损伤提供了实用技术。

4 海上风机支撑结构典型构件低速冲击试验

4.1　典型构件低速冲击数值模拟试验

4.1.1　模型建立

从导管架模型的 4 个部位提取 6 种典型节点,如图 4-1 所示。其中,X 节点取上交叉部位,T 节点取左下部位,直管对接节点(D 节点)同取左下部位,K、KT、KK 节点则取右侧部位。实际导管架的尺寸是此模型尺寸的 30 倍。节点尺寸大小如表 4-1 所示。模型节点三视图如图 4-2 所示。

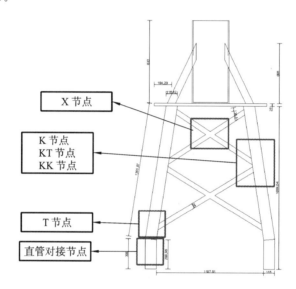

图 4-1　节点选取示意图

表 4-1　节点尺寸大小

节点	X	D	T	K	KT	KK
弦管长/mm	—	350、200	400	400	400	400
弦管直径/mm	—	115	115	115	115	115
弦管壁厚/mm	—	8	8	8	8	8
上支管长/mm	400	—	330	340	330	330
下支管长/mm	400	—	—	340	340	340
支管直径/mm	50	—	50	50	50	50
支管壁厚/mm	5	—	5	5	5	5
弦管间夹角/(°)	—	172	—	—	—	—
上支管与弦管夹角/(°)	—	—	49	49	49	49
下支管与弦管夹角/(°)	—	—	—	68	68	68
支管间夹角/(°)	65	—	—	—	90	90

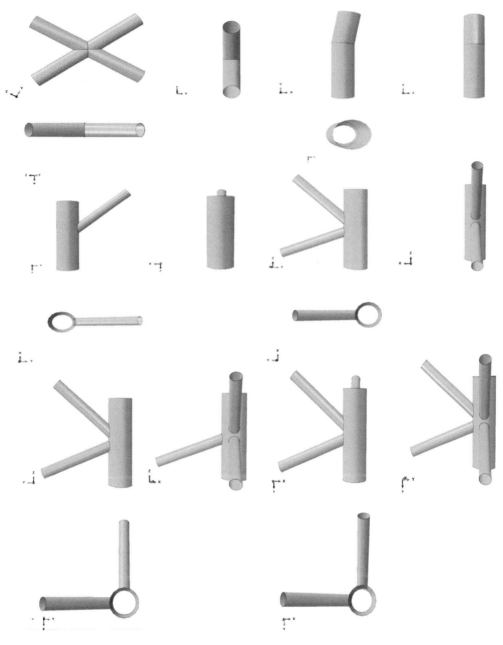

图 4-2　模型节点三视图

　　落锤纵剖面图如图 4-3 所示,由于落锤是用解析刚体建模,故其形状只是为了模拟真实实验时落锤的形状而无其他意义。落锤质量可直接在工程特征下的惯性中根据需要来设置,设置时选择落锤底部的参考点为质(量)点。每个小方格的边长为 5 mm,底部圆弧半径为 50 mm。

　　节点部件均采用壳单元建模。节点材料属性设置中,密度设为 7850 kg/m³,杨氏模量设为 220 GPa,泊松比设为 0.3,屈服应力设为 400 MPa,屈服应力-塑性应变关系采用相关

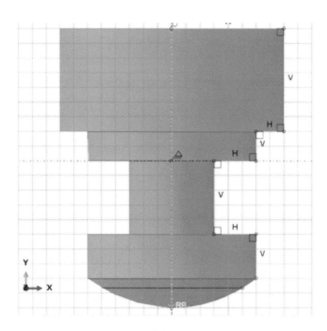

图 4-3 落锤纵剖面图

文献中的低合金高强度结构钢的数据。组装时,落锤并没有直接放在管节点的上方,而是设置在距离管正上方 50 mm 处的悬空部位,因为要模拟冲击时从未接触到接触的整个过程,如果直接将落锤放在管节点的上方,则数据会有一部分的损失和偏差而影响最终的分析。分析步设置中,采用 Dynamic/Explicit,分析步时长会根据不同的冲击速度进行调整,但都是每 50 μs 计算一次,这样既能得到足够的数据,又能方便之后数据统计时的分析。场输出,设为输出整体模型的 Mises 应力、等效塑性应变和位移、速度、加速度;历程输出中,第一输出整个模型的动能、内能、弹性应变能、塑性形变能和伪应变能,第二输出沿冲击方向的接触力和接触面积。接触设置中,接触行为设置为落锤表面与管节点表面的接触,接触方式为硬接触,摩擦系数设为 0。荷载设置中,将所有节点的边界条件均设置为固支约束,即将空间节点的六自由度,包括三个平动方向和三个转动方向,全部约束住。对落锤也采取同样的方法,只保留沿冲击方向的平动不施加约束。这样在预应力场的设置中,只要在落锤参考点的该方向上赋予相应的冲击速度即可完成荷载的设置。网格划分时,经过对 X 节点的模型进行模拟试验,从 1%、2%、5% 的网格敏感度中,确定网格密度设为弦管长度的 1%,即每 4 mm 划分一个网格。最后创建作业并提交即可。

4.1.2　相同约束条件下 KK 节点的抗冲击性能分析

在本小节中,KK 节点的约束条件为全固支,分别比较了冲击能量为 16 kJ 和 20 kJ 时 KK 节点的冲击力时程曲线、凹陷深度时程曲线、接触面积时程曲线和力-位移曲线,重力加速度取 10 m/s²。16 kJ 的冲击能量下设五组落锤质量和冲击高度,分别为:100 kg * 16 m,160 kg * 10 m,200 kg * 8 m,400 kg * 4 m,800 kg * 2 m;20 kJ 的冲击能量下也同样设置五组落锤质量和冲击高度,分别为:125 kg * 16 m, 200 kg * 10 m, 250 kg * 8 m, 500 kg * 4 m, 1000 kg * 2 m;对应的冲击速度分别为 17.708 m/s, 14 m/s, 12.522 m/s, 8.854 m/s, 6.261 m/s。特别说明,所有的 KK 节点的弦管厚度同设为 5 mm。

冲击能量为 16 kJ 时的节点应力云图及结果曲线如图 4-4 、图 4-5 所示。

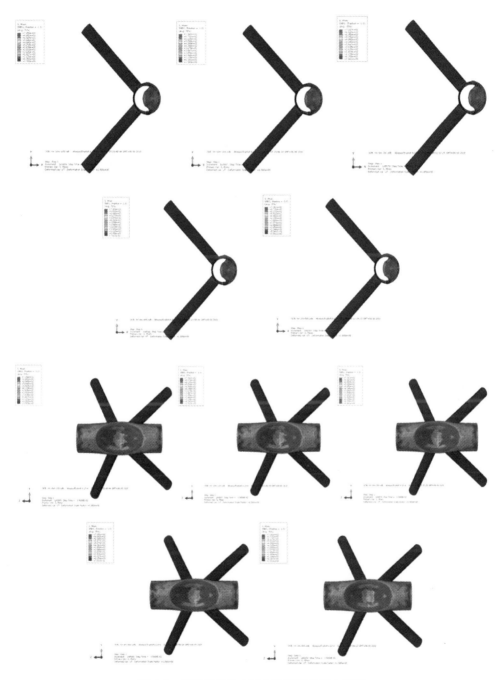

图 4-4　冲击能量为 16 kJ 时的节点应力云图

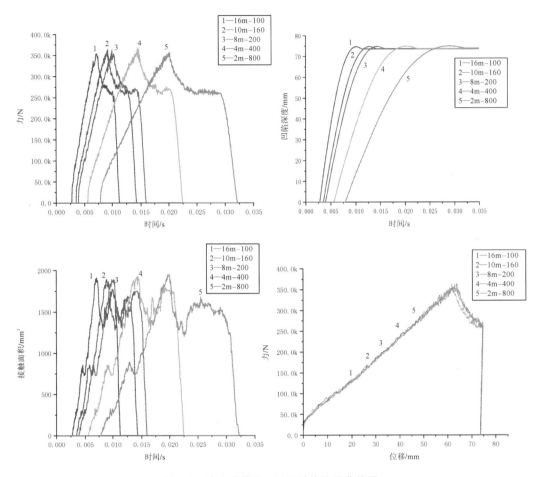

图 4-5　冲击能量为 16 kJ 时的结果曲线图

冲击能量为 20 kJ 时的节点应力云图及结果曲线如图 4-6 、图 4-7 所示。

图 4-4 和图 4-6 从左到右、从上到下按照落锤下落高度依次减小的顺序排列。图 4-5 和图 4-7 中,左上为冲击力时程曲线、右上为凹陷深度时程曲线、左下为接触面积时程曲线,右下为力-位移曲线。图 4-8 为力-位移曲线。对以上数据进行如下分析。

(1)对于冲击力时程曲线,最大冲击力相同;冲击速度越大,质量越小,接触时间越短;速度越小,曲线初始阶段斜率小,即接触力的增长速度越慢,但因为要达到最大冲击力相同,故冲击速度越小的反而接触时间更长;质量越大,力回弹时间,即图中下降的第一阶段越长;曲线下降的第二阶段,即图中呈直线部分,斜率相同;曲线下降的第一和第二阶段的分界点对于冲击能量为 16 kJ 而言在 2.5×10^5 N 处,占最大冲击力的 70%;而冲击能量为 20 kJ 时,占最大冲击力的 65%,比 16 kJ 时下降了 5%,原因是当下落高度相同时,质量越大,冲击时间越长,而时长的增加主要发生在回弹阶段,即下降的第一阶段,又因为下降的第二阶段曲线走势一致,故质量大的需在第一阶段下降更多,导致对应的力变小。

(2)对于凹陷深度时程曲线,各曲线的最大和最终凹陷深度均相同;速度越大,凹陷深度

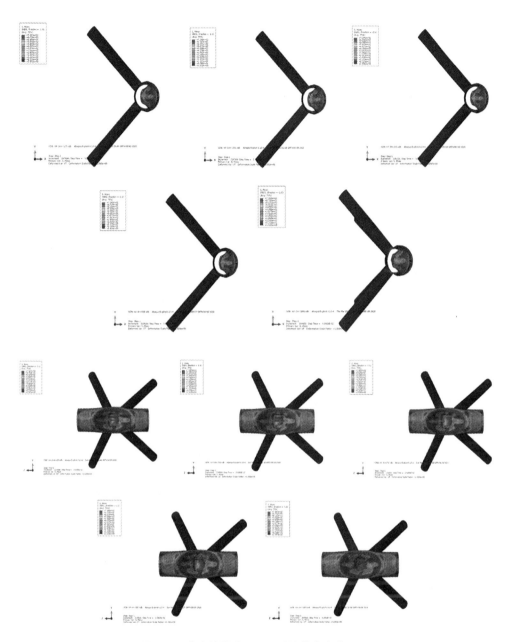

图 4-6　冲击能量为 20 kJ 时的节点应力云图

增长越快;质量越大,冲击时长越久;速度越小,质量越大,从最大凹陷深度变化到最终凹陷状态所需时间越长;图中弓形部分(最终状态所在直线与曲线相交的上面部分)关于最大凹陷深度成轴对称,原因在于此部分加载和卸载(凹陷增加和减小)属于弹性阶段。

(3)对于接触面积时程曲线,最大接触面积相同;曲线皆呈明显的双峰状,接触面积的次高峰,前四个相同,略高于第五个;最后下降部分直线斜率相同,原因在于同一个模型材料属性相同,而卸载部分的特性只跟材料属性有关。

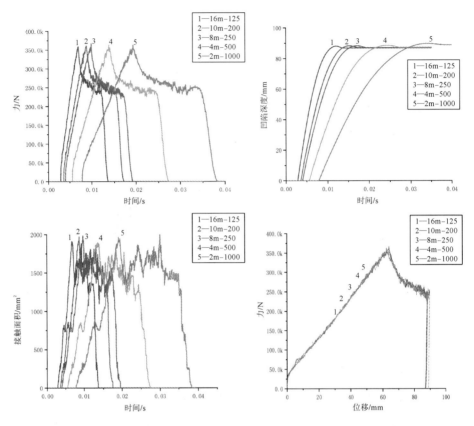

图 4-7　冲击能量为 20 kJ 时的结果曲线图

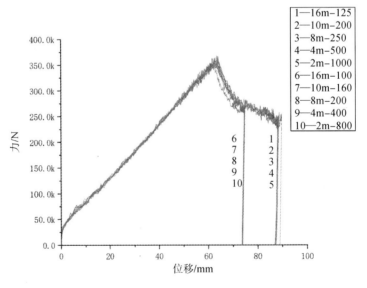

图 4-8　力-位移曲线图

(4)对于力-位移曲线,大冲击能量的力-位移曲线可以看成是小冲击能量的力-位移曲线的延伸,且力-位移曲线跟冲击能量无关,只与材料属性有关。

4.1.3 不同约束条件下 KK 节点的抗冲击性能分析

本小节是研究节点的约束条件对节点抗冲击性能的影响,下文所说的固支是指将 KK 节点的弦管两端和四根支管全部固支,简支则是指将 KK 节点的弦管一端按落锤下落方向和弦管所在方向所组成的平面内的四个自由度(两个方向上的平动和对应的转动)约束,弦管另一端只约束沿落锤下落方向的两个自由度(一平动、一转动),四根支管还是全部固支。

约束条件为固支时的应力云图和结果曲线,如图 4-9、图 4-10 所示。

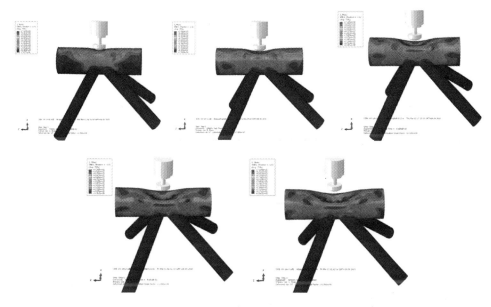

图 4-9　KK 节点固支的应力云图

约束条件为简支时的应力云图和结果曲线,如图 4-11、图 4-12 所示。

图 4-9 和图 4-11 中的 KK-1 m-1 表示 KK 节点在落锤下落高度为 1 m(对应冲击速度为 4.427 m/s),落锤质量为 100 kg 时产生的碰撞结果,最后一位数字 1~5,分别代表落锤的质量为 100 kg、325 kg、550 kg、775 kg 和 1000 kg。曲线图中,左上为冲击力时程曲线,右上为凹陷深度时程曲线,左下为接触面积时程曲线,右下为最大冲击力、最大凹陷深度和最大接触面积随落锤质量变化的曲线。对以上数据进行如下分析。

(1)从沿落锤下落方向的冲击力(其余方向的力较小,此处忽略)随时间的变化,可以看出,对于同一节点,当冲击速度相同时,落锤质量越大,冲击持续的时间和产生的最大冲击力越大,且卸载部分的五条曲线斜率大致相同(即平行)。

(2)从沿落锤下落方向管的凹陷深度(其余方向变形较小,此处忽略)随时间的变化,可以看出,凹陷处均为先增加到最大值后又减小到某一值保持不变,减小的原因在于管节点具有一定的弹性,而最终保持一定的深度不变是由于产生了不可逆的塑性形变。还可以发现,对于同一节点,当冲击速度相同时,落锤质量越大,凹陷深度越大。

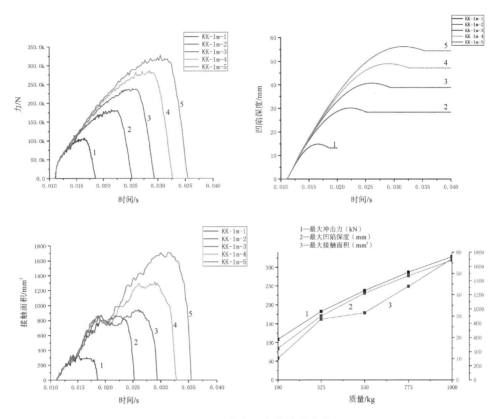

图 4-10 KK 节点固支的结果曲线图

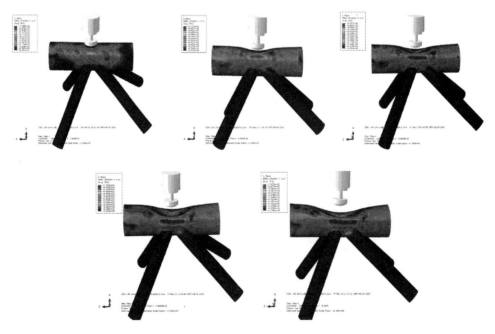

图 4-11 KK 节点简支的应力云图

（3）从落锤与管段的接触面积随时间的变化，可以看出，对于同一节点，当冲击速度相同

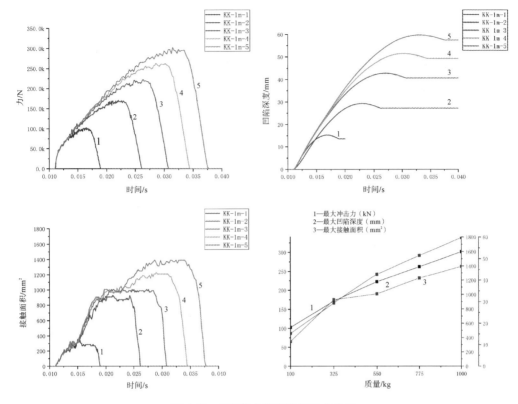

图 4-12　KK 节点简支的结果曲线图

时,落锤质量越大,导致的接触面积也越大,且卸载部分的五条曲线斜率大致相同(即平行)。

(4)当冲击速度相同时,最大冲击力、最大凹陷深度和最大接触面积与落锤质量的关系,除落锤质量为 325 kg 时,节点固支和简支的接触面积相比于其他质量有所偏差外,其余均可以看成质量与这三个量成线性关系。

4.1.4　不同落锤质量条件下 KK 节点的抗冲击性能分析

为研究某一变量对试验结果的影响,需要用到控制变量法,即除了需要研究的变量,其余变量在试验过程中均保持不变。本节中,为了分析落锤质量对节点抗冲击性能的影响,将落锤下落高度设定为 1 m,很容易算得对应的冲击速度为 4.427 m/s,保持冲击位置和节点边界条件固支均不变。此时,落锤质量从 100 kg 均匀增加到 1000 kg,每 225 kg 设置一个间隔,即 100 kg、325 kg、550 kg、775 kg、1000 kg 共五组。

分析图 4-13 和图 4-14 的变化规律可以得出以下结论:对于 KK 节点,当冲击速度不变时,最大冲击力随落锤质量的增加呈线性增长,增幅均匀;最大凹陷深度随落锤质量的增加呈线性增长;力-位移曲线斜率跟落锤质量无关,而是与节点材料属性有关,随着落锤质量增加,后一段曲线可以认为是前一段曲线的延伸,呈直线型;最大接触面积随落锤质量的增加而增加,除第二段增幅较小,其余增幅均匀,基本呈线性增长;冲击时长随落锤质量的增加而增长,除前两个之间增幅稍大,之后的增幅均匀,基本呈线性增长。

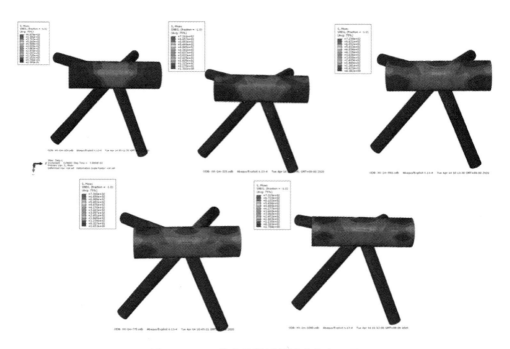

图 4-13　KK 节点落锤质量影响应力云图

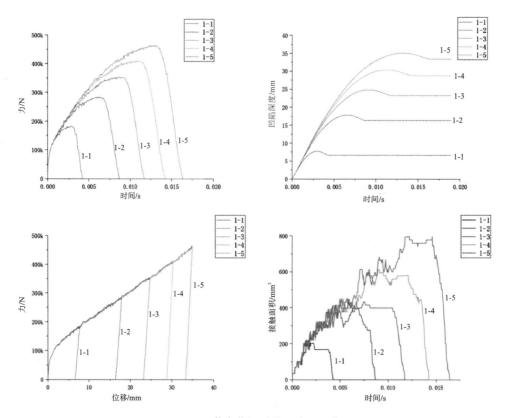

图 4-14　KK 节点落锤质量影响结果曲线图

4.1.5　不同落锤速度条件下 KK 节点的抗冲击性能分析

本小节分析了落锤下落高度(也即冲击速度)对节点抗冲击性能的影响,将落锤质量设置为 100 kg 保持不变,且约束条件仍为全固支。此时,落锤下落高度分别设为 1 m、4 m、9 m、16 m、25 m,对应冲击速度为 4.427 m/s、8.854 m/s、13.281 m/s、17.708 m/s、22.136 m/s,一共也是五组。

从图 4-15 和图 4-16 中看到,对于 KK 节点,当落锤质量不变时,最大冲击力随冲击速度

图 4-15　KK 节点冲击速度影响应力云图

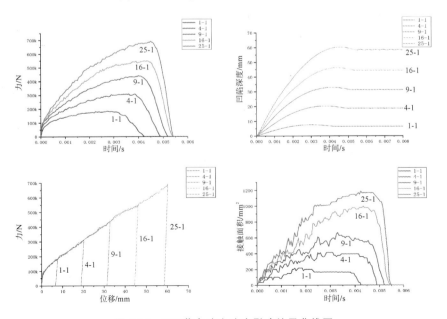

图 4-16　KK 节点冲击速度影响结果曲线图

的增加呈线性增长,各速度间增幅均匀;最大凹陷深度随冲击速度的增加也呈线性增长;力-位移曲线跟冲击速度无关,而是与节点材料属性有关,随着冲击速度增加,后一段曲线可以认为是前一段曲线的延伸,呈直线型;最大接触面积随冲击速度的增加而增大,大致呈线性,但第三段的最大接触面积增幅相较于其他的高;冲击时长随冲击速度的增加而增长,但随着冲击速度的增大,冲击时长的增速放缓。

4.1.6　导管架 KK 节点损伤分析

图 4-17 为不同初始动能船舶撞击后的导管架 KK 节点应力云图,从图中可以看出,船舶初始动能较小时,应力集中区域面积较小,同时,应力集中区域的位置出现在凹坑边缘。图 4-18 为不同初始动能船舶撞击后的导管架 KK 节点位移云图,从图中可以看出,随船舶初始动能增大,KK 节点撞击的凹陷深度越来越深,当船舶初始动能达到 26.25 MJ 时,最大凹陷深度可达 0.7165 m。

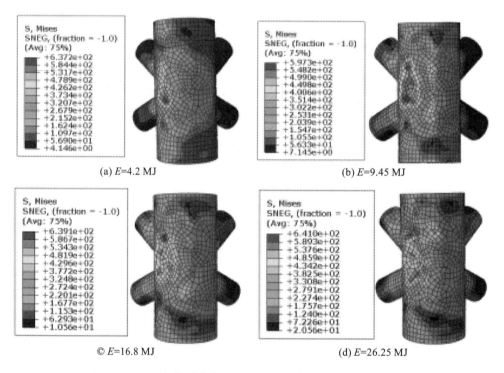

(a) *E*=4.2 MJ

(b) *E*=9.45 MJ

© *E*=16.8 MJ

(d) *E*=26.25 MJ

图 4-17　不同初始动能船舶撞击后的导管架 KK 节点应力云图

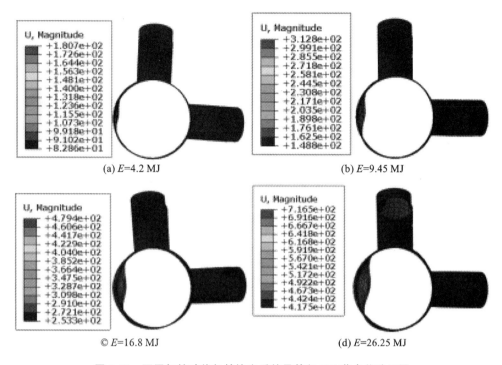

(a) $E=4.2$ MJ   (b) $E=9.45$ MJ

© $E=16.8$ MJ   (d) $E=26.25$ MJ

图 4-18　不同初始动能船舶撞击后的导管架 KK 节点位移云图

4.1.7　导管架各节点部位损伤分析

以船舶初始动能为 26.25 MJ 的撞击为例,分析导管架各节点塑性损伤情况,各节点位置标记如图 4-19 所示。

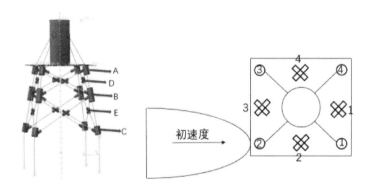

初速度

图 4-19　各节点位置标记图

提取各个节点的等效塑性应变云图(图 4-20),发现在最上部 K 节点部位,出现塑性应变最大的为 A-2,即受到撞击腿柱的 K 节点,塑性应变呈块状,同层其余节点出现塑性应变部位都集中在管节点处,呈环状分布,撞击影响最小的节点为 A-4,未曾出现塑性应变。KK 节点层出现塑性应变最大的是受到撞击的管节点面部位,其余节点均呈现了不同管节点部位环状的塑性应变。最下部 K 节点层在管节点周围也出现了不同程度的塑性应变,应变最大的为 C-4 节点。上部 X 节点层最大塑性应变出现在 D-2 节点,X 节点的塑性应变均出现在两管交界面处。下部 X 节点层最大塑性应变出现在 E-2 节点,在船舶初始动能为 26.25 MJ 的撞击条件下,该节点表现为挤压变形,破坏最为严重。

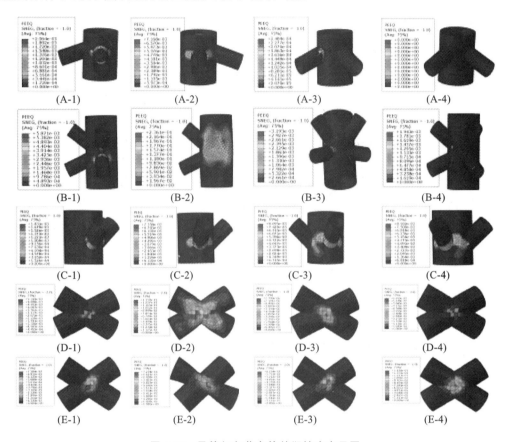

图 4-20　导管架各节点等效塑性应变云图

4.1.8　典型构件低速冲击数值模拟试验小结

本书这里主要研究了导管架典型构件在受到落锤冲击时的抗冲击性能,并建立了最大凹陷深度与冲击能量之间的解析模型,在验证了解析模型有效性的基础上,用该模型对船撞导管架后产生的凹坑深度进行预测,并与数值结果进行对比分析。当冲击能量相同时,节点的最大冲击力、最大凹陷深度和最大接触面积相同;简支约束相较于固支约束,在相同的冲击能量下产生的最大冲击力更小,但最大凹陷深度反而更大,冲击时长也更长,且简支与固支的冲击时间的差值随落锤质量的增加呈完全线性增长;落锤质量越大,最大冲击力、最大凹陷深度以及冲击时长均越大;落锤冲击速度越大,最大冲击力、最大凹陷深度以及最大接触面积也越大;冲击能量越大,最大冲击力、最大凹陷深度以及最大接触面积也越大;同落锤冲击速度相比,落锤质量对冲击时长的影响更大,而冲击速度对接触面积的影响比落锤质量则更加明显;对于不同节点,当冲击能量相同时,最大冲击力按节点 X、D、T、K、KT、KK 的顺序依次增加,最大凹陷深度和冲击时长按节点 X、D、T、K、KT、KK 的顺序依次减小;KK

节点和 KT 节点以及 K 节点和 T 节点在冲击能量相同时,其最大冲击力和最大凹陷深度十分接近,有的甚至重合,说明 KK 节点和 KT 节点以及 K 节点和 T 节点的抗冲击性能比较相似,但最大接触面积都有所不同;各节点的力-位移曲线不随落锤质量、冲击速度或冲击能量的不同而发生变化,只与节点的材料属性有关,X 节点的力-位移曲线呈抛物线型,而 D、T、K、KT、KK 节点的力-位移曲线均呈直线型;本书提出的节点碰撞后产生的最大凹陷深度与冲击能量之间的解析模型具有一定的适用性和有效性,可以用于对船撞导管架凹坑深度的预测。

4.2 典型构件低速冲击物理模拟试验

4.2.1 落锤冲击物理模拟试验

4.2.1.1 落锤冲击试验的应用概况

冲击试验对于判断典型损伤形式、程度以及研究和构建损伤与冲击能量关系具有重要意义。根据国内外对于冲击试验的开展情况,现在冲击试验系统可分为:Hopkinson 压杆试验系统、空气炮、摆锤冲击试验系统以及落锤冲击试验系统。相较于其他冲击试验系统,落锤冲击试验系统虽然有导向装置易发生摩擦,阻力增大试验机的能量损耗,试验台滑行行程较长,对试验系统造成不必要的干扰,而且可能会出现二次撞击等缺点,但是它可以实现试验装置的自动升降,高度固定,冲击下落,并且安全可靠,操作方便,同时可以非常方便地收集加速度、冲击时间、冲击速度等变量信息。

4.2.1.2 落锤冲击试验的工作原理

将一定质量的重锤提升到某一高度后释放,通过锤体的自由落体运动将重力势能转换成冲击能量,或者锤体在预加力机构作用下,获得一定的初始速度对被测试体进行冲击,以此验证风机典型构件的抗冲击性能。

4.2.1.3 位移、加速度、速度、冲击荷载的时间历程的测量方法

现有落锤冲击试验系统主要采用以下两种途径获取冲击过程中的冲击荷载时间历程:通过冲击过程中锤头加速度变化根据牛顿第二定律计算冲击荷载;通过由安装在锤头的动态力传感器直接测量冲击荷载。现有落锤冲击试验系统测量试样变形量的时间历程的方法主要有:借助高速相机拍摄冲击历程,通过图像处理获得冲击过程中锤头位移、速度和加速度的时间历程;使用高速激光位移传感器测量冲击点背部的位移和速度;通过安装在锤头的加速度传感器进行二次积分获取位移信息。

4.2.2 试验目的

对海上风机支撑结构典型构件进行落锤冲击试验研究,通过试验得到典型构件损伤程度与冲击能量的关系,冲击力与构件被冲击后形成的凹陷深度的关系,分析其损伤模式,并将结果与 ABAQUS 仿真进行对比,调整理论(半经验)公式。

4.2.3 试验场地、设备

冲击试验在西安交通大学机械结构强度与振动国家重点实验室中的大能量落锤式冲击试验系统上进行。试验装置如图 4-21 所示,主要由试验底座、试件支座、落锤导轨和落锤构成。其中落锤总高 30 m,导轨长度为 26 m 左右。落锤由锤头和砝码构成,锤头连同附属装置质量可在 15～1000 kg 范围内选择,落锤冲击能量最高可达 250 kJ,最大冲击速度可达 22.5 m/s,锤头定位精度可达 0.5 mm。

图 4-21 落锤冲击试验系统

4.2.4 试验设计

4.2.4.1 试验模型

(1)模型尺寸及典型构件选择。

由于风机支撑结构整体比较庞大,如果完全按照现实情况制造风机支撑结构的典型结构,对于进行落锤冲击试验的试验装置的尺寸要求过高,制作等比例缩小的典型构件(缩尺比30)更具有可行性。风机支撑结构的典型构件主要集中于风机支撑结构的节点处,选取的风机支撑结构的节点如图 4-22 所示。

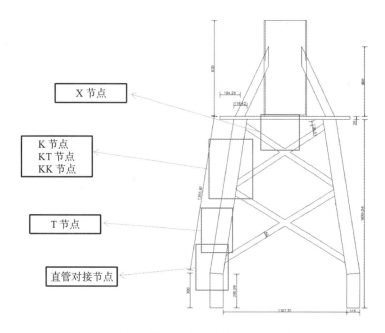

图 4-22　风机支撑结构的节点示意图

(2)KK 节点尺寸及加工方式。

KK 节点弦管直径为 114 mm,壁厚为 8 mm;支管直径为 50 mm,壁厚为 5 mm。为简化试验难度,将四个支管截成处于一个水平面,并与垫板焊接,用于后续节点的固定。实物见图 4-23。材料采用 Q235 钢。

图 4-23　KK 节点图

(3)锤头尺寸、材料及加工方式。

锤头材料为 42 铬钼,锤头顶部需打孔,打孔大小为 M24 标准螺孔螺距,深度为 35 mm。锤头的加工需淬火,淬火时的加热温度为 840~860 ℃,淬火冷却方式为油冷。锤头具体样式如图 4-24 所示。

(4)有限元模型。

根据实际的试验情况,将原先的模型稍作更改。之前是直接将弦管两端刚固,现改为将弦管套进凸起的圆环中,然后将圆环焊接在端板上,如图 4-25 所示。针对风机支撑结构的 KK 节点所对应的典型构件在有限元中进行建模分析,如图 4-26 所示,其中在有限元中在

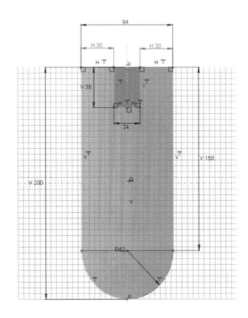

图 4-24 锤头示意图

KK 节点所对应的典型构件施加适当的边界条件来模拟现实试验装置的夹具,其中落锤重量、落锤高度、最大冲击速度均与试验情况相对应。

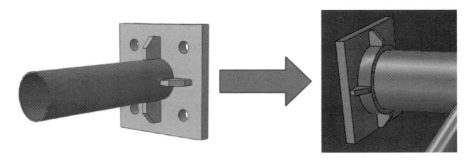

图 4-25 模型更改示意图

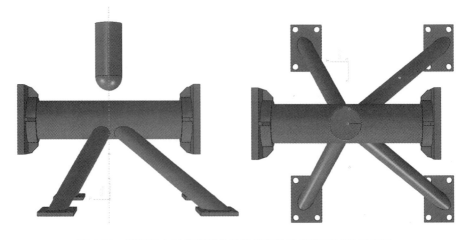

图 4-26 有限元中对 KK 节点的典型构件进行落锤试验示意图

（5）试验所测量内容。

冲击力（F）时程曲线：测量冲击过程中落锤与试件之间直接的接触力，本试验中冲击力采用安装在锤头与配重之间的力传感器测量。落锤加速度（a）：测量冲击过程中落锤实时的加速度，本试验中落锤加速度采用安装（磁吸附）在配重质量块上的加速度传感器测量。传感器安装位置如图 4-27 所示。

图 4-27　传感器安装位置

4.2.4.2　试验流程

典型构件的落锤冲击试验的主要流程为：

①对钢管试件表面进行清扫；

②将 KK 节点与夹具套装安装到试验系统平台中央；

③选择配重，并安装锤头；

④安装力传感器和加速度传感器；

⑤调试数采系统，并进行试验前的测验（将落锤提高很小的高度，在试件上方放置一块木板，来测试数采系统）；

⑥提升锤头至设计高度，释放锤头，进行冲击试验（同时用延迟摄像记录冲击过程）；

⑦安装试验测量及记录设备，包括伸缩式位移计、应变片线路、激光测速仪和高速摄像仪等；

⑧观察试件破坏形态，检查支座是否完好；

⑨提升落锤，卸装试件，检查试验数据的有效性和精度。

4.2.4.3 试验内容

相关节点加载方式及预期结果如表 4-2 所示。

表 4-2 节点加载方式及预期结果

序号	节点名称	加载方式	预期结果
1	X 节点	落锤总质量为 195.76 kg(锤头 8.13 kg、配重 186.59 kg、力传感器 0.75 kg、连接螺杆 0.29 kg),高度为 1 m,对应冲击速度为 4.427 m/s,冲击能量为 1918.448 J	绘制支反力-位移曲线,得到构件典型承载力并记录
2	K 节点	落锤总质量为 195.76 kg(锤头 8.13 kg、配重 186.59 kg、力传感器 0.75 kg、连接螺杆 0.29 kg),高度为 1 m,对应冲击速度为 4.427 m/s,冲击能量为 1918.448 J	绘制支反力-位移曲线,得到构件典型承载力并记录
3	KT 节点	落锤总质量为 195.76 kg(锤头 8.13 kg、配重 186.59 kg、力传感器 0.75 kg、连接螺杆 0.29 kg),高度为 1 m,对应冲击速度为 4.427 m/s,冲击能量为 1918.448 J	绘制支反力-位移曲线,得到构件典型承载力并记录
4	KK 节点	落锤总质量为 195.76 kg(锤头 8.13 kg、配重 186.59 kg、力传感器 0.75 kg、连接螺杆 0.29 kg),高度为 1 m,对应冲击速度为 4.427 m/s,冲击能量为 1918.448 J	绘制支反力-位移曲线,得到构件典型承载力并记录
5	T 节点	落锤总质量为 195.76 kg(锤头 8.13 kg、配重 186.59 kg、力传感器 0.75 kg、连接螺杆 0.29 kg),高度为 1 m,对应冲击速度为 4.427 m/s,冲击能量为 1918.448 J	绘制支反力-位移曲线,得到构件典型承载力并记录
6	直管对接节点	落锤总质量为 195.76 kg(锤头 8.13 kg、配重 186.59 kg、力传感器 0.75 kg、连接螺杆 0.29 kg),高度为 1 m,对应冲击速度为 4.427 m/s,冲击能量为 1918.448 J	绘制支反力-位移曲线,得到构件典型承载力并记录

4.2.4.4 加载与冲击过程

(1)加载过程。

大能量落锤冲击试验系统中落锤总高为 30 m,导轨长度为 26 m 左右。落锤由锤头和砝码构成,锤头连同附属装置质量可在 15～1000 kg 范围内选择,落锤冲击能量最高可达 250 kJ,最大冲击速度可达 22.5 m/s,锤头定位精度可达 0.5 mm。故落锤的质量和速度选择在试验装置允许的区间即可。

（2）冲击过程。

落锤冲击试件的过程可分为以下几个阶段：首先落锤在跨中撞击试件，试件获得动量，试件在跨中同落锤一起向下运动；运动过程中试件的塑性变形消耗落锤动能，落锤速度逐渐减小，当落锤速度减小为零时，位移达到最大；之后储存在试件内的弹性势能释放，落锤随试件开始向上运动；向上一段距离后，试件由于自身刚度再次向下运动，在平衡位置附近自由振动。落锤则脱离试件继续向上减速运动，上升至一定高度后再次向下撞击试件，几次反复后由于导轨摩擦力作用能量耗尽。试件由于自身阻尼消耗能量也最终静止。整个冲击过程持续几十毫秒。冲击过程如图 4-28 所示。

图 4-28　冲击过程示意图

冲击过程中对于 KK 节点落锤的高度分别为 1 m、2 m、3 m 时的加速度时程曲线如图4-29所示。

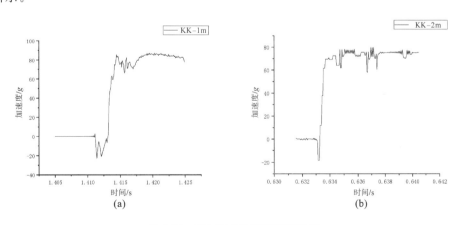

图 4-29　KK 节点加速度时程曲线

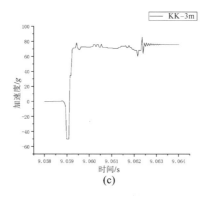

续图 4-29

冲击过程中对于 K 节点落锤的高度分别为 1.5 m、2 m、3 m 时的加速度时程曲线如图 4-30 所示。

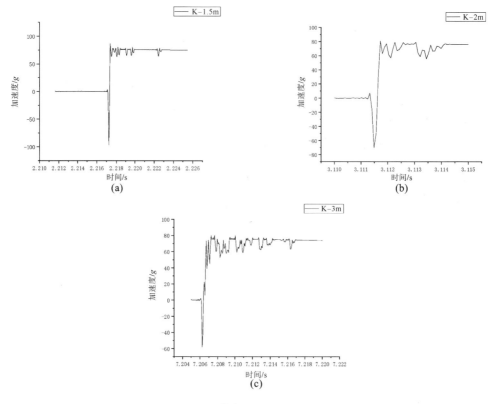

图 4-30 **K 节点加速度时程曲线图**

冲击过程中对于 KT 节点落锤的高度分别为 1.5 m、2 m、3 m 时的加速度时程曲线如图 4-31 所示。

冲击过程中对于 T 节点落锤的高度分别为 1.5 m、2 m、3 m 时的加速度时程曲线如图 4-32 所示。

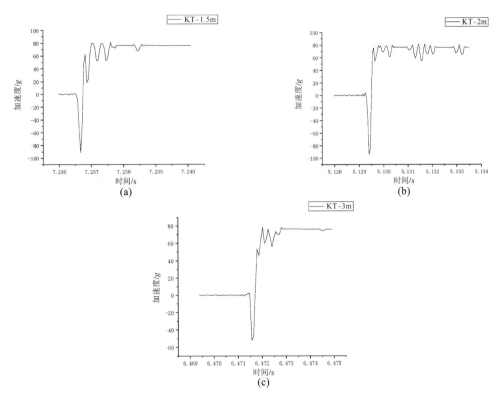

图 4-31 KT 节点加速度时程曲线图

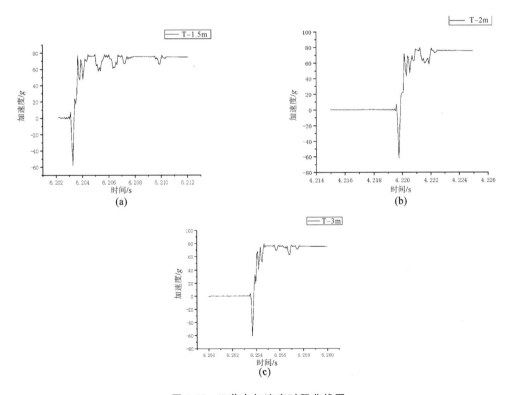

图 4-32 T 节点加速度时程曲线图

4.2.4.5 数据分析

通过试验测量及记录设备,包括伸缩式位移计、应变片线路、激光测速仪和高速摄像仪等,以及所安装的力传感器和加速度传感器,利用数采系统进行数据采集。绘制冲击力时程曲线,并对落锤试验后各个节点的凹陷程度进行测量。

落锤高度分别为 1 m、2 m、3 m 时,KK 节点的凹陷程度如图 4-33 所示。

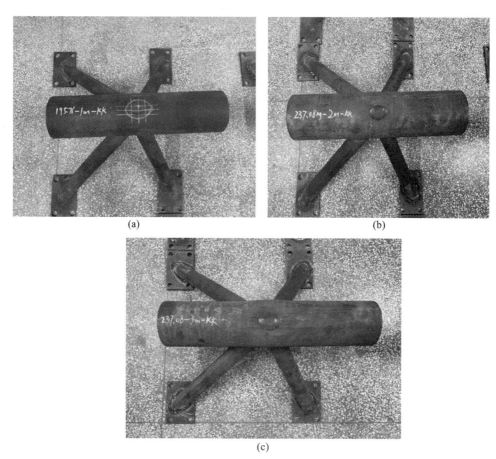

图 4-33　KK 节点凹陷程度

KK 节点的冲击力时程曲线如图 4-34 所示。

落锤高度分别为 1.5 m、2 m、3 m 时,K 节点的凹陷程度如图 4-35 所示。

K 节点的冲击力时程曲线如图 4-36 所示。

落锤高度分别为 1.5 m、2 m、3 m 时,KT 节点的凹陷程度如图 4-37 所示。

KT 节点的冲击力时程曲线如图 4-38 所示。

落锤高度分别为 1.5 m、2 m、3 m 时,T 节点的凹陷程度如图 4-39 所示。

T 节点的冲击力时程曲线如图 4-40 所示。

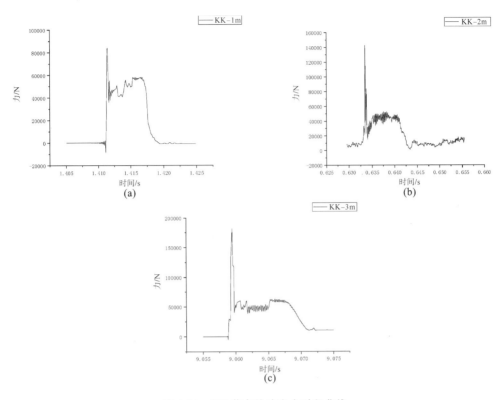

图 4-34 KK 节点的冲击力时程曲线

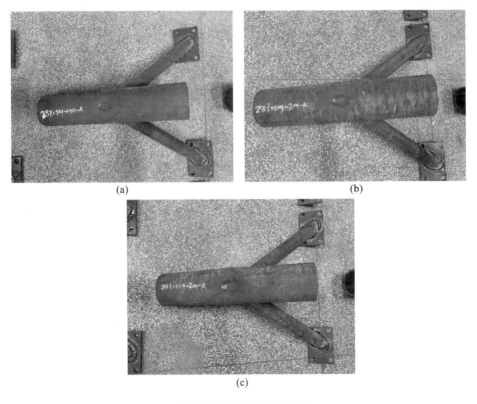

图 4-35 K 节点凹陷程度

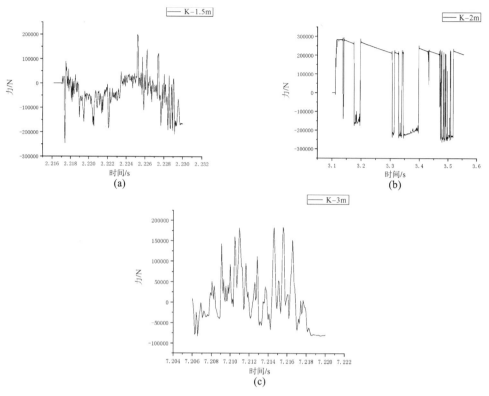

图 4-36 K 节点的冲击力时程曲线

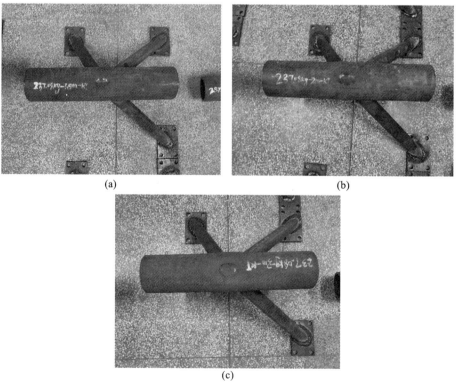

图 4-37 KT 节点凹陷程度

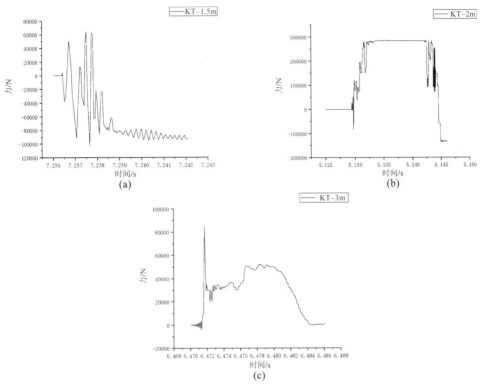

图 4-38 KT 节点的冲击力时程曲线

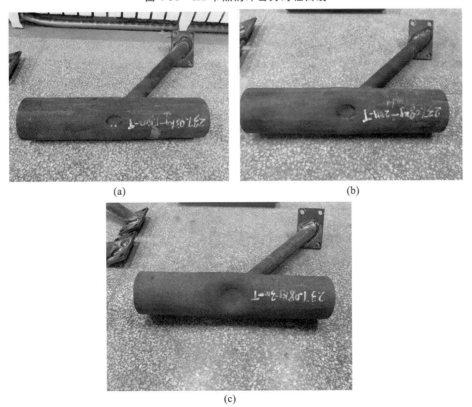

图 4-39 T 节点凹陷程度

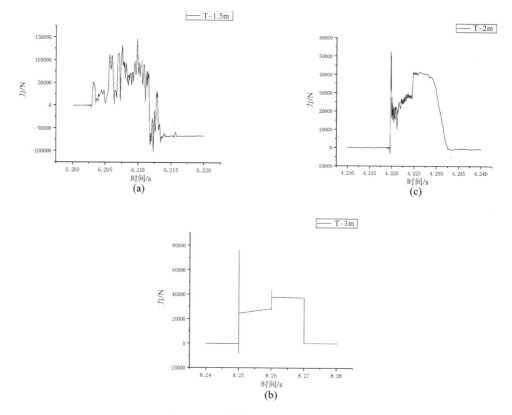

图 4-40　T 节点的冲击力时程曲线

　　根据已经得到的 KK 节点、K 节点、KT 节点和 T 节点的加速度时程曲线和冲击力时程曲线,从而可以得到落锤高度与最大冲击力的关系,其中在对 KK 节点进行试验时,所选用的落锤总质量为 195.76 kg,而在随后试验中所用锤头的质量为 237.08 kg,所以除对于 KK 节点的试验外,其他试验的落锤高度与最大冲击力的关系均一致,如图 4-41 所示。

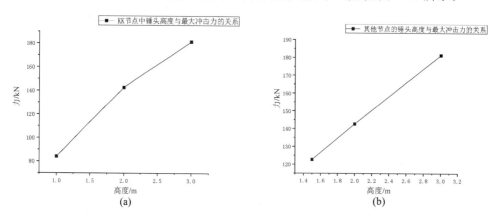

图 4-41　锤头高度与最大冲击力的关系

　　根据图 4-41 得到的落锤高度与最大冲击力的关系,以及不同落锤高度所对应的不同最大冲击力,可以得到最大冲击力与节点凹陷深度的关系,如图 4-42 所示。

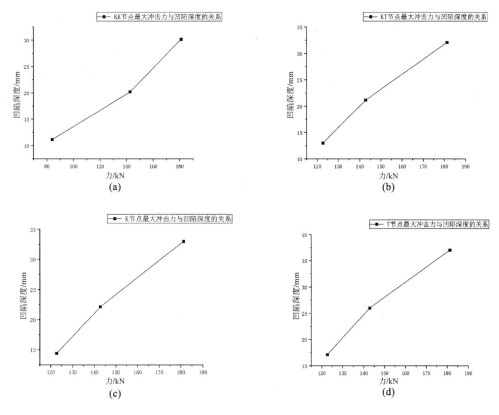

图 4-42 不同节点最大冲击力与凹陷深度的关系

4.3 落锤冲击数值模拟试验与物理模拟试验对比

在对风机支撑结构的主要节点 K 节点、KK 节点、KT 节点和 T 节点的典型构件进行冲击试验后，得到了加速度时程曲线、冲击力时程曲线以及构件凹陷深度。为验证试验的有效性，通过 ABAQUS 数值模拟输出构件凹陷深度以及冲击力时程曲线，与实际试验数据进行比对。在进行数值模拟的过程中，建立与实际试验相同尺寸的风机支撑结构主要节点以及落锤模型，同时对所建立的落锤模型赋予与实际试验相同的质量。但是因为落锤冲击试验的冲击过程较为复杂，会有多个撞击过程，在 ABAQUS 中难以进行模拟。只能根据落锤的初始高度，通过自由落体公式计算落锤速度，从而模拟冲击过程。通过 ABAQUS 进行计算分析后，得到典型构件模型的凹陷深度以及冲击力时程曲线。

落锤高度分别为 1 m、2 m、3 m 时，KK 节点的凹陷程度如图 4-43 所示。

落锤高度分别为 1.5 m、2 m、3 m 时，K 节点的凹陷程度如图 4-44 所示。

落锤高度分别为 1.5 m、2 m、3 m 时，KT 节点的凹陷程度如图 4-45 所示。

落锤高度分别为 1.5 m、2 m、3 m 时，T 节点的凹陷程度如图 4-46 所示。

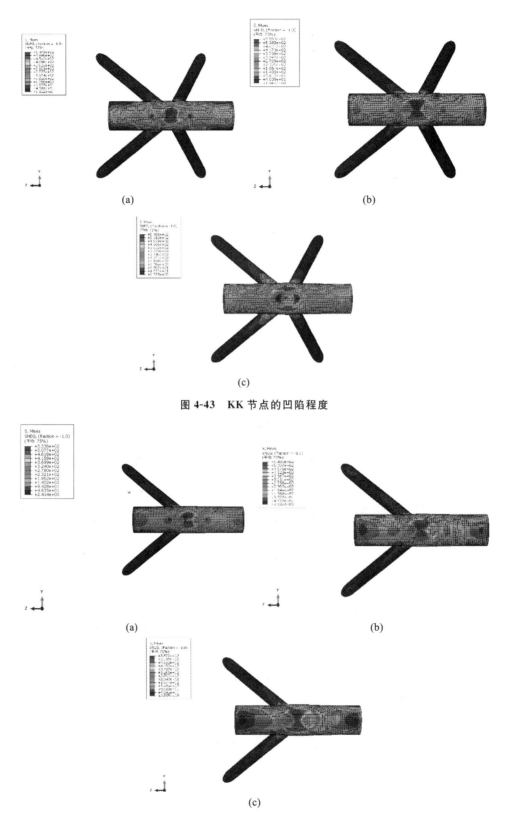

图 4-43　KK 节点的凹陷程度

图 4-44　K 节点的凹陷程度

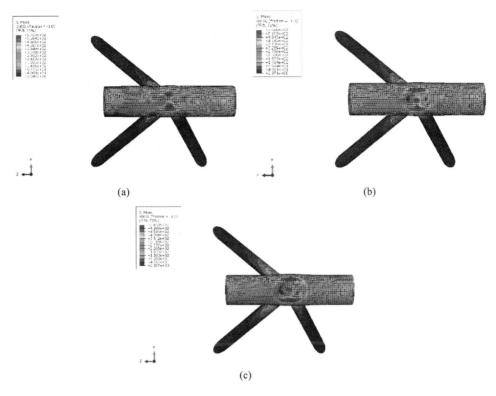

(a)

(b)

(c)

图 4-45 KT 节点的凹陷程度

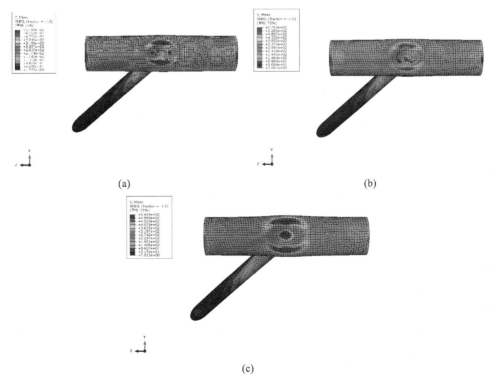

(a)

(b)

(c)

图 4-46 T 节点的凹陷程度

因为试验与数值模拟的冲击过程不同,产生撞击的时间并不相同,所以无法直接放到一张图里进行比较。因此我们将试验的冲击过程与数值模拟的冲击过程的时间进行归一化,即放到同一时间段进行比较,比较结果如图4-47~图4-50所示。

落锤高度分别为1 m、2 m、3 m时,KK节点的试验冲击力时程曲线与数值模拟冲击力时程曲线如图4-47所示。

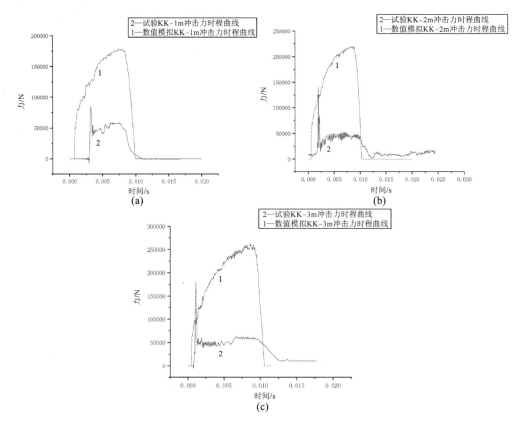

图4-47 KK节点试验冲击力时程曲线与数值模拟冲击力时程曲线

落锤高度分别为1.5 m、2 m、3 m时,K节点的试验冲击力时程曲线与数值模拟冲击力时程曲线如图4-48所示。

落锤高度分别为1.5 m、2 m、3 m时,KT节点的试验冲击力时程曲线与数值模拟冲击力时程曲线如图4-49所示。

落锤高度分别为1.5 m、2 m、3 m时,T节点的试验冲击力时程曲线与数值模拟冲击力时程曲线如图4-50所示。

数值模拟的冲击力时程曲线与试验的冲击力时程曲线相比,数值模拟的冲击力几乎均大于试验所测的冲击力。经过初步的分析和研究,认为主要的原因应该是在冲击过程的区别上,在实际试验过程中因为试验装置和空气摩擦所产生的阻力造成落锤在对典型构件产生撞击时,并不会达到通过自由落体所计算得到的结果,所以才会出现数值模拟的冲击力几乎均大于试验所测的冲击力。因为数值模拟的冲击力与试验所测的冲击力相差较大,并不

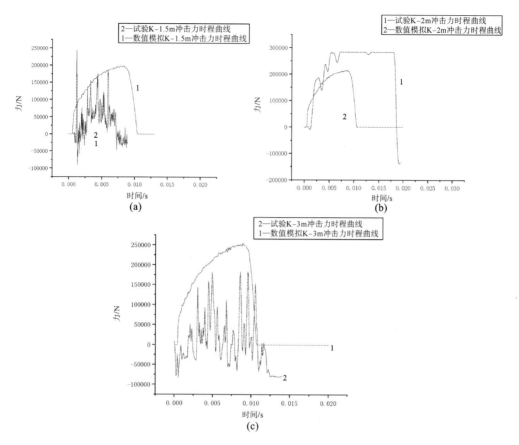

图 4-48　K 节点试验冲击力时程曲线与数值模拟冲击力时程曲线

能很好地比较数值模拟冲击力时程曲线与试验冲击力时程曲线的趋势,所以我们决定将数值模拟冲击力时程曲线与试验冲击力时程曲线的峰值进行归一化处理,以便更好地比较两者的趋势,具体结果如图 4-51～4-54 所示。

落锤高度分别为 1 m、2 m、3 m 时,KK 节点的试验归一化冲击力时程曲线与数值模拟归一化冲击力时程曲线如图 4-51 所示。

落锤高度分别为 1.5 m、2 m、3 m 时,K 节点的试验归一化冲击力时程曲线与数值模拟归一化冲击力时程曲线如图 4-52 所示。

落锤高度分别为 1.5 m、2 m、3 m 时,KT 节点的试验归一化冲击力时程曲线与数值模拟归一化冲击力时程曲线如图 4-53 所示。

落锤高度分别为 1.5 m、2 m、3 m 时,T 节点的试验归一化冲击力时程曲线与数值模拟归一化冲击力时程曲线如图 4-54 所示。

通过对导管架的典型节点进行低速撞击试验,得到冲击力时程曲线、最大冲击力与凹陷深度的关系。通过分析不同节点最大冲击力与凹陷深度的关系,得到不同节点的损伤模式,为日后判断导管架损伤程度提供依据。并且将试验结果与数值模拟的结果进行对比,得到更加精确的理论(半经验)公式。

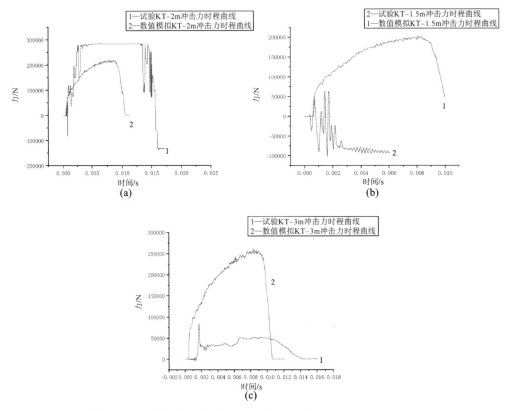

图 4-49　KT 节点试验冲击力时程曲线与数值模拟冲击力时程曲线

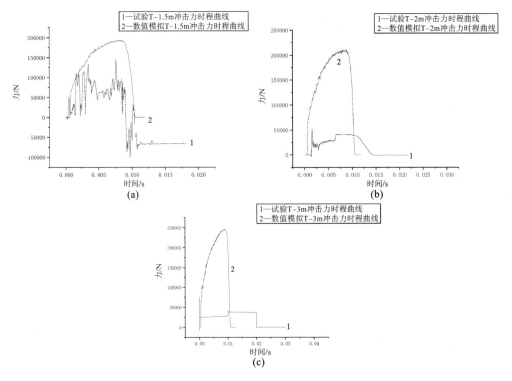

图 4-50　T 节点试验冲击力时程曲线与数值模拟冲击力时程曲线

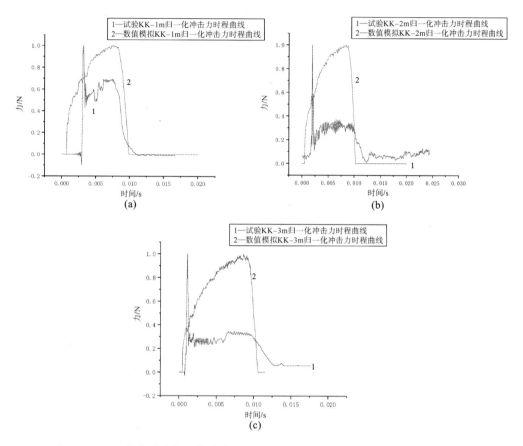

图 4-51　KK 节点试验归一化冲击力时程曲线与数值模拟归一化冲击力时程曲线

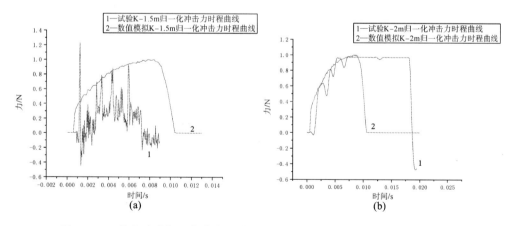

图 4-52　K 节点试验归一化冲击力时程曲线与数值模拟归一化冲击力时程曲线

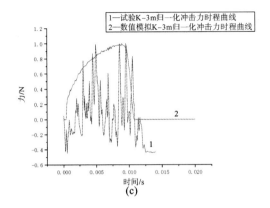

续图 4-52

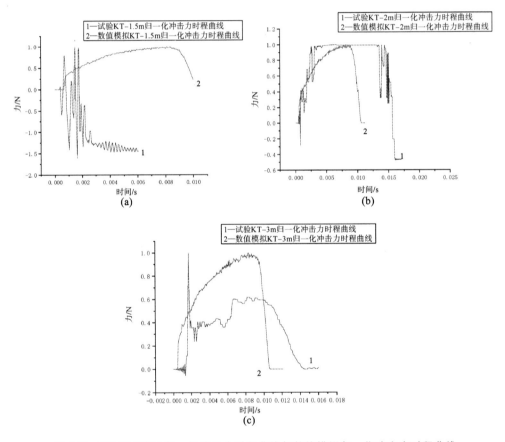

图 4-53　KT 节点试验归一化冲击力时程曲线与数值模拟归一化冲击力时程曲线

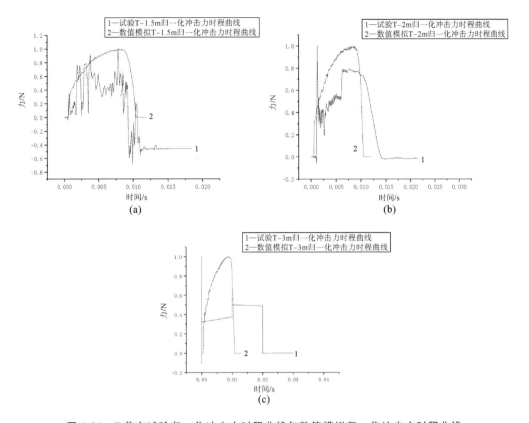

图 4-54　T 节点试验归一化冲击力时程曲线与数值模拟归一化冲击力时程曲线

5 风机基础整体推倒试验

5.1 试验背景及目的

5.1.1 试验背景

海上风电场基础受损结构剩余强度计算方法的研究及验证是工程设计和运维的关键问题之一。目前,本项目已建立船撞海上风电基础结构剩余强度有限元模型与计算方法,这里将采用风机基础结构缩比模型进行试验。

5.1.2 试验目的

试验系统为 MTS 三自由度结构动态试验系统,海上风机基础结构的推倒试验以高性能动态作动器对风机基础结构比例模型进行位移加载,使结构产生局部塑性、大范围屈服直至整体失效。根据试验得到的结构位移-反力曲线计算其承载力,观察结构破坏的位置及程度,与已有的含损伤风机基础结构极限强度数值评估方法计算结果进行对比分析,评价含损伤海上风机基础结构整体失效机制并说明数值评估方法适用性。同时建立风机基础破损结构的极限强度分析的有限元方法,判断其在工程实践中应用的可行性。该有限元方法考虑结构和材料的非线性性能,并能够模拟杆件屈服、非线性屈服和断裂失效等模式,有助于判断结构的失效顺序并计算整体结构的极限强度,具有实际指导意义。

5.2 试验场地、设备

5.2.1 试验场地

试验在中交二航局(中交第二航务工程局有限公司)进行,采用中交二航局 MTS 液压作动器结构动态试验系统,如图 5-1 所示。

5.2.2 试验设备

该试验系统包括 2.5×10^5 N、5×10^5 N、1×10^6 N 高性能作动器总共 3 套,如图 5-2 所示,采用了电液伺服闭环控制原理和全球先进的总线技术全数字式控制系统,通过稳定可靠的液压动力系统提供液压动力,以全数字伺服控制系统对测试过程进行精确控制,并对测试过程进行数据采集。该试验系统拥有高性能作动缸,可完成对风机基础结构的单轴及多轴非比例的静力与动态试验。

图 5-1　中交二航局 MTS 液压作动器结构动态试验系统

图 5-2　MTS 液压作动器(共三个)

5.3　试 验 设 计

5.3.1　试验理论

(1)推倒分析理论。

推倒分析的理论基础是大应变塑性理论,需在结构上施加与工程实际相似的荷载,使结构达到预先确定的目标位移或倒塌状态,对整个过程位移-荷载曲线和变形过程进行分析,最终得到结构的整体破坏机制与极限承载性能。

（2）模型设计原则。

结构动态特性是表示结构动态特征的基本物理量，一般指结构的自振周期或自振频率、振型和阻尼。本试验研究对象为导管架风机基础。根据有关单桩和导管架基础工程参数，以动态特性相似为标准，考虑试验机系统的试验能力设计试验比例模型，模型设计主要考虑基础部分，其余部分简化处理，加工制作试验模型需保证参数准确性。

5.3.2 试验模型

（1）模型尺寸及材料。

风机基础结构复杂庞大，受损整体结构推倒试验工作量巨大，必须采用比例模型进行试验，依据相似理论对模型进行适当简化，依照动态特性等效原则，设计适当比例模型是风机基础试验的关键，初始有限元模型尺寸及装配图如图 5-3 所示。

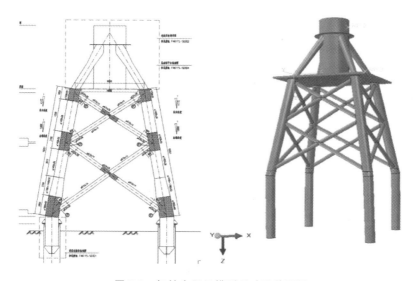

图 5-3 初始有限元模型尺寸及装配图

考虑到试验场地限制，以及加工过程的复杂性，对初始导管架模型采用等效抗弯刚度的方法进行等效处理，得到如图 5-4 所示的简化有限元模型尺寸及装配图。同时采用准静态法进行加载分析，得到其与原模型相差不多的频率和极限加载下的力-位移曲线。原模型采用壳单元进行频率和极限强度分析，等效模型采用实体单元进行频率和极限强度分析，得到与原模型相差无几的频率和极限承载状态（图 5-5、图 5-6）。

（2）有限元模型荷载设置。

考虑到推倒过程历时较长，选择动态隐式分析更符合现实情况，场地试验中系统软件控制作动器进行单调线性位移加载，加载范围先由有限元计算进行预估，试验中先进行小幅加载，以确定边界、夹具、作动缸、反力架等安装完好，然后进行大幅加载，直至结构失去承载能力。有限元模型中，在导管架桩腿底部设置完全固定约束，以模拟场地中对导管架的固定状态，在导管架顶部边缘，控制位移加载，模拟作动器加载，加载位置及边界控制如图 5-7 所示。

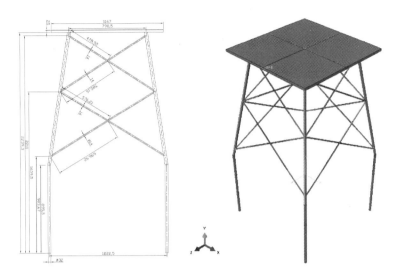

图 5-4   简化有限元模型尺寸及装配图

图 5-5   简化模型与原模型前四阶模态对比

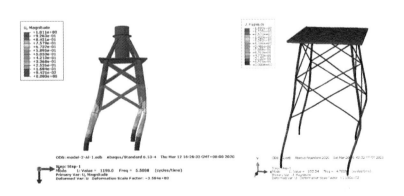

图 5-6   简化模型与原模型一阶模态对比

设置导管架顶部水平位移 100 mm,得到推倒过程力-位移曲线(图 5-8),从该曲线中可以看出,导管架已经进入屈服阶段,证明 100 mm 水平位移的设置满足试验需要。

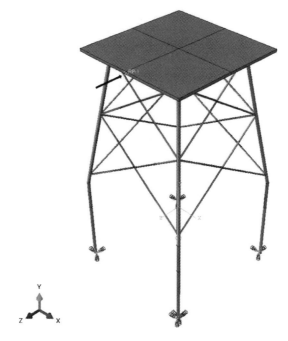

图 5-7　加载位置及边界控制

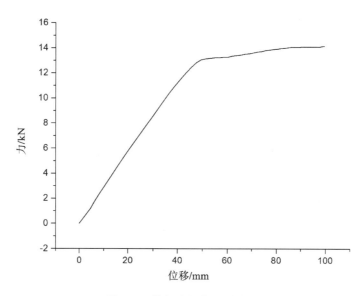

图 5-8　推倒过程力-位移曲线

5.3.3　试验模型与加载过程

场地模型按照有限元模型尺寸（图 5-9）制作，以 Q235 钢杆与钢板为材料，通过手工电弧焊对接焊接即可。模型与地面通过夹具连接，从而实现固支于地面的边界条件，夹具为简单钢制结构，以铆接形式与地面连接。其中主腿柱直径 3.4 cm，相邻两主腿柱之间间隔为

125 cm(包括腿柱直径),直立腿柱长为 89 cm,上部斜向主腿柱长为 139 cm,直径 3 cm,下部斜撑直径为 1.4 cm,长为 123 cm,下部斜撑两者之间距离 76 cm,上部斜撑直径 1.2 cm,长为 103 cm,斜撑两者之间距离 $l=139$ cm-76 cm-3 cm$=60$ cm,上部平台板长和宽为 116.7 cm,厚度为 2.5 cm。夹具长和宽为 36 cm,孔的直径为 5 cm,两孔之间距离为 22 cm,厚度为 2.5 cm。

图 5-9　导管架模型实物图

夹具如图 5-10(左)所示,主要作用是和作动器相连接进行位移加载,作动器型号是 MAS-1000,可施加的推力和拉力为 1×10^6 N,行程为 5×10^5 m。作动器和夹具进行螺栓连接。采用东华测试 DH3816 静态应变测试系统,如图 5-10(右)所示。

图 5-10　夹具和静态应变测试仪

导管架推倒分析整体试验模型如图 5-11 所示。

应变片设置 6 个,应变片 1 设置在靠近作动器一侧主腿柱背部,应变片 2 设置在与应变片 1 平行的主腿柱背部,应变片 3 设置在下面斜撑处,应变片 4 设置在垂直作动器下部斜撑处,应变片 5 设置在垂直作动器上部斜撑处,应变片 6 设置在靠近作动器主腿柱底部处。应变片安装位置如图 5-12 所示。

图 5-11　整体试验模型

图 5-12　应变片安装位置

作动器作用于模型顶板中央位置，推倒过程中控制作动器以 60 mm/min 的速度加载，预计推倒过程持续 10 min。模型加载位置与加载曲线如图 5-13 所示。

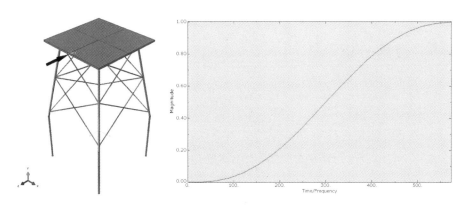

图 5-13　模型加载位置与加载曲线

5.3.4　试验内容

相关试验内容及预期结果如表 5-1 所示。

表 5-1　试验内容及预期结果

序号	试验名称	试验内容	预期结果
1	导管架完整极限强度推倒试验	完整结构在 MTS 液压作动器上进行水平荷载施加,利用位移加载方法,当支反力传感器显示力达到拐点并接近水平时,停止加载	记录完整结构支反力-位移曲线并进行承载性能评估,记录构件失效顺序与模态,并判断结构极限承载力
2	导管架损伤极限强度推倒试验	采用刀具切割导管架一部分,切割尺寸和切割位置,需要结合结构变形形式和主要承压构件确定,具体尺寸有待进一步讨论,受损结构在 MTS 液压作动器上进行水平荷载施加,利用位移加载方法,当支反力传感器显示力达到拐点并接近水平时,停止加载	记录受损结构支反力-位移曲线并进行承载性能评估,记录构件失效顺序与模态,判断受损结构极限承载力
3	导管架修复加固后极限强度推倒试验	针对受损后结构,修复过程采用短螺栓结构的预应力膨胀卡箍,修复材料采用市场可购买的木板。修复结构在 MTS 液压作动器上进行水平荷载施加,利用位移加载方法,当支反力传感器显示力达到拐点并接近水平时,停止加载。进行多次加固试验,保证极限承载力在未受损极限承载点之上	记录受损结构修复加固后支反力-位移曲线并进行承载性能评估,记录构件失效顺序与模态,判断修复加固结构极限承载力
4	导管架拆除后极限强度推倒试验	对拆除后的模型稳定性进行评估,根据实际导管架重量进行配重,判断模型是否会在自重下失稳,针对加固修复结构拆除过程中导管架水平方向位移进行研究,记录位移变化,计算变形指数。主要针对主腿柱和 X 斜撑进行拆除分析	记录导管架顶点水平位移变化,计算变形指数,评估拆除过程中某些杆件拆除对整体稳定性的影响,并建议拆除顺序

5.3.5 数据分析

因采用位移加载,将测试作动器所受反力,以形成判断结构承载性能的位移-力曲线,测试过程中,由于采用线性位移加载,当所示反力-时间曲线的斜率出现明显降低现象时,说明结构失去承载能力。测试过程中,在结构变形平面法线方向安装高帧率摄像机,记录结构变形过程,还需要在结构上进行网格标记,以便更清晰地观测结构局部变形。

通过有限元模型对试验过程进行重现,调整材料本构、结构边界、预设损伤等整体参数或局部特征,可使模拟与试验的位移-承载力曲线定性一致,定量处于误差容许范围内(50%),再通过结构变形过程观测与模拟过程对比分析,可确定损伤结构失效机理与阈值。

评估所选用卡箍结构的厚度或形式对于导管架基础的适用性,对修复后导管架的承载性能进行评价。

5.3.6 导管架推倒试验——五次加载分析

(1)第一次加载分析:完整未受损结构推倒分析。

初始作动器针对自身的位移是 77.96 mm,采用分级加载方式,第一次加载按照 10 mm/min 位移加载。利用作动器位移和力传感器得到水平荷载下力-位移曲线(图 5-14)。由曲线可知,第一次加载过程超过了结构的极限承载力,前段过程中结构处于弹性状态,力-位移曲线呈线性发展,当接近极限承载点时,结构表现出非线性,峰值处是结构最大承载力点,结构进入塑性状态,为了进一步确认结构是否处于塑性阶段,又加大荷载,可以看出,后续过程中结构处于塑性平滑阶段且其承载力进一步下降。极限承载力为 1.38×10^4 N,极限位移为 0.07 m。试验前与试验结束后导管架状态如图 5-15 所示。

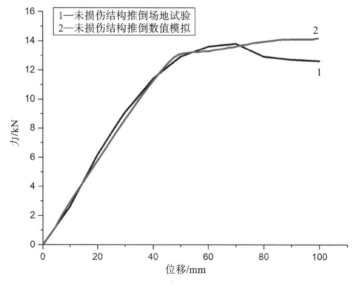

图 5-14 力-位移曲线图

图 5-15 试验前与试验结束后导管架状态

（2）第二次加载试验。

初始作动器自身的位移是 112.1 mm，即结构已经针对未受损过程中已经偏移初始位移 34.14 mm，采用受损结构加载分析，受损结构采用电锯切割斜撑，切割的位置为下部斜撑靠近应变片 1 的位置。加载采用分级加载，加载分析采用 5 mm/min 位移加载。加载过程切口的变化和整体位移变化如图 5-16 所示。

图 5-16 加载过程切口的变化和整体位移变化

切口杆拉伸 2.6 cm，加载过程中与切口斜对称的主腿柱位置处出现断裂，主腿柱底部出现拉伸钢表面破坏。切口杆和断裂位置示意图如图 5-17 所示。

图 5-17 切口杆和断裂位置示意图

作出水平位移和水平荷载曲线（图 5-18），结构损伤后极限承载力为 1.1×10^4 N，结构的极限位移是 0.07 m。

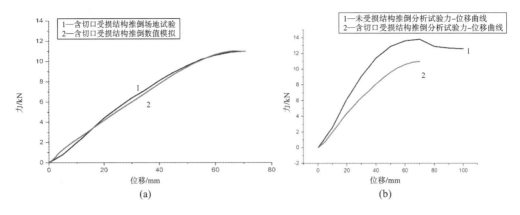

图 5-18 第二次加载的力-位移曲线和两次加载试验的力-位移曲线对比

从曲线中可以看出结构刚开始处于弹性阶段,相对第一次加载弹性阶段的刚度已经减小,主要的原因有两个:①第一次加载时已经超过了最大极限承载力,结构已经进入塑性平滑阶段,导致刚度减小;②斜撑部位进行切割导致斜撑部位刚度减小,进而导致总的结构刚度减小,有限元分析时,发现斜撑刚度减小对整体推倒试验过程中的刚度影响不大。故刚度减小主要是第一次加载过程中产生了塑性变形。

(3)第三次加载试验。

损伤修复加载,利用外径 20 mm、内径 16 mm、长 100 mm 的钢套管结构进行焊死,焊脚的高度为 6 mm。套管与焊脚示意图如图 5-19 所示。

图 5-19 套管与焊脚示意图

初始时刻作动器位移是 137.3 mm,与第一次加载已经偏移了 59.34 mm,与第二次加载已经偏移了 25.2 mm。第三次加载初始位置如图 5-20 所示。

对称主腿柱断裂部位采用焊接一小段钢筋进行加固。采用分级加载方式进行位移加载,加载速度为 5 mm/min。焊接位置以及加载完成时导管架状态如图 5-21 所示。

第三次加载后套管加固结构和主腿柱加固结构都未发生断裂,试验完成后套管位置示意图如图 5-22 所示。

作出水平位移和水平荷载曲线(图 5-23),结构损伤加固后极限承载力为 1.42×10^4 N,结构的极限位移是 0.05 m。提取结构的力-位移曲线,可以看出结构刚开始处于弹性阶段,相对完整结构的刚度增大,主要原因为采用钢套管替代现实海洋工程中的损伤加固结

图 5-20　第三次加载初始位置

图 5-21　焊接位置以及加载完成时导管架状态

图 5-22　试验完成后套管位置示意图

构——膨胀式卡箍结构,其加固效果明显,此钢套管结构确实会加大结构的刚度,同时提高结构的极限承载力。

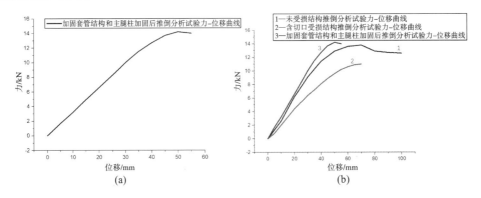

图 5-23　第三次加载的力-位移曲线和三次加载试验的力-位移曲线对比

(4)第四次加载试验。

针对切割主腿柱进行加载分析,即拆除主腿柱进行加载分析,拆除主腿柱位置为切口斜对称的主腿柱紧邻上部支撑。裂口张角宽度为 16.29 mm,深度为 14.71 mm。采用分级加载方式,加载速度为 5 mm/min。加载初始时刻作动器的位移为 150.76 mm,与第三次加载偏移位移 13.46 mm。主腿柱拆除位置和试验前后导管架状态如图 5-24 所示。

图 5-24　主腿柱拆除位置和试验前后导管架状态

作出水平位移和水平荷载曲线(图 5-25),结构切割缝后极限承载力为 1.41×10^4 N,结构的极限位移是 0.045 m。

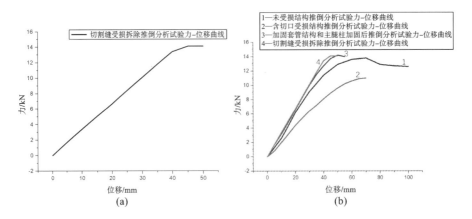

图 5-25　第四次加载的力-位移曲线和四次加载试验的力-位移曲线对比

根据曲线可以看出第三次和第四次加载基本相同,结构的承载力并未发生变化,结构的刚度反而增大,主要原因是切割后结构的应力重新分布,导致某一部分进入硬化状态,具体还需进行有限元分析。为了探究结构的承载力下降机理,对相邻的构件主腿柱进行切割。

(5)第五次加载试验。

对结构的相邻主腿柱进行切缝处理,裂口张角宽度为 9.40 mm,深度为 12.08 mm。加载初始时刻作动器的位移为 166.72 mm,与第四次加载位移偏移了 15.96 mm,采用分级加载,加载速度为 5 mm/min。切口位置和试验前后导管架状态如图 5-26 所示。第一次切割裂口和第二次切割邻侧主腿柱的张角和深度如图 5-27 所示。

图 5-26 切口位置和试验前后导管架状态

图 5-27 第一次切割裂口和第二次切割邻侧主腿柱的张角和深度

加载完成后第一次切割裂口张角宽度变成 16.69 mm,深度为 16.15 mm,第二次切割邻侧主腿柱张角宽度变成 9.78 mm,深度为 12.36 mm。作出水平位移和水平荷载曲线(图 5-28),结构切割两缝后极限承载力为 11.6 kN,结构的极限位移是 35 mm。可以看出切割第二个切口后极限承载力明显下降,结构处于弹性阶段时的刚度和第四次加载时是相同的,但加载到 35 mm 时结构进入塑性阶段。产生这种结果的原因主要是当加载方向与切口的张角变大的方向一致时,承载力会明显下降,当加载方向与切口的张角变大的方向反向时即加载方向使张角变小,承载力变大或不变。

通过试验后导管架损伤情况,观察结构破坏的位置及程度,通过试验得到完整、受损、修复加固、拆除结构位移-反力曲线,比较不同的位移-反力曲线,得到了完整、受损、修复加固、拆除结构对导管架整体刚度和极限承载能力的影响。并且通过与数值模拟结果进行对比,评价含损伤海上风机基础结构整体失效机制并说明数值评估方法的适用性,判断其应用在工程实践中的可行性。

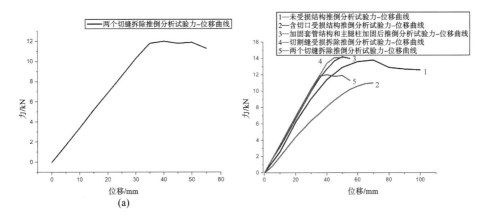

图 5-28　第五次加载的力-位移曲线和五次加载试验的力-位移曲线对比

6　事故后风机基础的修复与评估

6.1 受损结构修复与加固方法以及力学评价

由于长期在恶劣的环境中进行作业和受到各种荷载的冲击碰撞，海上风电基础会受到各种损伤。受损结构修复和加固可使风电基础的使用寿命得到有效提高。

在众多的卡箍类型当中，自应力灌浆卡箍技术是一种应用比较多的维修加固方法。一般来说自应力灌浆卡箍在结构上由两瓣或者多瓣组成，在使用时将各瓣安放在受损节点或杆件处，通过双头螺栓将各瓣连接成一个整体，然后灌入水泥浆并在灌浆 36 小时之后将双头螺栓紧固从而机械地产生预应力。自应力灌浆卡箍技术主要是依靠灌浆环与受损内管之间的化学黏结力和由预应力产生的摩擦力获得滑动承载力，因为这种技术具有允许的制造误差大和抗滑能力强等优点，所以在工程实践中得到了广泛应用。

新型膨胀剂的不断研制以及膨胀剂性能的不断提高，为膨胀式自应力灌浆卡箍技术提供了材料保障。膨胀式自应力灌浆卡箍技术在灌入的水泥浆中加入高性能膨胀剂，通过膨胀灌浆环的膨胀来获得自应力。这样既简化了施工工序，又省掉了大笔的后续费用。膨胀式自应力灌浆卡箍的性能在长期膨胀压力和长期滑动应力作用下并没有下降，反而有所提高。说明该灌浆卡箍具有很好的承载能力和耐久性，能够满足多数水下构件和管线的加固要求，适合在海洋结构物的修复和加固中应用，是一种应用前景极佳的技术。自应力灌浆卡箍结构如图 6-1 所示。

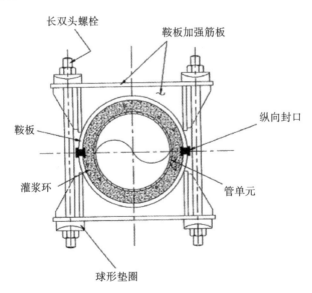

图 6-1 自应力灌浆卡箍结构

本研究将针对受损风电基础结构的卡箍修复技术进行分析，主要采用有限元方法对修复结构承载能力进行分析，将基于前述建模与模拟方法，有效引入卡箍结构的约束作用，包括预紧力、摩擦力等，其中关键是如何将约束作用进行接触或连接等效。导管架结构修复示意如图 6-2 所示。

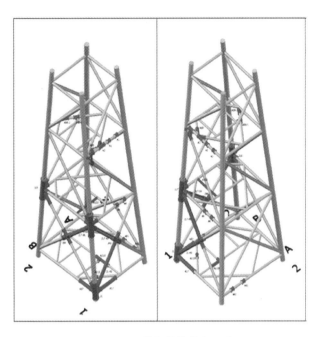

图 6-2   导管架结构修复示意

采用长螺栓传统结构的卡箍和采用短螺栓结构的卡箍如图 6-3 所示,卡箍的滑动承载力测试如图 6-4 所示,卡箍的水下安装技术研究如图 6-5 所示。

根据自应力产生的机理不同,研制了短螺栓结构卡箍,主要优点如下。

(1)结构的轴向密封性好、用钢量少。

(2)短螺栓结构水下安装比传统长螺栓结构方便。

(3)短螺栓结构比长螺栓结构能提供更高的滑动承载力。

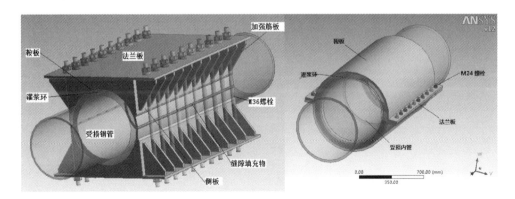

图 6-3   采用长螺栓传统结构的卡箍和采用短螺栓结构的卡箍

水下安装的吊装与闭合步骤:①卡箍处于打开状态并被吊装到受损管件附近;②调整卡箍位置使受损管件进入卡箍中;③液压缸加压使卡箍闭合包住受损管件。具体如图 6-6 所示。

图 6-4 卡箍的滑动承载力测试

图 6-5 卡箍的水下安装技术研究

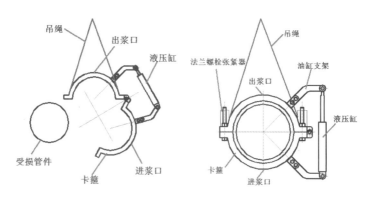

图 6-6 卡箍的水下安装步骤

在导管架海上风电结构桩腿或者斜撑位置安装预应力灌浆卡箍,对整体结构修复加固具有重要应用价值,其水下安装技术也逐渐成熟,使用卡箍修复后结构的承载能力相比原未受损结构的承载力得到了提升。

受损结构修复与加固研究,首先针对不同节点局部进行承载特性研究,采用挖孔处理损伤,同时修复过程采用短螺栓结构的预应力膨胀卡箍。

KK 节点完整、损伤、修复有限元模型如图 6-7 所示。K 节点完整、损伤、修复有限元模型如图 6-8 所示。KK 节点和 K 节点水平承载力-水平位移曲线如图 6-9 所示。

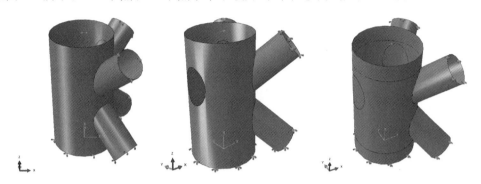

图 6-7 KK 节点完整、损伤、修复有限元模型

图 6-8 K 节点完整、损伤、修复有限元模型

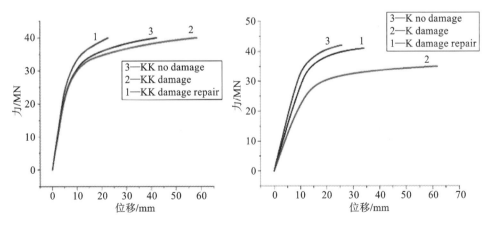

图 6-9 KK 节点和 K 节点水平承载力-水平位移曲线

从在水平承载力加载下受损和未受损以及采用卡箍结构修复后典型节点承载性能的变化,可以看出采用卡箍结构修复可提高节点的承载性能,可进行损伤后的修复研究。同时利用卡箍结构针对受损后导管架基础进行承载性能研究,可以看出进行卡箍修复后导管架基础的承载力有所提高。进行极限强度研究时,损伤主要发生在 X 节点,针对 X 节点进行人为产生损伤以及损伤后修复研究,如图 6-10～图 6-13 所示,同时得到其承载性能曲线。通过一等效船体模型,对 X 节点进行碰撞研究,碰撞后采用卡箍结构进行加固,得到其承载性能曲线,如图 6-14、图 6-15 所示,可以看出利用卡箍加固后承载性能有所提高。

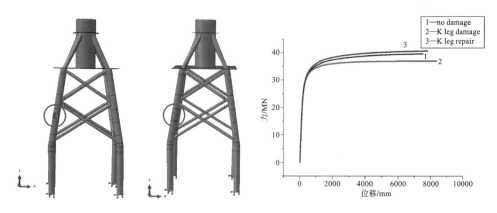

图 6-10　导管架节点受损、修复有限元模型和承载力研究

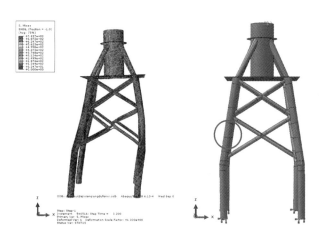

图 6-11　导管架破坏主要发生在 X 节点的结果应力云图

本书这里主要讲述导管架在碰撞后受损采用膨胀式卡箍结构进行结构加固修复,膨胀式自应力灌浆卡箍具有很好的承载能力和耐久性,能够满足多数水下构件和管线的加固要求,是一种应用前景广阔的海洋工程结构加固修复方案。采用有限元法对不同典型节点完整、损伤和修复后承载力进行研究,同时带入导管架结构中进行水平荷载作用下承载性能评估,得出利用卡箍技术进行加固修复不仅能提高结构的刚度、强度,同时可使结构承载性能得到明显提高。采用卡箍技术对碰撞后节点产生的凹陷部位进行加固修复后,结构的承载能力明显提高,避免因碰撞导致拆除节点等问题。

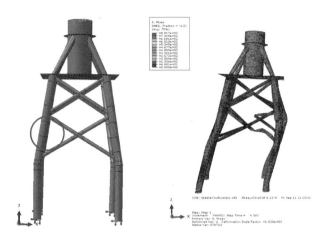

图 6-12　导管架在 X 节点卡箍修复和在 X 节点修复后极限强度分析结果应力云图

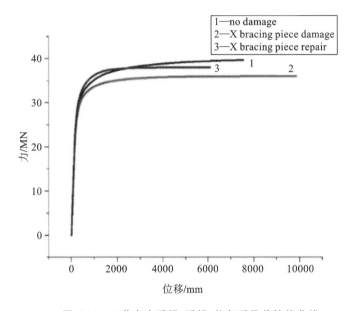

图 6-13　X 节点未受损、受损、修复后承载性能曲线

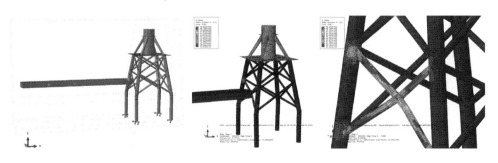

图 6-14　碰撞工况下 X 节点受损有限元模型和结果应力云图

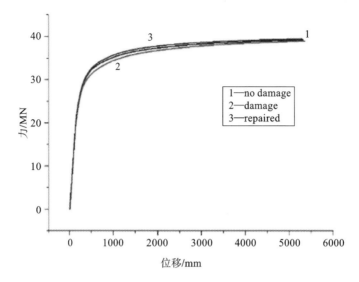

图 6-15　碰撞工况下 X 节点未受损、受损、修复后承载性能曲线

6.2　风机基础拆除过程稳定性研究

　　针对导管架基础处于老龄化或者受到剧烈的碰撞损伤等其他严重性破坏,导致基础结构承载能力下降,本书基于数值分析的方法模拟拆除过程,分析导管架基础在拆除不同部位过程中对稳定性的影响。本书基于钢结构整体稳定性理论,以导管架基础拆除过程中顶点位移作为参考,定义导管架基础拆除作业稳定性指标,提出拆除作业划分方法,根据不同的拆除部位给出拆除作业建议。

　　导管架基础拆除过程中的稳定性问题从属于第二类稳定计算理论范围,而钢结构第二类稳定性分析属于非线性极值计算问题。导管架构件是细长杆,失稳一般发生在结构的弹性范围之内,可用势能原理求解此类弹性结构稳定性问题。

$$\partial V / \partial \boldsymbol{\delta} = 0 \qquad \boldsymbol{V} = \boldsymbol{U} - \boldsymbol{W} \tag{6-1}$$

式中:$\boldsymbol{V}$ 是系统整体势能;$\boldsymbol{U}$ 为系统应变能;$\boldsymbol{W}$ 是系统变形过程中外力荷载做的功;$\boldsymbol{\delta}$ 是系统位移。应变能 $\boldsymbol{U}$ 在计算过程中可以分为线性和非线性两部分,上式转化为

$$\frac{\partial \boldsymbol{V}}{\partial \boldsymbol{\delta}} = \frac{\partial \boldsymbol{U}_{\mathrm{L}}}{\partial \boldsymbol{\delta}} + \frac{\partial \boldsymbol{U}_{\mathrm{NL}}}{\partial \boldsymbol{\delta}} - \frac{\partial (\boldsymbol{\delta}^{\mathrm{T}} \boldsymbol{P})}{\partial \boldsymbol{\delta}} = 0$$

$$\boldsymbol{U}_{\mathrm{L}} = \frac{1}{2} \boldsymbol{\delta}^{\mathrm{T}} \boldsymbol{K}_0 \boldsymbol{\delta} \tag{6-2}$$

$$\boldsymbol{U}_{\mathrm{NL}} = \frac{1}{2} \boldsymbol{\delta}^{\mathrm{T}} \boldsymbol{K}_{\mathrm{NL}} \boldsymbol{\delta}$$

式中:$\boldsymbol{K}_0$ 为线性刚度矩阵;$\boldsymbol{K}_{\mathrm{NL}}$ 为非线性刚度矩阵。考虑导管架平台的几何和材料双重非线性影响的稳定性方程为

$$(\boldsymbol{K}_{0\mathrm{S}} + \boldsymbol{K}_{\sigma} + \boldsymbol{K}_{0\mathrm{L}}) \{\boldsymbol{\delta}\} = \{\boldsymbol{P}\} \tag{6-3}$$

式中:K_{0S}为小位移弹性刚度矩阵;K_{0L}为大位移弹性刚度矩阵;K_o为几何刚度矩阵。第二类稳定问题计算的本质是求解结构的荷载-位移曲线,导管架基础拆除过程中的荷载主要来源于环境荷载与自身重力荷载,按荷载增量法求解的过程可归结为对式(6-3)的求解。

导管架基础拆除作业安全指标与结构的位移、应力、剩余承载能力变化密切相关,表征导管架基础结构破坏指数以及剩余稳定性能。如何定义拆除过程中稳定性指标,是导管架基础拆除作业安全评估的关键问题。导管架平台作为大型钢结构框架,可以参考规范中对于钢结构建筑结构安全性能指标的规定,各国钢结构设计标准中均采用弹塑性层间位移角限值来保证结构在罕遇地震作用下的稳定性要求。因此,参照在地震领域已经较为成熟运用的抗震设防体系,借鉴建筑抗震设计规范中钢结构破坏评价方法,利用变形指数 θ 作为拆除作业安全评估指标:

$$\theta = \left(\frac{x_i}{x_d}\right)^{\alpha} \tag{6-4}$$

式中:x_i 为拆除 i 个构件后平台的顶点位移(m);x_d 为平台顶点的极限位移(m);α 为非线性组合系数,钢结构取 2。$\theta < 0$ 表示拆除过程中不会发生倒塌事故;$\theta > 0$ 表示结构无法保持平台稳定,即拆除作业需要在外部支撑设施辅助下进行。

采用 Pushover 方法确定导管架基础极限承载能力曲线可以划分为三个阶段:线弹性响应、弹塑性响应和倒塌响应。而在我国建筑抗震设计规范中,构件破坏状态被划分为基本完好、轻微破坏、中等破坏、严重破坏和倒塌五个破坏状态。鉴于此,根据结构破坏状态,将导管架基础拆除作业过程划分为正常作业、可以作业、预警作业、吊装作业四个阶段。基于拆除作业阶段,需定量化描述各阶段间的极限状态,同时应定义相应的作业安全评估指标,建立基于变形指数的拆除作业评价准则。拆除作业安全评估指标如表 6-1 所示。

表 6-1　拆除作业安全评估指标

作业阶段	定性描述	评价准则	作业可能
正常作业	平台承载构件完好;拆除构件后荷载再分布导致剩余构件变形处于线弹性区域	$\theta \leqslant 0.35$	一般不需考虑即可正常作业
可以作业	平台个别构件出现塑性变形,平台未发生失稳	$0.35 < \theta \leqslant 0.55$	不需考虑或稍加注意,仍可继续作业
预警作业	平台多数构件出现塑性变形,个别构件发生破坏,平台未发生失稳	$0.55 < \theta \leqslant 0.95$	发布预警信息后,可适当作业
吊装作业	平台自身无法保持稳定,发生倒塌	$0.95 < \theta$	需引入外部支撑设施进行作业

首先依据完整未受损结构导管架基础极限强度研究可以得到结构的力-位移曲线(图 6-16),由曲线可以知道结构的弹性阶段极限位移是 0.5 m。数值计算研究中切割某部分节点结构,假设切割某部分在计算时弹性模量为 0,比如拆除 X 斜撑,数值计算时假设 X 斜撑弹性模量为 0。导管架基础拆除结构示意图如图 6-17 所示。

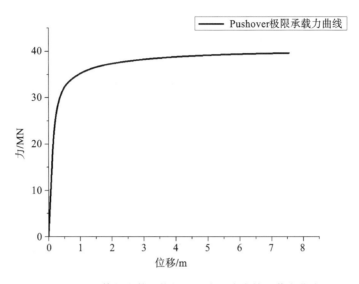

图 6-16 导管架完整结构极限强度研究中的承载力曲线

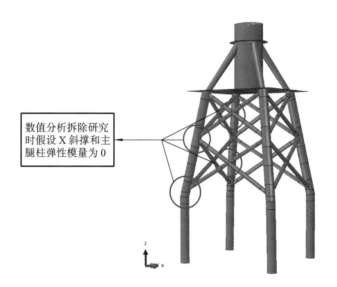

数值分析拆除研究时假设 X 斜撑和主腿柱弹性模量为 0

图 6-17 导管架基础拆除结构示意图

先假设主腿柱弹性模量为 0,提取导管架顶点水平方向的位移(下称水平位移),得到其位移偏移值。拆除某一主腿柱后的应力云图和位移云图以及水平位移曲线如图 6-18、图 6-19 所示。

从图 6-19 中曲线可以看出拆除某一主腿柱后水平位移先增大,达到最大(最大偏移位移为 33 mm)后,结构再次达到平衡,变形指数计算如下,可以看出拆除过程中结构处于正常作业状态。

$$\theta = \left(\frac{0.033}{0.5}\right)^2 = 0.0043356 \tag{6-5}$$

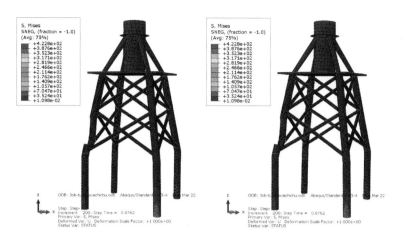

图 6-18 导管架某一主腿柱拆除后应力云图和位移云图

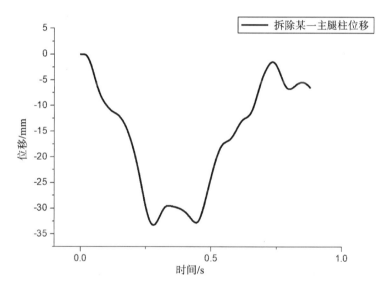

图 6-19 拆除某一主腿柱水平位移曲线

拆除两旁侧主腿柱后按照上面的计算,得到变形后的应力云图和位移云图以及水平位移曲线(图 6-20、图 6-21),水平位移是 381 mm,计算变形指数为 0.580644,拆除过程属于预警作业,可进行适当作业,但是建议使用吊装处理此拆除过程。

$$\theta = \left(\frac{0.381}{0.5}\right)^2 = 0.580644 \tag{6-6}$$

如果同时拆除两对称主腿柱,拆除过程中应力不断地重新分配,同时拆除过程中应力分布云图和位移分布云图以及水平位移曲线如图 6-22、图 6-23 所示。

从图 6-23 中曲线可以看出,同时拆除两个对称主腿柱后,结构水平位移不断地进行重分布,导致水平位移很小,结构处于正常作业状态。如果先拆除一个,再进行第二个对称主腿柱拆除,应力在第一个拆除的基础上进行重新分布,再次达到平衡状态。

不同的主腿柱拆除方案下应力重分布后结构的最大应力值如表 6-2 所示。

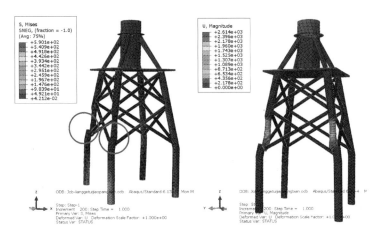

图 6-20 导管架两旁侧主腿柱拆除后的应力云图和位移云图

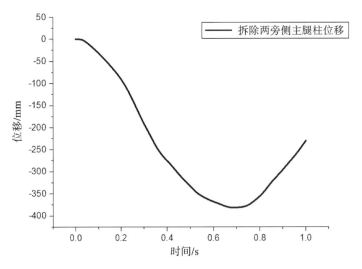

图 6-21 拆除两旁侧主腿柱水平位移曲线

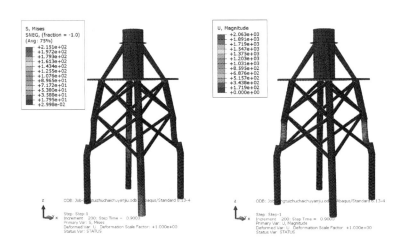

图 6-22 导管架两个对称主腿柱拆除后的应力云图和位移云图

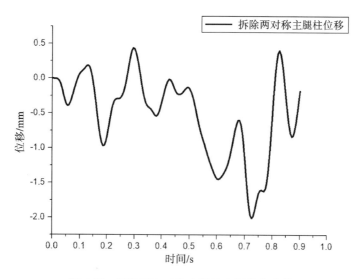

图 6-23 拆除两个对称主腿柱水平位移曲线

表 6-2 不同的主腿柱拆除方案下应力重分布后结构的最大应力值

拆除方案	某一主腿柱	两旁侧主腿柱	两对称主腿柱
最大 Mises 应力/MPa	422.8	590.1	215.1

利用同样的方法,拆除 X 斜撑后应力云图和位移云图以及水平位移曲线如图 6-24、图 6-25 所示。X 斜撑拆除过程中,不管是拆除上部斜撑还是下部斜撑,甚至是几个斜撑一起拆除,结构均处于正常作业状态。

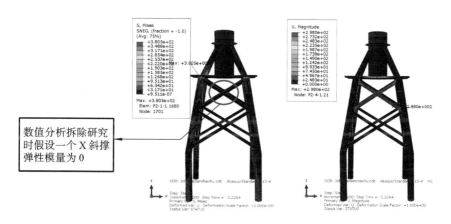

图 6-24 导管架 X 斜撑拆除后的应力云图和位移云图

从以上数值计算结果看出,拆除 X 斜撑后水平位移变化很小,基本上结构处于稳定状态,可以算出其变形指数如下,结构处于正常作业状态。

$$\theta = \left(\frac{0.00008}{0.5}\right)^2 = 2.56 \times 10^{-8} \tag{6-7}$$

接下来对拆除一对上下 X 斜撑,两对上下 X 斜撑,一个 X 斜撑和一个主腿柱进行分析,

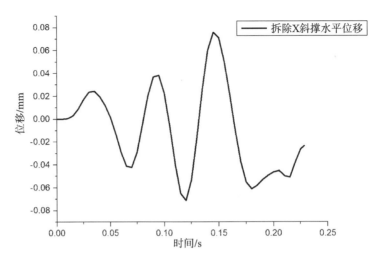

图 6-25 导管架 X 斜撑拆除后水平位移曲线

得到其位移云图(图 6-26),从位移云图中可以看出拆除任何一个斜撑都不会影响结构整体的稳定性。依据位移时程曲线图(图 6-27)求得变形指数,结构均处于正常作业状态。

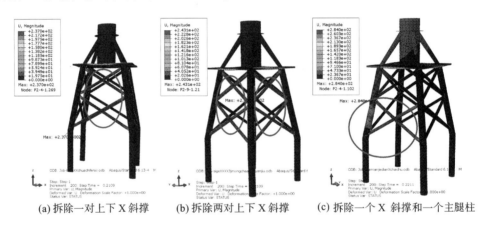

(a) 拆除一对上下 X 斜撑　　(b) 拆除两对上下 X 斜撑　　(c) 拆除一个 X 斜撑和一个主腿柱

图 6-26 拆除不同的斜撑节点组合时数值分析的位移云图

由以上分析可知拆除不同位置的斜撑对整体结构的影响,以上拆除过程均处于正常作业状态,即使拆除一个主腿柱和一个斜撑时也处于正常作业状态。

综上所述可得出以下结论。

(1)拆除斜撑时,并不影响正常作业,不管是拆除部分还是拆除全部斜撑,起主要承载力作用的是主腿柱。

(2)拆除一个主腿柱是正常作业情况,拆除两个旁侧主腿柱属于预警作业,需要吊装处理,同时拆除两个对称主腿柱属于正常作业,但需要时刻观察,必要时采用吊装处理。

(3)拆除过程中应力不断地重分布,部分构件进入塑性状态,但大部分构件处于弹性范围。

本节基于数值分析的方法对处于老龄化或者受到剧烈的碰撞损伤等其他严重性破坏,导致承载能力下降的导管架基础进行拆除过程模拟研究,分析导管架基础在拆除不同部位

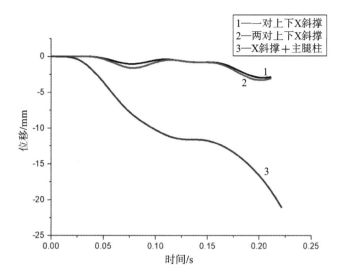

图 6-27 位移时程曲线图

过程中对稳定性的影响。基于钢结构整体稳定性理论,以导管架基础拆除过程中顶点位移作为参考,定义导管架基础拆除作业稳定性指标,提出拆除作业划分方法,依据不同的拆除部位给出拆除作业建议。导管架主腿柱主要起支撑作用,拆除主腿柱时要准备吊车起吊,拆除 X 斜撑时,对整体的稳定性影响不大。

7　塔筒的事故后评估与修复

7.1 塔筒建模及计算方法

7.1.1 建模及装配

根据所提供图纸,利用 SolidWorks 建好法兰、筒段、基础及螺栓。其中螺栓只要求断裂,并不要求详细的断裂过程和断裂形态,所以为加快计算效率,螺栓没有设置螺纹。根据设计要求及所要验证的问题,只在基础与第一筒段之间的基础顶部法兰加螺栓,因其他筒段间的法兰并不是重点,所以并不加入螺栓。将建好的模型导入 ABAQUS 中进行处理。相关图片展示如图 7-1~图 7-9 所示。

图 7-1 风机基础模型

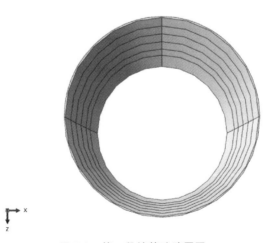

图 7-2 第一段桩基础壁厚图

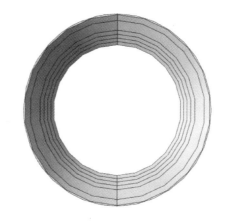

图 7-3 第二段桩基础壁厚图

图 7-4 第三段桩基础壁厚图

图 7-5 第四段桩基础壁厚图

图 7-6 法兰模型

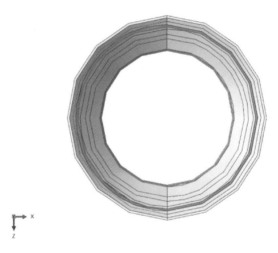

图 7-7 基础壁厚变化图

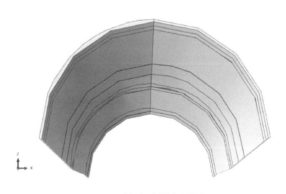

图 7-8 基础壁厚剖面图

　　同时,为尽可能贴近工程实际,本次分析的重点落在了风机倾倒瞬间以及风机基础结构的受力状态。因此,对塔筒以及螺栓结构做了一定的简化处理。风机塔筒和螺栓由于简化,只作为传力构件,自身的应力应变不能够用于工程实践。

图 7-9 基础壁厚图

7.1.2 材料参数定义

为真实模拟基础顶部法兰附近及第一筒段、基础的变形,模型不同部位间材料本构的选取不尽相同。

基础模型运用的材料本构采用 DNVGL-RP-C208 推荐的弹塑性硬化模型,该材料具有线弹性并具有屈服平台的幂律硬化模型参数。材料本构关系(真实应力-应变)曲线如图7-10所示。

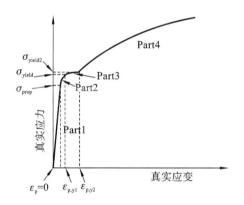

图 7-10 材料本构关系(真实应力-应变)曲线

该材料本构真实应力-应变关系可以定义如下:

$$\sigma_{\mathrm{f}}(\varepsilon_{\mathrm{p}}) = \begin{cases} \sigma_{\mathrm{yield2}} & \text{if} \quad \varepsilon_{\mathrm{p}} \leqslant \varepsilon_{\mathrm{p},y_2} \\ K\left[\varepsilon_{\mathrm{p}} + \left(\dfrac{\sigma_{\mathrm{yield2}}}{K}\right)^{\frac{1}{n}} - \varepsilon_{\mathrm{p},y_2}\right]^n & \text{if} \quad \varepsilon_{\mathrm{p}} > \varepsilon_{\mathrm{p},y_2} \end{cases} \tag{7-1}$$

图 7-10 和式(7-1)中:K 和 n 是硬化系数,$n=0.166$;σ_{prop} 是屈服应力,σ_{yield}、$\varepsilon_{\mathrm{p},y_1}$ 分别是刚开始有屈服时的屈服应力和等效塑性应变,σ_{yield2}、$\varepsilon_{\mathrm{p},y_2}$ 是开始硬化时的屈服应力和等效塑性应变。低碳钢 S355 和 S235 各参数如表 7-1、表 7-2 所示,$E=210000$ MPa。风电整体(桩基和塔筒)结构采用低碳钢 S355。

表 7-1　低碳钢 S355 规范提议钢材属性参数统计表

厚度(T)/mm	$T{\leqslant}16$	$16{<}T{\leqslant}40$	$40{<}T{\leqslant}63$	$63{<}T{\leqslant}100$
E/MPa	210000	210000	210000	210000
σ_{prop}/MPa	384.0	357.7	332.1	312.4
σ_{yield}/MPa	428.4	398.9	370.6	348.4
σ_{yield2}/MPa	439.3	409.3	380.3	350.6
ε_{p,y_1}	0.004	0.004	0.004	0.004
ε_{p,y_2}	0.015	0.015	0.015	0.015
K/MPa	900	850	800	800
n	0.166	0.166	0.166	0.166

表 7-2　低碳钢 S235 规范提议钢材属性参数统计表

厚度(T)/mm	$T{\leqslant}16$	$16{<}T{\leqslant}40$	$40{<}T{\leqslant}63$	$63{<}T{\leqslant}100$
E/MPa	210000	210000	210000	210000
σ_{prop}/MPa	285.8	273.6	251.8	242.1
σ_{yield}/MPa	318.9	305.2	280.9	270.1
σ_{yield2}/MPa	328.6	314.8	289.9	278.8
ε_{p,y_1}	0.004	0.004	0.004	0.004
ε_{p,y_2}	0.02	0.02	0.02	0.02
K/MPa	700	700	675	650
n	0.166	0.166	0.166	0.166

材料损伤模型采用延性金属损伤中韧性损伤模型,韧性损伤需要定义断裂应变、应力三轴度、应变率三个参数,三者之间的关系是损伤萌生的断裂应变在不同的三轴应力和应变率下得到的,材料参数通过规范及试验获得。损伤演化采用塑性断裂位移控制,损伤变量与塑性位移关系采用线性形式,当塑性位移达到断裂位移时,断裂发生,损伤变量 $D=1$。断裂位移输入参数值根据单元特征长度和厚度以及不同单元类型输入。Kulzep 和 Peschmann 根据仿真研究给出了不同单元厚度的断裂应变(断裂位移)与单元特征长度的关系,如图 7-11 所示。各参数设置如图 7-12~图 7-18 所示。

除螺栓、基础外其他部分均采用 GTN 本构,GTN 连续损伤材料模型的屈服函数表示为:

$$\varnothing = \left(\frac{\bar{\sigma}}{\sigma_Y}\right)^2 + 2\,q_1\,f^* \cos\!\left(\frac{3\,q_2\,\sigma_m}{2\,\sigma_Y}\right) - [1 + (q_1\,f^*)^2] = 0 \tag{7-2}$$

式中:$\bar{\sigma} = \sqrt{\left(\frac{3}{2}\right)\boldsymbol{S}{:}\boldsymbol{S}}$ 表示的是 von Mises 等效应力,$\boldsymbol{S}$ 为偏应力张量;σ_Y 表示等效流动应力,其代表的是基体材料中的实际微观应力状态;σ_m 是主应力。

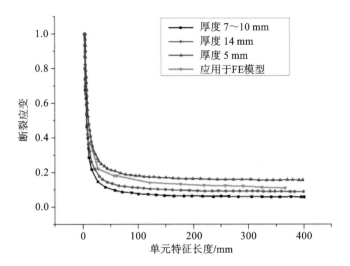

图 7-11 断裂应变与单元特征长度的关系

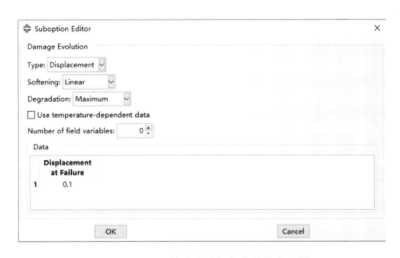

图 7-12 DNV 基础渐进损伤失效位移设置

有效孔隙体积分数 f^* 为 Tvergaard 和 Needleman 引入的损伤参数,表示总有效孔隙体积分数。这是孔隙聚结导致材料承载应力能力逐渐丧失的原因。$f^* = 0$ 意味着材料是完全致密的,Gurson 屈服条件降低到 von Mises 条件。$f^* = 1$ 意味着材料完全孔洞化,没有承载应力的能力。这个函数是根据空隙体积分数来定义的。

$$f^* = \begin{cases} f & f \leqslant f_c \\ f_c + \dfrac{f_u - f_c}{f_f - f_c}(f - f_c) & f_c < f \leqslant f_f \end{cases} \tag{7-3}$$

式中:f_c 代表空腔体积分数的临界值;f_u 是极限体积分数且 $f_u = 1/q_1$;f_f 表示断裂时的空腔体积分数,当 f 达到 f_f 时,f^* 增长至 $1/q_1$,材料完全失去承载能力。

图 7-13　DNV 模型塑性参数设置　　　　　图 7-14　DNV 模型延性损伤设置

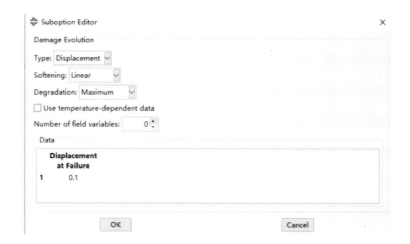

图 7-15　螺栓渐进损伤失效位移设置

总空腔体积分数增长率 $\dot{f}$，一部分来源于原有空腔增长率 $\dot{f}_g$，另一部分来源于新空腔成核发展增长率 $\dot{f}_n$，如下式：

$$\dot{f} = \dot{f}_g + \dot{f}_n \tag{7-4}$$

原有空腔的增长率 $\dot{f}_g$ 与塑性应变率 ε_{kk}^p 的静水分量成正比，如下式：

$$\dot{f}_g = (1 - f)\,\dot{\varepsilon}_{kk}^p \tag{7-5}$$

假设孔洞在第二相粒子中成核，并且粒子总体的成核应变服从正态分布，那么新孔洞的成核速率可以用塑性应变控制的成核规则表示：

图 7-16　螺栓塑性参数设置　　　　　　　　图 7-17　螺栓延性损伤设置

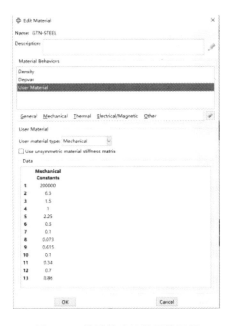

图 7-18　模型基础材料属性设置

$$\dot{f}_n = A_N \dot{\bar{\varepsilon}}^p, \quad A_N = \frac{f_N}{S_N \sqrt{2\pi}} \exp\left[-\frac{1}{2}(\frac{\bar{\varepsilon}^p - \varepsilon_N}{S_N})\right] \quad (7\text{-}6)$$

式中：f_N 表示单位体积内要成核的孔洞数量；ε_N 为成核应变；S_N 为粒子成核孔洞应变的标准差。

原始的 GTN 模型能够预测韧性材料的断裂，特别是体积空隙率显著增加导致的材料破坏。对于低应力三轴度（$T^* = -\sigma_m / \bar{\sigma}$），GTN 模型无法预测孔洞的生长速率。这个问题是目前模型改进的主题。

GTN 模型在预测起裂位置和裂缝处位移方面都有很好的效果。然而,在剪切主导荷载作用下,模型的破坏主要由旋转和变形的塑性应变剪切局部化驱动,模型的性能不理想。为了克服这些缺点,Zhou 等人提出了一种新的扩展 GTN 模型,将 Lemaitre 损伤力学概念与 Gurson 空洞生长模型相结合。在新模型中,剪切损伤影响偏应力,塑性体积变化受孔隙率影响。

扩展的 GTN 模型的屈服函数可以表示为

$$\varnothing = \left(\frac{\bar{\sigma}}{\sigma_Y}\right)^2 + 2\,q_1\,f^* \cosh\left(\frac{3\,q_2\,\sigma_m}{2\,\sigma_Y}\right) - \left[1 + D^2 - 2\,D_S\right] = 0 \tag{7-7}$$

当不存在剪切损伤时,新模型退化为 GTN 模型,并在纯剪切条件下与 Lemaitre 的 CDM 模型相同。

扩展的 GTN 模型的屈服函数可以表示为

$$D = q_1\,f^* + D_S \tag{7-8}$$

式中:D 包含了新的附加状态变量 D_S(剪切损伤参数),而 $D = q_1\,f^*$ 为原始 GTN 模型的附加状态变量。当总损伤 $q_1\,f^* + D_S$ 达到 1 时,材料完全失去承载能力。

这里假定延性损伤是由于塑性变形的累积。因此,剪切损伤被认为是塑性应变和应力状态的函数。设 ε_f^s 为纯剪切状态下的破坏应变。剪切损伤参数可以用幂函数定义:

$$D_S = \left(\frac{\bar{\varepsilon}^p}{\varepsilon_f^s}\right)^n \tag{7-9}$$

式中:n 是大于 1 的弱化指数。当 $\bar{\varepsilon}^p$ 与 ε_f^s 相等时,D_S 等于 1。新模型中的 n 和 ε_f^s 共同定义临界剪切损伤条件。当 n 大于 1 时,塑性变形初期的软化效应较小,当材料接近破坏时软化效应变大。剪切损伤的增量形式可以表示为

$$\dot{D}_S = \frac{n\,D_S^{\frac{n-1}{n}}}{\varepsilon_f^s}\,\dot{\bar{\varepsilon}}^p \tag{7-10}$$

为了将上式推广到任意应力状态,引入应力三轴度 T^* 与洛德角 θ 作为权系数的函数:

$$\dot{D}_S = \psi(\theta, T^*)\,\frac{n\,D_S^{\frac{n-1}{n}}}{\varepsilon_f^s}\,\dot{\bar{\varepsilon}}^p \tag{7-11}$$

修正后的模型具有预测负应力三轴剪切损伤的能力。

$$\psi(\theta, T^*) = \begin{cases} g(\theta) & T > 0 \\ g(\theta)(1-k) + k & T \leqslant 0 \end{cases} \tag{7-12}$$

式中:常数 k 为负应力三轴度下的代表权重系数值,可以使用轴对称压缩测试数据进行校准。$g(\theta)$ 可以表示为

$$g(\theta) = 1 - \frac{6\,|\theta|}{\pi} \tag{7-13}$$

这里洛德角的定义:

$$\theta = \tan^{-1}\left[\frac{1}{\sqrt{3}}\left(2\,\frac{s_2 - s_3}{s_1 - s_3} - 1\right)\right] \tag{7-14}$$

式中s_1、s_2和s_3分别表示最大、中间和最小主偏应力分量。

通过使宏观塑性功率与基体塑性耗散率等效,将基体屈服应力σ_Y与基体塑性应变率$\dot{\bar{\varepsilon}}^p$耦合起来得到:

$$\sigma_{ij}\dot{\varepsilon}_{ij}^p = (1 - D/q_1)\sigma_Y\dot{\bar{\varepsilon}}^p \qquad (7\text{-}15)$$

基质材料遵循规定的硬化函数$\sigma_Y(\bar{\varepsilon}^p)$。而因子$(1-D/q_1)$使得模型在$D_S=0$时退化为GTN模型。

而螺栓处,考虑到螺栓数量较多,如果也采用GTN本构,在计算过程中螺栓并不易断裂,而且GTN本构的强度并不能满足设计要求,所以螺栓使用ABAQUS所提供的本构,即延性金属塑性强化和柔性损伤模型,其材料参数如表7-3所示。

表7-3 延性金属塑性强化和柔性损伤模型参数

名称	密度(ρ)/(kg/m³)	弹性模量(E)/MPa	泊松比	塑性应力/MPa	塑性应变	断裂应变
螺栓材料	7800	210000	0.3	1000 1001	0 0.1	0.1

7.1.3 相互作用与接触定义

在风机中相互作用与接触的设置中,因只有第一筒段和基础之间的法兰存在螺栓,而其他筒段与法兰之间的相互作用并不是研究重点,所以在其他筒段和法兰之间采用Tie约束即绑定约束,绑定约束即认为两个相互绑定的面不会发生相对移动,而在基础顶部法兰之间,法兰与螺栓之间均采用通用接触,其中接触属性的定义主要包括切向和法向两个作用方向。其中法向采用"硬接触",即面与面接触时法向刚度无限大,即不能发生面"侵彻",面与面分离时法向刚度为零。切向采用"罚函数"定义摩擦,即允许接触面之间发生微小位移,在本次计算过程中,罚摩擦系数设置为0.17。同时,风机顶端机舱轮毂叶片的质量以质量点的方式施加在顶部法兰上。荷载及边界条件如图7-19所示。相互作用如图7-20所示。

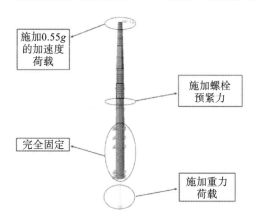

图7-19 荷载及边界条件

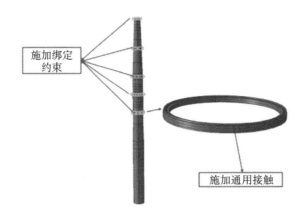

图 7-20　相互作用

7.1.4　分析步定义

在本结构中,螺栓与法兰之间、法兰与法兰之间以及法兰与筒段之间存在大量的接触对,所以必须设定非线性求解器进行求解。其中可供选择的分析步类型为"动力,隐式"分析步和"动力,显示"分析步。但因为在荷载设置过程中,第一步需在螺栓处施加预紧力,第二步施加荷载实现加载断裂的过程模拟。其中加载断裂过程模拟存在大变形和接触等非线性问题,隐式求解算法难以收敛,并且即使能收敛,计算速度也太慢。所以分析步最终选择"动力,显示"分析步,为加快计算效率,使用质量缩放,其中缩放系数根据网格质量设置为0.0001。因为在加载断裂过程中存在筒段、法兰以及基础的脱离,为防止出现过度扭曲,所以在场变量输出中勾选 SDV 和 STATUS。

7.1.5　荷载和边界条件定义

荷载的设置过程分为两步,第一步在螺栓处施加预紧力,第二步施加荷载。其中在模拟过程中,螺栓断裂即可,并不关注螺栓的断裂过程,所以预紧力并没有施加在螺栓处,而是等效施加在法兰盘上,其中预紧力的类型为压强,幅值类型选择平滑分析步,时间段为 0 s 到 0.2 s。第二步所施加的荷载以加速度的方式进行施加,加速度大小为 0.55 g,幅值类型同样选择平滑分析步,时间段为 0.2 s 到 1.5 s。在模拟过程中边界条件为基础下部三倍桩径完全固定。

7.1.6　网格定义

其中风机基础包括筒段、法兰、螺栓以及基础。因为结构非常复杂,如果直接划分四面体网格,并不能计算,所以在网格划分过程中,对部件不断进行切割,划分六面体网格。而螺栓在计算过程中,会出现沙漏,导致计算错误,所以网格采用带有"沙漏控制"的六面体减缩积分,即 C3D8R 的单元以提高计算精度和效率,其中"沙漏控制"选择"增强",并且在计算过程中螺栓会断裂,所以"单元删除"选择"是"。筒段、法兰以及基础进行切割后,划分六面体网格,单元类型也设置为六面体减缩积分,即 C3D8R 的单元,但"沙漏控制"和"单元删除"不进行设置。具体网格划分如图 7-21 所示。

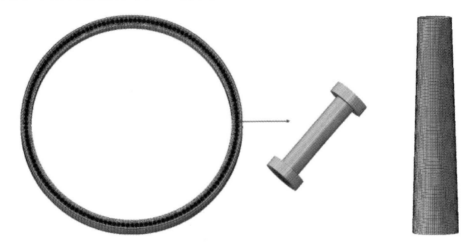

图 7-21 螺栓、法兰、筒段的网格划分

7.2 基础段受力分析

在计算过程中,基础的下部被完全固定,但基础的上部依然承受荷载的作用,即承受剪切作用。首先在加载过程中,宏观上,基础并未发生大变形,而在微观上,将通过基础的位移云图(即 U_1、U_2、U_3)和应力云图(即 S_{11}、S_{22}、S_{33}、S_{12}、S_{13}、S_{23}、Mises)描述基础的受力情况,如图 7-22～图 7-34 所示。

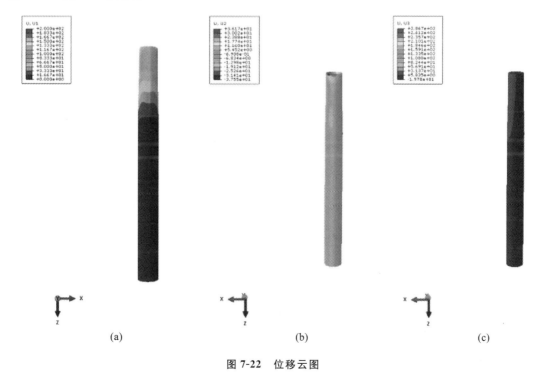

图 7-22 位移云图

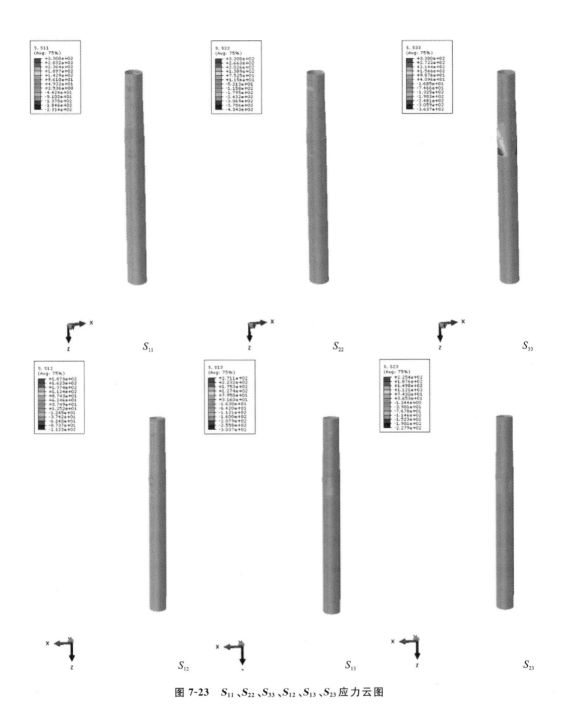

图 7-23　S_{11}、S_{22}、S_{33}、S_{12}、S_{13}、S_{23} 应力云图

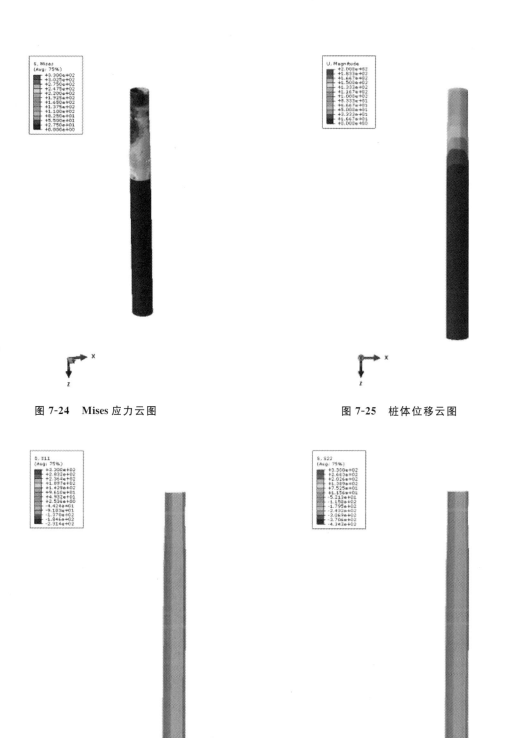

图 7-24　Mises 应力云图

图 7-25　桩体位移云图

图 7-26　第一筒段 X 轴向应力剖面图

图 7-27　第一筒段 Y 轴向应力剖面图

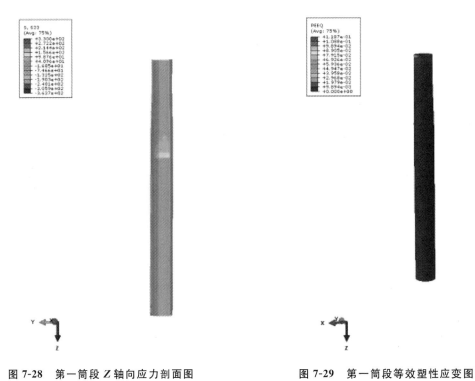

图 7-28　第一筒段 Z 轴向应力剖面图　　　　　图 7-29　第一筒段等效塑性应变图

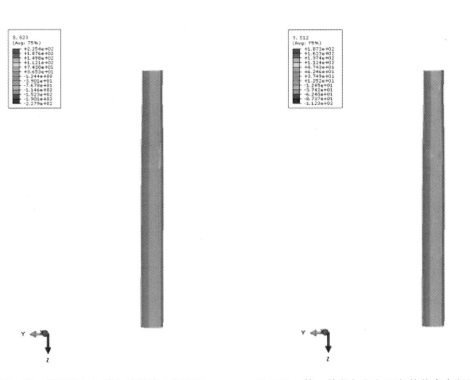

图 7-30　第一筒段环向向轴向的剪应力剖面图　　　图 7-31　第一筒段径向向环向的剪应力剖面图

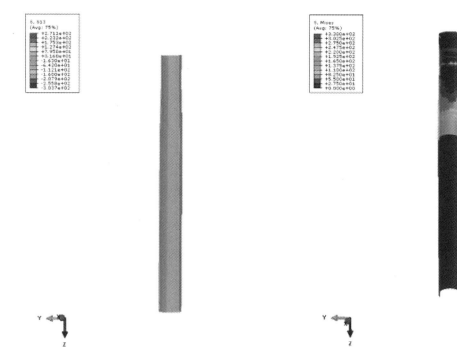

图 7-32　第一筒段径向向轴向的剪应力剖面图　　　　图 7-33　第一筒段 Mises 应力截面图

从上述结果中可以看出,在塔筒倾倒过程中,桩体最大应力约为 340 MPa,小于 355 MPa,故还在弹性范围之内。因为在弹性范围之内,故倾倒后,弹性变形会消失,桩基础内不会残留应力和变形,这点与现场实际测量也是相吻合的。此外,本次分析泥面位置采用的是刚性固定,桩身的计算应力值会高于实际值,所以计算所得结果偏于保守,进而说明桩基础结构没有出现塑性变形。

从位移角度来说,法兰局部位置处位移偏高,且出现明显梯度。其他区域位移变化平缓,也说明桩整体未出现塑性变形,法兰位置处出现塑性变形。

相关分析图如图 7-35～图 7-43 所示。

基础顶部法兰存在明显超载情况,倾倒的一侧峰值应力达到了 800 MPa,超过了法兰材料的弹性变形区域,会形成永久的塑性变形。根据钢材性质,钢材属于塑性硬化材料,也就是说钢材经过塑性变形后,屈服强度不会出现损失,反而会有一部分增强,在保证没有裂纹出现的情况下,在弹性范围的循环荷载

图 7-34　第一筒段最大等效塑性应变图

下,疲劳寿命不会发生变化。但若考虑后续的可用性,需进行探伤,确保局部位置没有出现裂纹,并采用合理的变形矫正手段,保证修复过程中不会带来二次损伤。

图 7-35　基础顶部法兰应力云图

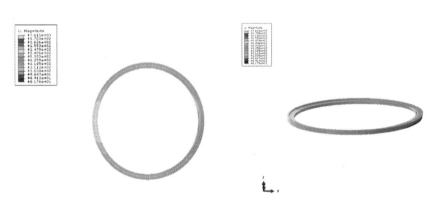

图 7-36　基础顶部法兰位移云图

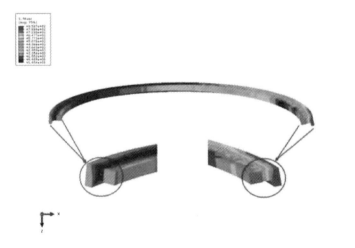

图 7-37　基础顶部法兰局部应力云图

图 7-38 螺栓第一主应力图

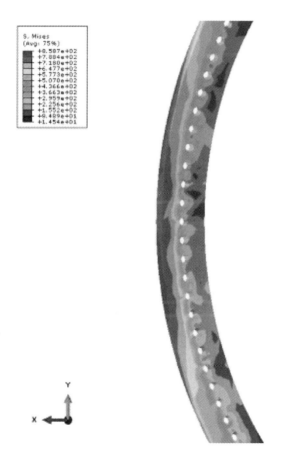

图 7-39 螺栓孔等效应力图

图 7-40 螺栓孔第二主应力图

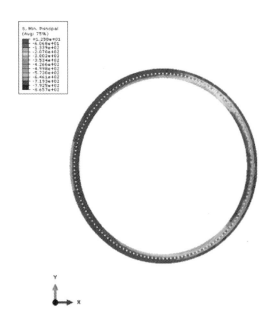

图 7-41 螺栓孔第三主应力图

图 7-42　螺栓孔第一主应力图局部

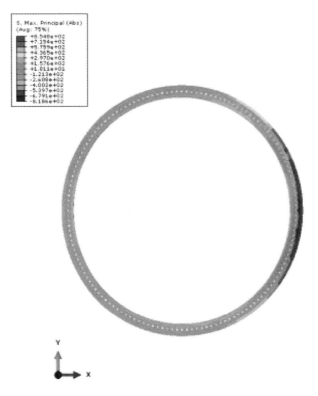

图 7-43　螺栓孔第一主应力图全局

7.3　风机基础倾斜状态

在风机推倒模拟的基础上,加长加速度荷载的时间,从 1.3 s 增加到 4.8 s,即整个荷载分析步的长度变为 5 s,因荷载分析步时间增长,施加重力荷载也同样增长,所以去掉单独重力分析步。

螺栓断裂,法兰发生分离后,风机上部分依然带有速度,所以计算结果并不符合实际。因在螺栓断裂、发生分离时,即计算到 3.3 s 时,结果比较符合实际,在接下来的分析中,将以该状态为初始状态,仅施加重力分析步进行计算。

经过加载断裂过程之后,基础顶部法兰处 148 个螺栓均发生断裂,因法兰和螺栓均承受剪切作用,所以螺栓的断裂状态均不相同。而在加载过程中,与基础顶部法兰相连接的第一筒段发生巨大变形,单元基本失效。具体情况如图 7-44、图 7-45 所示。

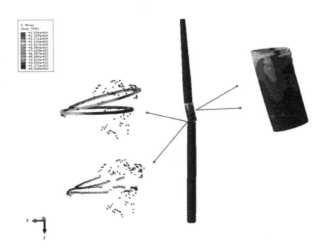

图 7-44　风机倾斜状态

图 7-45　基础顶部法兰应力云图

附件

　　ABAQUS 是一套功能强大的工程模拟的有限元软件,其解决问题的范围从相对简单的线性分析到许多复杂的非线性问题。ABAQUS 包括一个丰富的、可模拟任意几何形状的单元库,并拥有各种类型的材料模型库,可以模拟典型工程材料的性能,其中包括金属、橡胶、高分子材料、复合材料、钢筋混凝土、可压缩超弹性泡沫材料以及土壤和岩石等地质材料。作为通用的模拟工具,ABAQUS 除了能解决大量结构(应力/位移)问题,还可以模拟其他工程领域的许多问题,例如热传导、质量扩散、热电耦合分析、声学分析、岩土力学分析(流体渗透/应力耦合分析)及压电介质分析。

　　ABAQUS 有两个主求解器模块—— ABAQUS/Standard 和 ABAQUS/Explicit。ABAQUS 还包含一个全面支持求解器的图形用户界面,即人机交互前后处理模块——

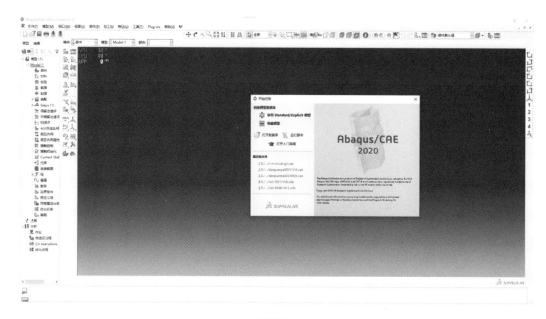

附件图

ABAQUS/CAE。ABAQUS 对某些特殊问题还提供了专用模块来加以解决。

ABAQUS 被广泛地认为是功能最强的有限元软件,可以分析复杂的固体力学及结构力学系统,特别是能够驾驭非常庞大复杂的问题和模拟高度非线性问题。ABAQUS 不但可以做单一零件的力学和多物理场的分析,同时还可以做系统级的分析和研究。ABAQUS 的系统级分析的特点相对于其他的分析软件来说是独一无二的。ABAQUS 优秀的分析能力和模拟复杂系统的可靠性使得其在各国的工业和相关研究中被广泛采用。ABAQUS 产品在大量的高科技产品研究中都发挥着巨大的作用。

8 智能检测技术在后评估中的应用

8.1 卷 积 运 算

分类卷积神经网络通过深层卷积结构提取和整合图像中的高维度特征信息，来实现对图像的分类。常见的分类卷积网络模型一般由卷积层、池化层、全连接层三部分组成。重复堆叠的卷积层结构是卷积神经网络的主体，每层卷积层在上一层输出特征的基础上继续提取特征，从而获取高维信息。卷积层一般包含卷积、数据标准化、非线性激活三层结构。池化层是用于卷积层和全连接层之间的过渡，高维特征信息将在池化层中被统计并传入全连接层。全连接层一般有 2 至 3 层，在池化层统计信息的基础上，利用全连接线性网络的非线性拟合能力学习特征与分类之间的关系，以此来对图像进行分类。

全连接层为一个线性模型，每层由多个单元组成，每个单元连接上层全部单元来得到输出，其表达式为：

$$y = \sum_{i=1}^{n} x_i^{\mathrm{T}} w_i + b \tag{8-1}$$

式中：y 为输出，x 为输入，w 为全连接层单元的权重，b 为全连接层单元的偏置，n 为上层全连接层的单元数目。由上式可以看出全连接线性层的权重和偏置决定了模型最后的输出，在训练过程中深度学习优化算法根据输入和输出对全连接线性层的这两个参数进行调节，使模型拟合输入与标签之间的最佳关系，图 8-1 为全连接层示意图。

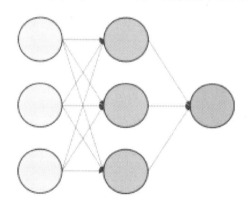

图 8-1　全连接层示意图

全连接层用于图像特征提取时，所有单元与上层全部输入连接，使得全连接线性模型的感受区域为整个图像。但一般图像分辨率较大，这使得全连接线性层参数量增多，当堆叠过深时，对硬件要求过高。因此在图像分类中，全连接线性层一般用于整合统计图像特征，对结果进行分类。

池化操作通过统计目标点附近区域的信息来替代该点的输出，常用统计操作有取最大值和取平均值两种，分别称为最大池化和平均池化。图 8-2 展示了这两种池化操作。池化层可以通过调整池化宽度和步幅来调整输出的尺寸大小，这使得池化层可以对不同尺寸的输入进行调整，得到统一尺寸的输出。由于全连接层在搭建时需要对输入的维度进行设置且设置完毕后无法修改,通过在全连接线性层之前设置池化层可以使全连接层接收的输入统一,不受图像大小的影响,让网络处理不同尺寸大小的图片成为可能。

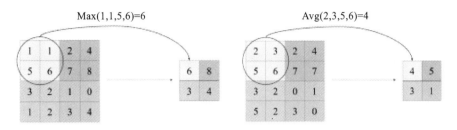

图 8-2 池化层

与传统全连接线性层相比,卷积运算仅对卷积核所覆盖的数据进行操作,可以视为一种稀疏的线性运算,其在二维图片上的计算可以表示为:

$$S(i,j) = (I \times K)(i,j) \tag{8-2}$$

式中:S 为输出,I 为二维图像输入,K 为核函数,i 和 j 为坐标。

一般核函数在卷积层中为一个张量,其参数代表了在感受野内所提取的特征,具体的参数在训练模型时通过学习算法得到,图 8-3 展示了一次单通道的卷积运算。

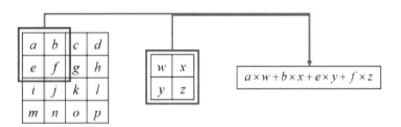

图 8-3 卷积运算

各类网络准确率、结构复杂度对比图如图 8-4、图 8-5 所示。

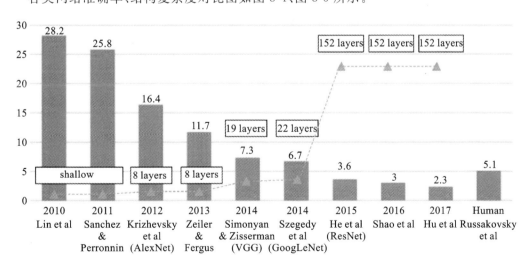

图 8-4 各类网络准确率对比图(ImageNet 数据集检测)

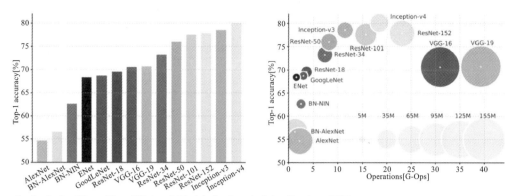

An Analysis of Deep Neural Network Models for Practical Applications, 2017.

图 8-5　各类网络结构复杂度对比图

卷积运算主要将如下三个重要概念引入深度学习,改进模型的运行效率和准确率。首先是稀疏交互,传统全连接线性层的输出,是其权重矩阵与上层全部输入单元进行交互计算得到的,而卷积运算的核的大小与图像尺寸相比往往较小,因此每一个输出单元仅与部分输入单元进行交互。其次是参数共享,在传统全连接线性层中权重矩阵每个元素仅会被使用一次,而卷积运算中,通过卷积核的平移,每次卷积所有的输入共享卷积核,从而实现了参数共享。最后是等变表示,卷积通过平移来实现参数共享,这使得输入图像发生平移变化时,输出也以同样的方法发生变化。以上三个性质使得卷积操作在计算速度和参数量上要优于传统全连接线性层。卷积层随着卷积神经的发展也不断更新,衍生出了许多变体,常用的卷积层如下。

(1)标准卷积。

当前在卷积神经网络中应用最为广泛的卷积操作为标准卷积操作,卷积变体大都是在标准卷积上改进得到的。标准卷积的卷积核通道数与输入特征图的通道数相同,每次计算时卷积核与特征图的对应通道进行运算获取各通道上的特征信息,再将各通道的信息加以整合,获取最终的输出。一次卷积输出一个像素点的结果,通过移动卷积核来对整个特征图进行扫描,获取完整的输出特征图。

卷积核在特征图上一次移动的距离称为步长,如步长大于 1,则输出的特征图尺寸会按步长的大小按比例缩小,因此可以通过卷积核的步长来实现下采样操作。图 8-6 展示了标准卷积输出特征图的计算流程。

标准卷积操作的参数量与卷积核大小、输入以及输出特征图通道数有关。如输入的特征图的通道数为 C_{input},输出的特征图的通道数为 C_{output},卷积核的大小为 f_{size},则标准卷积的参数量 P 的计算公式如下:

$$P = f_{size} \times f_{size} \times C_{input} \times C_{output} \tag{8-3}$$

(2)分组卷积。

分组卷积(group convolution)将特征图分成多组,在每组特征图上分别进行标准卷积操作。在设计之初分组卷积是为了减少对硬件的要求,将模型部署在多块 GPU 上,而后学

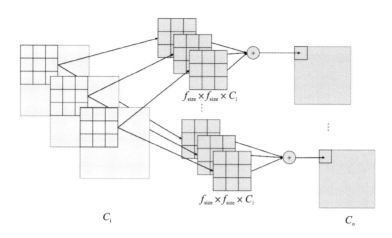

图 8-6　标准卷积运算示意图

者们发现分组卷积能提高模型的复杂度,增加卷积神经网络的表达能力。分组卷积与标准卷积操作类似,可以视为将标准卷积拆分成不同组之后,在各组内先进行卷积,然后再将结果进行组合。图 8-7 展示了分组卷积输出特征图的计算流程。

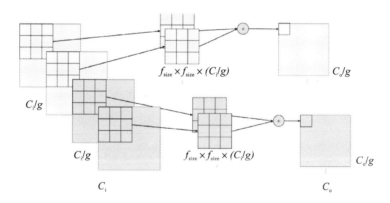

图 8-7　分组卷积运算示意图

除了标准卷积的参数,分组卷积的参数还与其分组数有关。如输入特征图的通道数为 C_{input},输出特征图的通道数为 C_{output},卷积核的大小为 f_{size},分组数量为 g,则分组卷积的参数量 P_g 的计算公式如下:

$$P_g = f_{size} \times f_{size} \times \frac{C_{input}}{g} \times \frac{C_{output}}{g} \times g = f_{size} \times f_{size} \times C_{input} \times C_{output} \times \frac{1}{g} \quad (8\text{-}4)$$

(3)深度可分离卷积。

深度可分离卷积是标准卷积的一个衍生体。深度可分离卷积将标准卷积流程拆分为两步操作,首先利用深度卷积对输入特征图进行单通道的卷积,然后再利用点卷积进行特征图通道数的调整,通过上述两个操作的组合减少卷积所需的参数量。图 8-8 和图 8-9 分别展示了深度卷积和点卷积的运算流程。

深度卷积可以视为分组数 $g = C_{input}$ 的特殊群卷积。进行一次深度卷积所需的参数量 P_d 为:

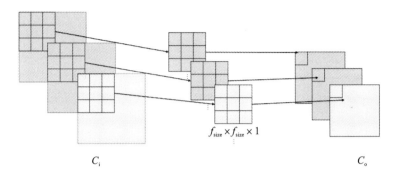

图 8-8　深度卷积运算示意图

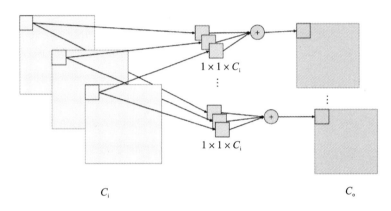

图 8-9　点卷积运算示意图

$$P_{\mathrm{d}} = f_{\mathrm{size}} \times f_{\mathrm{size}} \times 1 \times C_{\mathrm{input}} \tag{8-5}$$

点卷积为一个卷积核大小是 1×1 的卷积操作,进行一次卷积所需要的参数量 P_{p} 为:

$$P_{\mathrm{p}} = 1 \times 1 \times C_{\mathrm{input}} \times C_{\mathrm{output}} \tag{8-6}$$

如对输入特征图进行深度可分离卷积,与直接进行标准卷积操作所需的参数量相除可得:

$$\frac{P_{\mathrm{d}} + P_{\mathrm{p}}}{P} = \frac{f_{\mathrm{size}} \times f_{\mathrm{size}} \times 1 \times C_{\mathrm{input}} + 1 \times 1 \times C_{\mathrm{input}} \times C_{\mathrm{output}}}{f_{\mathrm{size}} \times f_{\mathrm{size}} \times C_{\mathrm{input}} \times C_{\mathrm{output}}} = \frac{1}{C_{\mathrm{output}}} + \frac{1}{f_{\mathrm{size}}^2} \tag{8-7}$$

常用的卷积核大小为 3,因此深度可分离卷积参数量约为标准卷积的 1/8。应用深度可分离卷积的模型可以大幅减少参数量,使得模型可以在算力较为贫乏的设备上运行。

8.2　数据标准化

数据标准化是当前卷积神经网络常用的一种操作,它通过一定方法获取数据的统计信息并依据该信息对数据进行标准化,减少对初始参数的依赖,同时加速卷积神经网络的收敛。当前常见的数据标准化方式有批标准化、层标准化、实例标准化、群组标准化等,其主要区别在于它们计算统计信息的方式。BN 是当前使用较多的数据标准化操作,它从批量维度对数据的均值和方差进行统计并进行标准化处理,具体公式如下:

$$\mu = \frac{1}{m}\sum_{i=1}^{m}x_i \tag{8-8}$$

式中:m 为批量大小,x_i 为数据。

$$\sigma^2 = \frac{1}{m}\sum_{i=1}^{m}(x_i-\mu)^2 \tag{8-9}$$

$$\overline{x_i} = \frac{x_i-\mu}{\sqrt{\sigma^2+\varepsilon}} \tag{8-10}$$

$$y_i = \gamma\overline{x_i}+\beta \tag{8-11}$$

式中:γ 和 β 为系数。

γ 和 β 两个系数是在训练阶段在批量样本上学习得到的,设置这两个参数的原因是非线性激活函数的线性区间一般在 0 到 1 范围内,只进行标准化操作会使得模型的非线性无法得到表达。这两个参数使得数据具有一定的缩放和平移,从而让数据有可能进入激活函数的非线性区。相对于其他的标准化操作,BN 参考了更多的全局信息,但是该方法对批量大小的敏感度较高,在较小的批量下该方法的统计信息可能会受到较大的影响,一般在 32 批量大小以上时 BN 表现较好。

8.3 非线性激活

非线性激活主要为网络添加非线性特质,没有非线性激活层的网络结构可以看作不同层之间的线性组合,无论结构如何,输入与输出都是线性关系,其表达能力有限。激活函数对模型的表达能力、最终的收敛效果影响较大,同时不同的激活函数具有不同的应用场景。当前常见的激活函数有 Sigmoid、整流线性单元(ReLU)、Swish、H-Swish、Softmax 函数等。

(1)Sigmoid。

Sigmoid 是出现较早的激活函数,其函数表达式如下:

$$\text{Sigmoid}(x) = \frac{1}{1+\exp(-x)} \tag{8-12}$$

图 8-10 展示了 Sigmoid 函数在 $[-10, 10]$ 上的图像,其将输入映射到 $(0,1)$ 区间上,由图像可以看出当 x 为较大的正值或较小的负值时,Sigmoid 函数会出现"饱和",此时该函数对 x 的变化变得不敏感。

Sigmoid 函数有许多的良好性质,因此在神经网络发展前期受学者青睐,首先 Sigmoid 函数的数学性质较好,其函数图像曲线光滑、处处可导;同时 Sigmoid 函数的"饱和"特性与神经元十分类似。但 Sigmoid 函数存在的问题也在神经网络的发展过程中逐渐暴露:首先,Sigmoid 函数的梯度也有"饱和"的特征,这将会导致模型下游的梯度更新缓慢;其次,Sigmoid 函数的值域在 y 轴正半轴不关于零点对称,这会让上游的梯度符号总是传到下游,不利于参数更新;最后,Sigmoid 函数中的指数运算在计算量过大时效率低。

(2)ReLU。

ReLU 是当前使用频率较高的激活函数,ReLU 与线性单元的主要区别在于其 x 轴负

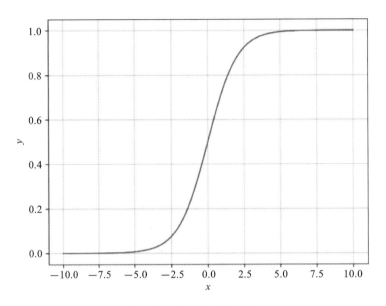

图 8-10 Sigmoid 激活函数

半轴的输出为 0,在各平台上都易于实现。ReLU 函数表达式如下:

$$\mathrm{ReLU}(x) = \max(0, x) \tag{8-13}$$

ReLU 有许多优点:首先 ReLU 在正区间内不存在梯度饱和现象;接着 ReLU 激活函数在正半轴的导数为 1,在负半轴的导数一般设置为 0,计算简单;同时 ReLU 将负半轴的输入归零,这使得模型参数之间的适应性降低,在一定程度上缓解了网络的过拟合。

ReLU 也存在许多缺点:首先该函数依然是非零中心的函数,其次 ReLU 在零点的梯度计算存在问题,需要在程序进行设置。当前 ReLU 激活函数有了许多的衍生体,如 LeakyReLU、PReLU 和 EReLU 等,针对 ReLU 存在的问题进行了优化,在特定应用场景下这些变种都能为网络性能带来提升。图 8-11 展示了 ReLU 激活函数在[−10,10]上的函数图像。

将 ReLU 上限设置为 6 就得到了 ReLU6,可以防止过大数据出现,可用于算力较低的设备。

(3)Swish。

Swish 是一个结合穷举法和强化学习算法由机器搜索出来的激活函数,其函数表达式如下:

$$\mathrm{Swish}(x) = x \cdot \mathrm{Sigmoid}(\beta x) \tag{8-14}$$

图 8-12 展示了 β 设置为 0.1、1.0、10.0 时的 Swish 函数在[−10,10]上的图像。由 Swish 的函数表达式可知,当 β 为 0 时,Swish 函数的 Sigmoid 会退化为常数项 1/2,此时 Swish 会变成线性函数;当 β 趋于无穷时,Swish 的 Sigmoid 函数可以近似为一个 0−1 函数,再与前项 x 相乘可以近似视为 ReLU 激活函数。因此 Swish 可以视为介于线性函数和 ReLU 之间的激活函数,当 β 较小时 Swish 接近于线性函数,当 β 较大时 Swish 接近于 ReLU 激活函数。

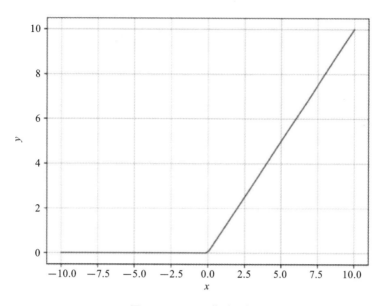

图 8-11 ReLU 激活函数

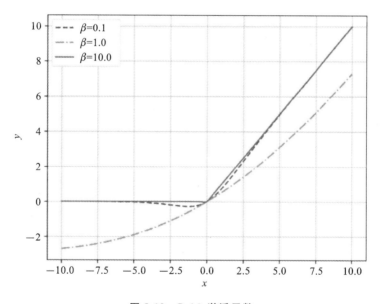

图 8-12 Swish 激活函数

Swish 与 ReLU 相似,都是上无界而下有界的函数。但与 ReLU 相比 Swish 更为光滑,不存在零点的导数问题。同时 Swish 函数与其他激活函数最大的不同是在 $x < 0$ 时具有非单调区间,该部分区间可以由参数 β 进行调整。Ramachandran 等人在不同模型和不同任务下对 Swish 以及 ReLU 激活函数进行了对比,Swish 在测试中的结果均好于 ReLU 激活函数。

（4）H-Swish。

H-Swish 拥有和 Swish 相近的性质,是 Swish 激活函数的一个变体,其用 ReLU6(x + 3)/6 对 Swish 中的 Sigmoid 函数进行替代,视为更硬(hard)版本的 Swish 函数,其表达式如下：

$$\text{H-Swish}(x) = x\,\frac{\text{ReLU6}(x+3)}{6} \tag{8-15}$$

图 8-13 展示了 H-Swish 激活函数在 $[-10,10]$ 上的函数图像，H-Swish 在性能表现与 Swish 没有明显差别，且在部署角度上看具有很多的优势，首先，ReLU6 在几乎所有的硬件和软件框架上都能使用。其次，避免了不同实现方法近似 Sigmoid 函数导致的潜在误差。最后，分段函数在内存访问时具有优势，延迟更低。

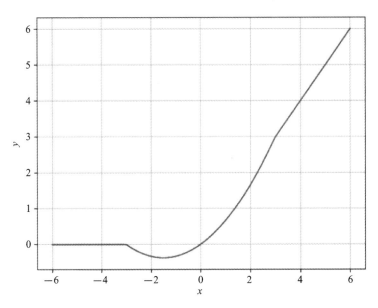

图 8-13　H-Swish 激活函数

（5）Softmax。

Softmax 函数一般用于处理分类的结果，该函数将模型的输出结果进行映射，转换为各类别对应的概率。在计算机中用于表示数的位模式有限，无法完整表达所有的实数，由此将不可避免地产生近似误差，如算法设计过程中未考虑近似误差的累计将会导致算法的失效。下溢和上溢是两种极具破坏力的误差形式，两者分别发生于当接近于 0 的数被视为 0 时和当较大量级的数被视为无穷时。

Softmax 函数能将多维输入映射到（0～1）区间内避免数据的上溢和下溢，同时也可将输出视为在输入在不同类上的概率分布，其表达式如下：

$$f(x_m) = e^{x_m} / \sum_{i=1}^{n} e^{x_i} \tag{8-16}$$

式中：n 为输入元素的总长度，x_m 为目标元素。

8.4　正　则　化

神经网络在训练时易发生过拟合现象，即在训练时表现较好，而测试时却表现不佳。正则化通过对算法和模型添加约束使得过拟合现象缓和。Dropout 是一种常用于全连接线性层的正则化手段,该方法通过随机屏蔽某些单元来减少神经网络模型各层参数的相互适应。图 8-14 展示了正则化操作屏蔽全连接线性层后网络结构的变化。具体操作时,需要设定一个概率 P,在训练阶段每个单元按照概率 P 进行屏蔽,在测试时对各层输出按照概率 P 进行加权组合。因此,Dropout 可以视为在训练阶段同时训练多个模型,在评估、使用阶段再对多个模型的结果进行加权求和。

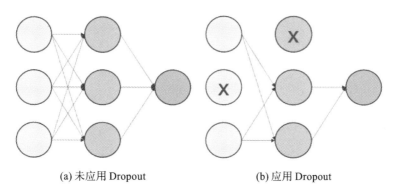

(a) 未应用 Dropout   (b) 应用 Dropout

图 8-14　正则化操作屏蔽全连接线性层后网络结构的变化

8.5　损　失　函　数

损失函数用于评估当前模型与目标模型之间的差距,决定了模型的优化方向,因此选择适合应用场景的损失函数至关重要,在一定程度上决定了模型最终的效果。

(1)平均绝对误差。

平均绝对误差是预测值与真实值之差绝对值的平均数。平均绝对误差的表达式如下:

$$\mathrm{loss_{MAE}} = \frac{1}{m} \sum_{i=1}^{m} |y_i - y_i'| \tag{8-17}$$

式中:y_i 为真实值,y_i' 为预测值。令 $y_i - y_i'$ 为 x,m 为 1,则可得 MAE 的函数图像如图 8-15 所示。

可以看出,MAE 关于预测值的导数为常数,因此当预测值和真实值相差较大时,梯度仍然非常稳定。但是在收敛阶段 MAE 导数值不变,此时神经网络模型参数会在稳定点周围波动,不利于收敛,因此需要在收敛阶段对学习率进行调整。对于 MAE 最佳的预测值是中位数,因此 MAE 对数据中的离群点较为不敏感,适用于数据中可能存在错误数据需要排除的情况。

(2)均方误差。

均方误差是预测值与真实值之差平方的均值。MSE 的表达式如下:

$$\mathrm{loss_{MSE}} = \frac{1}{m} \sum_{i=1}^{m} (y_i - y_i')^2 \tag{8-18}$$

式中:y_i 为真实值,y_i' 为预测值。令 $|y_i - y_i'|$ 为 x,m 为 1,则可得 MSE 的函数图像如图 8-16 所示。

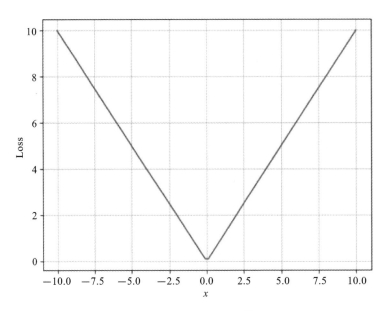

图 8-15　MAE 函数图像

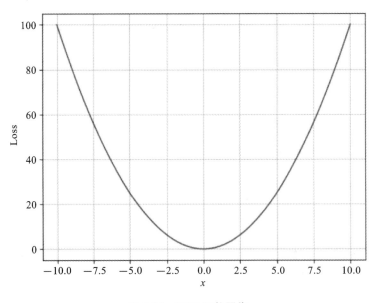

图 8-16　MSE 函数图像

由图 8-16 和图 8-17 可以看出相较于 MAE,MSE 在零点的曲线更为光滑,同时导数在接近零点时也逐渐变小,因此 MSE 在神经网络模型的收敛阶段有更好的表现。同时 MSE 的最佳预测值为平均数,所以 MSE 对离群点较为敏感,当模型需要考虑离群点时可以使用 MSE 作为损失函数。

8.6 交 叉 熵

交叉熵是评估分类误差时常用的损失函数,其与 KL 散度密切相关。KL 散度用于描述对于同一个变量,两个独立概率分布的相似度,如两个离散变量分别为 A 和 B,则 KL 散度的表达式如下:

$$D_{KL}(A \parallel B) = \sum A(x) \log \frac{A(x)}{B(x)} \tag{8-19}$$

令 $A(x)$ 为数据集的概率分布,$B(x)$ 为神经网络模拟的概率分布。在训练过程中我们需要对 $B(x)$ 进行优化,式子左侧部分与 $B(x)$ 无关,因此可以忽略该项,即可得到交叉熵的表达式:

$$H(A \parallel B) = -\sum A(x) \log B(x) \tag{8-20}$$

8.7 基于 VGG16 的导管架结构探伤

8.7.1 导管架结构模型和材料参数模型

结构安全监测和灾后快速损伤评估已成为土木工程领域的一个重要研究热点。与此同时,人工智能和机器学习技术发展迅速,尤其是在计算机视觉中的深度学习应用方面,近年来取得了巨大进展。

本书依照南海某风电场 17♯、18♯、19♯ 风机导管架主体结构图纸建模。导管架整体各段参数如表 8-1 所示。导管架结构几何模型如图 8-17 所示。

表 8-1　导管架结构几何参数

部件	直径/mm	厚度/mm	长度/mm
KK 节点	主管:1458 支管:634	主管:1458 支管:14	主管:2700 支管:800
X 节点	主管:634 支管:634	主管:26 支管:14	主管:2000 支管:2000
上 T 节点	主管:1458 支管:634	主管:55 支管:26	主管:1800 支管:800
下 T 节点	主管:1458 支管:634	主管:55 支管:26	主管:2800 支管:800
腿柱圆管	1400	26	—
斜撑圆管	634	14	—

续表

部件	直径/mm	厚度/mm	长度/mm
塔筒	主管:4500 支管:481	主管:55 支管:26	10829

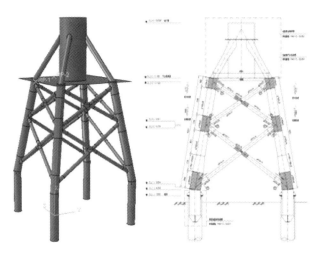

图 8-17　导管架结构几何模型

识别系统将以导管架船撞损伤最为严重的部位为探伤基准部位。损伤原图如图 8-18 所示。有限元云图如图 8-19 所示。

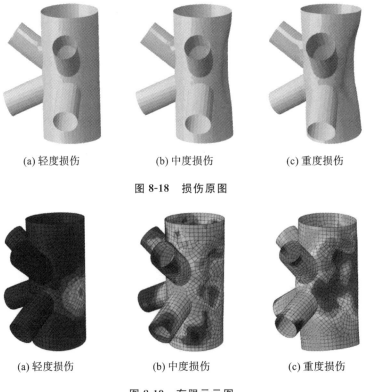

(a) 轻度损伤　　　　　　　(b) 中度损伤　　　　　　　(c) 重度损伤

图 8-18　损伤原图

(a) 轻度损伤　　　　　　　(b) 中度损伤　　　　　　　(c) 重度损伤

图 8-19　有限元云图

对 VggNet16 人工神经网络进行了测试。通过输入不同数量的数据集,来横向对比网络的准确率。

对于 VggNet16,笔者自行搭建了神经网络,成功将深度学习技术应用到了工程结构的探伤上,即通过图像进行了结构损伤的评估。VGG16 的卷积模块如图 8-20 所示。VGG16 网络结构图如图 8-21 所示。

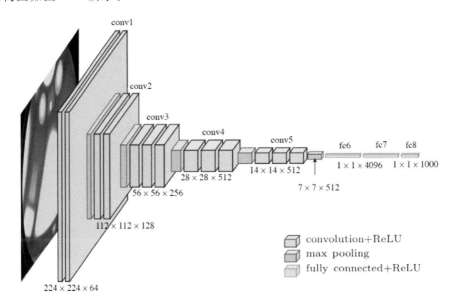

图 8-20　VGG16 的卷积模块

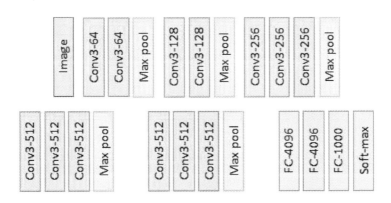

图 8-21　VGG16 网络结构图

VggNet16 部分程序代码如下。

```
1.x= layers.Conv2D(
2.64,(3,3),activation= 'relu',padding= 'same',name= 'block1_conv1')
(img_input)
3.x= layers.Conv2D(
4.64,(3,3),activation= 'relu',padding= 'same',name= 'block1_conv2')
(x)
5.x= layers.MaxPooling2D((2,2),strides= (2,2),name= 'block1_pool')(x)
```

对于图像识别系统最终做出判断的依据,笔者进行了可视化,得到了类别激活热图,图像中圆周圈框住部分即是图像识别系统作出判断的依据所在。类别激活热图、损伤原图如图 8-22、图 8-23 所示。

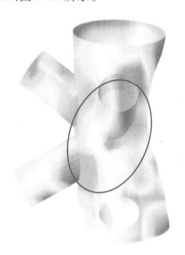

图 8-22　类别激活热图

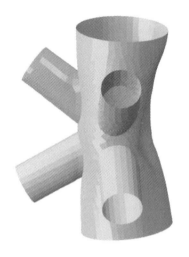

图 8-23　损伤原图

受 ImageNet 计算机视觉识别挑战赛的启发,同时在高性能计算机硬件的加持下,笔者提出了基于 VggNet16 的结构损伤评估识别系统,涉及特定位置部件的损伤等级评估。笔者运用 Python 进行了大量船撞事故的数值模拟,并从中获取了大量有关结构损伤的图片,为结构损伤评估识别系统的训练打下了重要基础。

$$
\begin{aligned}
\frac{\partial \mathrm{loss}}{\partial b} &= 2\sum_{i=1}^{m}\big[f(x_i)-y_i\big] \\
&= 2\sum_{i=1}^{m}(wx_i+b-y_i) \\
&= 2\Big[mb-\sum_{i=1}^{m}(y_i-wx_i)\Big]
\end{aligned}
\tag{8-21}
$$

当损失函数降至最低时,及损失函数的偏导数趋于 0:

$$
\text{即}\quad \frac{\partial \mathrm{loss}}{\partial b}=0
$$

$$
mb = \sum_{i=1}^{m}(y_i-wx_i)
$$

$$
b = \frac{1}{m}\sum_{i=1}^{m}(y_i-wx_i)
\tag{8-22}
$$

同理,可以推导获得 w:

$$
\begin{aligned}
\frac{\partial \mathrm{loss}}{\partial w} &= 2\sum_{i=1}^{m}x_i\big[f(x_i)-y_i\big] \\
&= 2\Big[w\sum_{i=1}^{m}x_i^2-\sum_{i=1}^{m}(y_i-b)x_i\Big]
\end{aligned}
\tag{8-23}
$$

$$
\frac{\partial \mathrm{loss}}{\partial w} = 0
$$

$$w\sum_{i=1}^{m}x_i^2 = \sum_{i=1}^{m}(y_i-b)x_i$$

将 $b = \dfrac{1}{m}\sum_{i=1}^{m}(y_i-wx_i)$ 代入上式

$$w\sum_{i=1}^{m}x_i^2 = \sum_{i=1}^{m}y_ix_i - \sum_{i=1}^{m}x_i\frac{1}{m}\sum_{i=1}^{m}(y_i-wx_i)$$

$$w\sum_{i=1}^{m}x_i^2 = \sum_{i=1}^{m}y_ix_i - \frac{1}{m}\sum_{i=1}^{m}x_i\sum_{i=1}^{m}y_i + \frac{w}{m}\Big(\sum_{i=1}^{m}x_i\Big)^2$$

$$w\Big[\sum_{i=1}^{m}x_i^2 - \frac{1}{m}\Big(\sum_{i=1}^{m}x_i\Big)^2\Big] = \sum_{i=1}^{m}y_ix_i - \frac{1}{m}\sum_{i=1}^{m}x_i\sum_{i=1}^{m}y_i$$

$$w\Big[\sum_{i=1}^{m}x_i^2 - \frac{1}{m}\Big(\sum_{i=1}^{m}x_i\Big)^2\Big] = \sum_{i=1}^{m}y_ix_i - \overline{x}\sum_{i=1}^{m}y_i$$

$$w = \frac{\sum_{i=1}^{m}y_i(x_i-\overline{x})}{\sum_{i=1}^{m}x_i^2 - \frac{1}{m}\Big(\sum_{i=1}^{m}x_i\Big)^2} \tag{8-24}$$

$$f(x)' = f[g(x)]'$$
$$= f(u)'g(x)'$$
$$= [(1+e^{-x})^{-1}]'(1+e^{-x})'$$
$$= \frac{e^{-x}}{(1+e^{-x})^2} \tag{8-25}$$
$$= \frac{1}{1+e^{-x}}\Big(\frac{e^{-x}}{1+e^{-x}}\Big)$$
$$= \frac{1}{1+e^{-x}}\Big(1-\frac{1}{1+e^{-x}}\Big)$$

$$即\ f(x)' = f(x)[1-f(x)] \tag{8-26}$$

经过处理后的图片,将由系统自行调整大小。处理程序代码如下。VGG16 的卷积模块如图 8-24 所示。迭代准确率如图 8-25 所示。

```
train_generator= train_datagen.flow_from_directory(
    train_dir,
    target_size= (120,360),
    batch_size= batch_size,
    class_mode= 'binary')

validation_generator= test_datagen.flow_from_directory(
    validation_dir,
    target_size= (120,360),
    batch_size= batch_size,
    class_mode= 'binary')
```

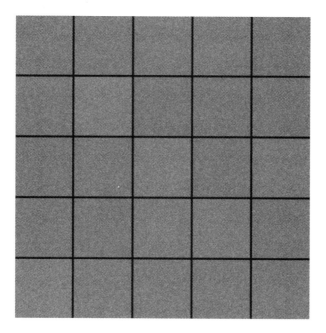

图 8-24　VGG16 的卷积模块

```
1/10 [==>...........................] - ETA: 0s - loss: 0.2886 - acc: 0.9000
2/10 [=====>........................] - ETA: 0s - loss: 0.3770 - acc: 0.8750
3/10 [========>.....................] - ETA: 0s - loss: 0.3167 - acc: 0.9000
4/10 [===========>..................] - ETA: 0s - loss: 0.2734 - acc: 0.9250
5/10 [==============>...............] - ETA: 0s - loss: 0.4105 - acc: 0.9100
6/10 [=================>............] - ETA: 0s - loss: 0.3611 - acc: 0.9250
7/10 [====================>.........] - ETA: 0s - loss: 0.3309 - acc: 0.9214
8/10 [=======================>......] - ETA: 0s - loss: 0.3103 - acc: 0.9187
9/10 [==========================>...] - ETA: 0s - loss: 0.2838 - acc: 0.9278
10/10 [==============================] - 5s 457ms/step - loss: 0.2724 - acc: 0.9300 - val_loss: 0.2164 - val_acc: 0.9050
```

图 8-25　迭代准确率

8.7.2　VGG16 网络增强处理

使用 Rmsprop 优化器进行梯度下降，为网络迭代的加速创造了可能。Rmsprop 优化器如图 8-26 所示。数据增强如图 8-27 所示。

数据增强程序代码如下。准确率曲线如图 8-28 所示，损失函数曲线如图 8-29 所示。测试结果如表 8-2、表 8-3 所示。

1.# 数据增强

2.train_datagen= ImageDataGenerator

3.　　　rescale= 1./255,

4.　　　width_shift_range= 0.2,# width_shift 和 height_shift 是图像在水平或垂直方向上平移的范围（相对于总宽度或总高度的比例）

5.　　　height_shift_range= 0.2,

6.　　　shear_range= 0.2,# shear_range 是随机错切变换的角度

7.　　　zoom_range= 0.2,# zoom_range 是图像随机缩放的范围

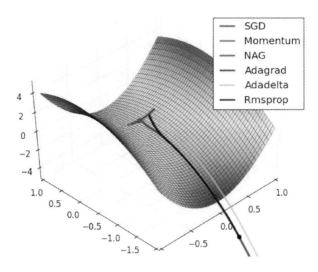

图 8-26　Rmsprop 优化器

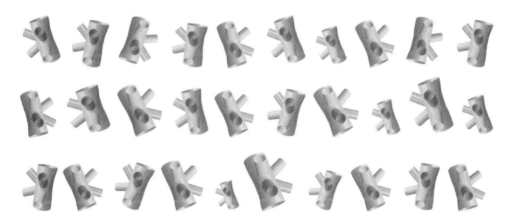

图 8-27　数据增强

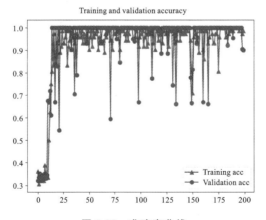

图 8-28　准确率曲线

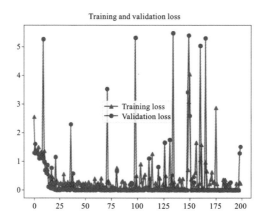

图 8-29　损失函数曲线

表 8-2　测试结果一

测试集数量/张	总用时/s	平均用时/s
152	6.563762	0.043183

表 8-3　测试结果二

测试集数量/张	正确数量/张	错误数量/张	正确率
152	152	0	100%

9　总结

本书涉及海上风电发展状况,在工程实际的基础上提出了关于海上风电场船舶碰撞的评估方法与标准,开展了基础极限强度与事故后评估工作。同时,依据项目要求,参照实际情况,设计了具体的试验模具,并进行了典型构件低速冲击试验和风机基础的整体推倒试验。在具体试验的基础上,提出了风机基础的修复与评估以及塔筒的事故后评估与修复。并且,将智能检测技术引入后评估中。

(1)书中重点解决了海洋多场作用下船撞过程及损伤结构非线性计算关键问题,实现初始设计、船撞过程和损伤后结构性能一体化对比评估。

①环境-结构-土体耦合船撞海上风电基础结构评估方法:全面考虑船撞海上风电基础结构过程中材料、几何、接触、桩土非线性的设置,引入等效环境荷载,发展了船撞结构过程及结构承载性能模拟方法,实现结构设计、船撞损伤与剩余承载性能一体化计算和评估。

②打桩过程及附件疲劳断裂CEL建模和模拟方法:采用CEL技术解决打桩过程中出现的网格畸变问题,并采用无限元方法处理边界反射导致的计算误差,实现了大动能作用桩基贯入和附件断裂模拟。

③海上风电基础结构船撞后修复方案及评估方法:采用膨胀式灌浆卡箍对损伤结构进行修复,实现典型节点和导管架未损伤、损伤和损伤后修复结构承载性能模拟,给出了修复后结构承载性能评估方法。

④海上风电基础结构船撞后拆除方案及评估方法:基于前述研究实施了船撞导管架拆除模拟,给出了多类拆除流程的稳定性指标,提出拆除作业划分方法和作业建议。

⑤典型结构低速撞击和损伤后结构极限承载试验:通过落锤冲击试验得到导管架典型构件损伤程度与冲击能量的关系,冲击力与构件被冲击后形成的凹陷深度的关系,将结果与数值模拟结果进行对比,建立了半经验解析公式;以高性能动态作动器对导管架比例模型进行位移加载,使结构产生局部塑性、大范围屈服直至整体失效,验证了结构整体失效机制和前述数值评估方法适用性。

⑥单桩及导管架基础船撞损伤评估企业标准:对照国内外重要规范,针对工程实际总结了单桩及导管架船撞有限元分析流程,针对基础自身特性给出了破坏形态与指标。

(2)本书对于打桩过程也进行了深入的研究与探索。为能充分开展打桩过程的研究,此次打桩过程的模拟选取了CEL方法,CEL方法能解决网格畸变问题,采用欧拉体模拟土体结构,桩土采用拉格朗日体进行研究,采用无限元处理边界振荡,使能量不反弹,采用等效锤击的方法可进行多次打桩分析,针对附件结构的断裂问题,采用大能量的锤击力来进行一次断裂模拟。打桩分析采用的CEL方法更能解决土体大变形问题,可观测到桩体的下降位移、速度和加速度等。打桩过程涉及多体动力学分析,打桩过程中产生的能量在桩体之间传递使桩体下沉,欧拉体和拉格朗日体会产生接触,一部分产生网格穿透,通过施加罚函数进行设置,使欧拉体和拉格朗日体进行相互作用,从而实现整个过程分析。

①应用多尺度有限元建模方法,发展了多类简化单元和实体单元的势函数耦合方法,建立了三维框架结构的多尺度有限元模型,针对动态算法,对不同节点耦合位置与数目的模型进行计算效率的分析。结果表明:三维框架多尺度耦合模型与整体精细单元模型相比,计算

效率大幅度提高,管节点部位全部采用精细单元模型时,计算效率提高了52%。与此同时,采用的局部精细单元管节点数目越多,计算结果与整体精细单元模型计算结果越接近。

②同时,在基于多尺度建模方式的基础上,针对南海某风电场实建了导管架,建立了简化-实体耦合有限元模型,进行了单元耦合与网格敏感性分析,考虑海域内船舶实际运行情况,模拟了船舶吨位、初速度、碰撞角度不同组合情况下导管架基础船撞损伤过程,得出了最大碰撞力与各撞击因素之间的关系。结果表明:在导管架受撞击部位出现断裂损伤之前,船撞过程的最大撞击力与船舶质量的1/2次方成一次函数关系,与船舶初速度和碰撞角度的正弦值均成一次函数关系,在导管架受撞击部位出现断裂之后,线性关系不再明显。

③在前述船撞结构损伤模拟结果基础上,进一步计算了撞后结构剩余强度。船舶的质量或速度增大时,导管架剩余强度降幅较大,相比之下,船舶与导管架之间碰撞角度的变化对导管架剩余强度变化幅度的影响较小,同时,沿船舶撞击反方向的导管架剩余强度最小,并且得出了船舶低动能撞击时对导管架剩余强度影响最大的撞击部位。

④基于前述工作获得船撞深度与结构能量吸收数据,建立结构凹陷深度与船舶初始动能的半解析模型,并在数值模拟的基础上进行了撞击预测的算例分析。此表达式能根据船舶航行时的动能,预估船舶发生撞击后,受撞导管架的凹陷深度,为实际工程中快速评估相关结构船撞损伤提供一定的技术参考,为导管架基础结构提前采取撞击防护措施提供了一定的依据。

(3)本书应用多尺度有限元建模方法,发展了多类简化单元和实体单元的势函数耦合方法,建立了梁与三维框架结构的有限元模型,分别采用静态与动态的验证方法,对多尺度计算精度与效率进行了验证,得到结论如下。

①计算精度方面。

a.同一类型不同尺寸单元多尺度模型整体应力分布大致相同,局部位置应力值存在差异,表现为最大应力值与最小应力值发生位置一致,数值上存在差异。单元尺寸相同的部位剪力和弯矩曲线高度拟合。

b.同一尺寸不同类型单元多尺度模型整体应力分布大致相同,相同单元类型的区域,应力最值发生位置相同,数值差距较小,可以忽略不计。

②计算效率方面。

三维框架耦合模型与全尺寸壳单元模型应力整体分布大致相同,局部差距较大。与此同时,精细单元管节点耦合大大缩短了有限元计算的时间,提高了计算效率,全部腿柱与斜撑和横撑相接部位的管节点换成精细单元管节点的有限元模型计算效率提升较大。

总而言之,多尺度建模计算方法在有限元分析中,计算结果与全尺寸精细单元模型计算结果拟合度较高,同时,多尺度建模计算能够大大缩短计算时间,提高计算效率。此方法适用于尺寸较大模型整体结构力学性能的宏观计算,对于需要分析局部变形的细部结构,应当采用精细化建模。

(4)在多尺度建模方式的基础上,本书基于南海某风电场的实际工况进行了导管架模型的搭建,建立了简化-实体耦合有限元模型,模拟了船舶质量、初速度、碰撞角度不同组合情况下导管架基础船撞损伤过程,得出如下结论。

①对船舶撞击导管架能量问题进行分析,在撞击发生初期能量转化较为剧烈,动能降低,内能升高。碰撞后期,能量交换趋势放缓直至交换结束。在此过程中,船舶的动能主要转化为导管架和船舶的内能,船舶撞击后反向回弹的剩余动能以及导管架振荡动能。其中,导管架吸收的内能主要转化为导管架局部变形的塑性应变能以及整体弯曲变形的弹塑性应变能。

②对风电场导管架受撞击事故进行仿真,采用初速度为 3 m/s、吨位为 3000 t 的船舶实施撞击,提取撞击之后的能量曲线进行分析,碰撞发生时长为 0.87 s,在此时间段内,撞击发生初期能量转化较为剧烈,动能降低,内能升高。碰撞后期,能量交换趋势放缓直至交换结束。分析圆管受到撞击后的应力云图以及等效塑性应变云图,发现最薄弱部位发生在撞击船舶与圆管接触区域的外围,呈带状分布。

③设置船舶质量、初速度、碰撞角度不同组合工况,根据撞击 KK 节点、圆管以及 X 节点的碰撞力变化曲线,得出在导管架受撞击部位未出现断裂损伤之前,船撞过程的最大撞击力与船舶质量的 1/2 次方成一次函数关系,与船舶初速度和碰撞角度的正弦值均成一次函数关系,在导管架受撞击部位出现断裂之后,线性关系不再明显。

(5)在前述船撞结构损伤模拟结果基础上,进一步计算了撞后结构剩余强度。基于前述工作获得船撞深度与结构能量吸收数据,建立结构凹陷深度与船舶初始动能的半解析模型,具体总结如下。

①基于准静态方法,采用动力显示分析使结构达到位移平衡,得出添加初始缺陷后导管架极限强度为 29.5 MN,承载力降低约 10.6%。

②提取导管架船撞后的应力状态,进一步分析了 K 节点、KK 节点以及 X 节点的等效塑性应变,发现在最上部 K 节点层,受到撞击腿柱对应的 K 节点塑性应变最大,塑性应变呈块状分布。其余节点层在管节点周围也出现了不同程度的塑性应变,主要集中在腿管与斜管连接处。X 节点层中 E-2 节点塑性应变最大,船舶初始动能为 26.25 MJ 时,该节点表现为挤压变形,破坏最为严重。

③在船撞结构损伤模拟结果基础上,进一步计算了撞后结构剩余强度。相较于船舶碰撞角度,船舶质量或初速度对导管架剩余强度变化幅度的影响较大。同时,沿船舶撞击反方向的导管架剩余强度最小,并且得出了船舶低动能撞击时,撞击 KK 节点对导管架剩余强度影响最大。

④基于前述工作获得船撞深度与结构能量吸收数据,建立结构凹陷深度与船舶初始动能的半解析模型,并在数值模拟的基础上进行了撞击预测的算例分析,验证了半解析模型计算结果的准确性。

(6)本书发展了多尺度有限元建模与模拟方法,考虑该海域船舶运行实际情况,数值模拟了导管架基础船撞损伤过程,阐明了最大碰撞力与各撞击因素之间的关联关系,实施了导管架船撞后剩余强度评估,由此建立了导管架关键节点船撞损伤与船舶初始动能之间的半解析模型,具体内容如下。

①基于多尺度有限元建模方法,通过不同的单元耦合命令,建立了不同单元尺度和不同单元类型的两种耦合梁模型,进行了不同梁端约束条件下的静态计算。发现各模型在应力分布、梁轴线的剪力和弯矩曲线以及特定点位移曲线上误差较小,基本实现拟合。建立了三维框架结构的多尺度有限元模型,针对动态算法,对不同节点耦合位置与数目的模型进行计算效率的分析。

②基于导管架的整体精细有限元模型,提取导管架船撞后的应力状态,进一步分析了 K 节点、KK 节点以及 X 节点的等效塑性应变,发现在最上部 K 节点层,受到撞击腿柱对应的 K 节点塑性应变最大,塑性应变呈块状分布。其余节点层在管节点周围也出现了不同程度的塑性应变,主要集中在腿管与斜管连接处。采用准静态的极限强度分析方法,计算了添加初始缺陷的导管架基础的极限强度,在船撞后的导管架损伤模型的基础上,通过动力显示分析使结构达到位移平衡,得出撞击后导管架的剩余强度。发现船舶的质量或速度增大时,导管架剩余强度降幅较大,相比之下,船舶与导管架之间碰撞角度的变化对导管架剩余强度变化幅度的影响较小,同时,沿船舶撞击反方向的导管架剩余强度最小,并且得出了船舶低动能撞击时对导管架剩余强度影响最大的撞击部位。

参 考 文 献

[1] 张舒羽.水平承载桩静载 P-Y 曲线研究[D].南京:河海大学,2001.

[2] 俞益铭.海上风电大直径单桩基础设计研究[D].天津:天津大学,2011.

[3] 王瑞丰.大直径钢管桩水平承载特性研究[D].天津:天津大学,2011.

[4] 邹新军.基桩屈曲稳定分析的理论与试验研究[D].长沙:湖南大学,2005.

[5] 郑刚,王丽.成层土中倾斜荷载作用下桩承载力有限元分析[J].岩土力学,2009,30(3):680-687.

[6] 何筱进.现浇混凝土薄壁管桩的水平承载性状试验研究[D].南京:河海大学,2004.

[7] 龚维明,雷少磊,杨超,等.海上风机大直径钢管桩基础水平承载特性试验研究[J].水利学报,2015,46(1):34-39.

[8] 刘超,徐跃.漂浮式海上风电在我国的发展前景分析[J].中外能源,2020,25(2):16-21.

[9] 马晋龙,孙勇,叶学顺.欧洲海上风电规划机制和激励策略及其启示[J].中国电力,2022,5(4):1-11,92.

[10] 兰志刚,兰滢,孙洋洲,等.基于专利信息的海上风电技术趋势分析[J].海洋科学,2021,45(3):71-76.

[11] 许谅亮,胡晓珍.海上风电产业专利分析及建议[J].中国发明与利,2018,15(2):58-66.

[12] 刘啸波,胡颖,张婷.海上风电技术发展浅析[J].船舶物资与市场,2010(4):29-32.

[13] 董元元.浅谈海上风电发展趋势[J].现代营销(信息版),2019(10):73.

[14] 张先亮.海上风电发展趋势及关键技术研究[J].能源工程,2013(1):35-39.

[15] 舟丹.全球海上风电发展趋势[J].中外能源,2019,24(2):98.

[16] 张宪平.海上风电发展现状及发展趋势[J].电气时代,2011(3):46-48.

[17] 董爱民.风电桩基础水平承载力研究[D].武汉:中国地质大学,2017.

[18] 王占川.基于有限元强度折减法的单桩水平极限承载力研究[D].兰州:兰州交通大学,2017.

[19] 李振庆,唐小微,邵琪,等.吸力式桶形基础水平极限承载力研究[J].人民黄河,2014,36(3):96-98.

[20] 李国荣,周骥.500 kV 输电塔架的水平极限承载力分析[J].工业建筑,2013,增刊:1184-1187.

[21] 栗铭鑫.复合加载下海上大直径钢管桩屈曲承载力数值研究[D].镇江:江苏科技大学,2014.

[22] MINORSKY V U. An analysis of ship collision with reference to protection of nuclear power ships[J]. Journal of Ship Research,1959,3(2).

[23] WOISIN G. Proceedings of international symposium on advances in marine technology[C],Trondheim,1979:309-336.

[24] MCDERMOTT J F,KLINE R G,JONES E L,et al. Tanker structural analysis for minor collisions[J]. SNAME Transactions,1974,82:382-414.

[25] PETERSEN M J. Dynamics of Ship Collisions[J]. Ocean Engineering,1982,9(4):295-329.

[26] DERUCHER K N. Analysis of concrete bridge piers for vessel impact[J]. Civil Engineering for Practicing and Design Engineers,1982,1(4):393-420.

[27] RECKLING K A. Mechanics of minor ship collisions[J]. International Journal of Impact Engineering,1983,1(3):281-299.

[28] 梁文娟. 船舶碰撞的三维分析[J]. 交通部上海船舶运输科学研究所学报,1986,1:80-93.

[29] JONES N,JOURI W S. A study of plate tearing for ship collision and grounding damage[J]. Journal of Ship Research,1987,31(4):253-268.

[30] JONES N. A literature survey on the collision and grounding protection of ships[R]. Ship Structure Committee,Report No. SSC-283,1978.

[31] JONES N. Structural impact[M]. Cambridge：Cambridge University Press,1989.

[32] HYSING T. Damadge and penetration analysis safety of passenger roro vessels[R]. DNV Report,Norway,1995.

[33] YANG P D C,CALDWELL J B. Collision energy absorption of ship bow structrures[J]. International Journal of Impact Engineering,1988,32(4):181-196.

[34] PAIL J K. Cutting of a longitudinally stiffened plate by a wedge[J]. Journal of Ship Research,1994,38(4):340-348.

[35] PAIK J K,CHUNG J Y,THAYAMBALLI A K,et al. On rational design of double hull tanker structures against collision[J]. Transactions-Society of Naval Architects and Marine Engineers,1999,107:323-363.

[36] PEDERSEN P T,ZHANG S M. On impact mechanics in ship collision[J]. Marine Structures,1998,11(10):429-449.

[37] ZHANG S M,PEDERSEN P T. The mechanics of ship collisions[D]. Denmark：Technical University of Denmark,1999.

[38] TABRI K,VARSTA P,MATUSIAK J. Numerical and experimental motion simulations of nonsymmetric ship collisions[J]. Journal of Marine Science and Technology,2010,15(1)：87-101.

[39] LIU Z H,AMDAHL J. A new formulation of the impact mechanics of ship collisions

and its application to a ship-iceberg collision[J]. Marine Structures,2010,23(3)：360-384.

[40] 王君杰,卜令涛,孟德巍.船桥碰撞简化动力分析方法：简化动力模型[J].计算机辅助工程,2011,20(1)：70-75.

[41] DAI L J,EHLERS S,RAUSAND M,et al. Risk of collision between service vessels and offshore wind turbines[J]. Reliability Engineering & System Safety,2013,109：18-31.

[42] ZHANG S M,VILLAVICENCIO R,ZHU L,et al. Impact mechanics of ship collisions and validations with experimental results[J]. Marine Structures,2017,52：69-81.

[43] 李艳贞.船舶与海上风电站碰撞的数值仿真研究[D].上海：上海交通大学,2010.

[44] 郝二通.海上风电机组结构抗船撞及抗震性能研究[D].大连：大连理工大学,2016.

[45] BIEHL F,LEHMANN E. Collosions of ships with offshore wind turbines：calculation and riskevaluation [D]. Hamburg：Hamburg University of Technology,2008.

[46] REN N X,OU J P. A crashworthy device against ship-OWT collision and its protection effects on the tower of offshore wind farms [J]. China Ocean Engineering,2009,23(4)：593-602.

[47] RAMBERG H F. High energy ship collisions with bottom supported offshore wind turbines[D]. Trondheim：Norwegian University of Science and Technology,2011.

[48] HAMANN T,PICHLER T,GRABE J. Numerical simulation of ship collision with gravity base foundations of offshore wind turbines [C]. Proceedings the 32nd International Conference on Ocean,Offshoore and Arctic Engineering,France：Nantes,2013.

[49] KROONDIJK R. High energy ship collisions with bottom supported offshore wind turbines[D]. Trondheim：Norwegian University of Science and Technology,2012.

[50] SAMSONOVS A,GIULIANI L,ZANIA V. Soil structure interaction in offshore wind turbine collisions [C]. Eurppean Association for Structural Dynamics. Proceedings of the 9th International Conference on Structural Dynamics. June 30-July 2,2014,Porto,Portugal. Porto：EURODYN,2014：3651-3658.

[51] DING H Y,ZHU Q,ZHANG P Y. Dynamic simulation on collision between ship and offshore windturbine[J]. Transactions of Tianjin University,2014,20：1-6

[52] ZHANG J H,GAO D W,SUN K,et al. Ship inpact behavior on jacker type offshore wind turbine foundation [C]. Proceedings the 33rd International Conference on Ocean,Off-shore and Arctic Engineering. USA：San Francision,2014.

[53] BULDGEN L,LE S H,PIRE T. Extension of the super-elements method to the

analysis of a jackt impacted by ship [J]. Marine Structures,2014,38:44-71.

[54] BELA A,LE S H,BULDGEN L,et al. Numerrical crashworthiness analysis of an offshore wind turbinemonopile impacted by a ship[J]. Analysis and Design of Marine Structures,2015:661-669.

[55] LE S H,BARRERA A,MALIAKEL J B. Numerical crashworthiness anlysis of an offshore wind turbine jacket impacted by a ship [J]. Journal of Marine Science and Technology,2015,23(5):694-704.

[56] HAO E,LIU C G. Evaluation and comparison of anti-impact performance to offshore wind turbinefoundations: monopile,tripod,and jacket [J]. Ocean Engineering,2017, 130:218-227.

[57] AMDAHL J,JOHANSEN A. High-energy ship collision with jacket legs[Z]. 2001, 01-IL-430.

[58] GRACZYKOWSKI C, HOLNICKI-SZULC J. Protecting offshore wind turbines against ship impacts by means of adaptive inflatable structures[J]. Shock and Vibration,2009,16:335-353.

[59] FAN W, YUAN W C. Numerical simulation and analytical modeling of pile-supported structures subjected to ship collisions including soil-structure interaction [J]. Ocean Engineering,2014,91:11-27.

[60] MINORSKY,YANG C C. Bow loading values for ice breaker[J]. U. S. Martime Administration Contract,No. 7-38028,1979.

[61] CHANG P Y, SEIBOLD F, THASANATORN C. Rational methodology for the prediction of structural response due to collisions of ships [J]. Transactions SNAME,1980,88:173-193.

[62] LENSELINK H, THUNG K G. Numerical Simulations of Ship Collsions [C]. Proceedings of 2nd International Offshore and Polar Engineering Conference,San Francisco,USA,1992,1:79-88.

[63] LENSELINK H, THUNG K G. Numerical simulations of the dutch Japanese full scale ship collision tests[C]. Proceedings of Conference on Prediction Methodology of Tanker Structural Failure(ASIS),Tokyo,Japan,1992.

[64] VREDEVELDT A W,WEVERS L J. Full scale ship collision tests[C]. First Joint Conference on Marine Safety and Environment/Ship Production,Delft,1992.

[65] LLOYD G. Richtlinie zur erstellung von technischen risikoanalysen fur offshore-windparks[S]. Hamburg,2002.

[66] LEHMANN E,PESCHMANN J. Energy absorption by the steel structure of ships in the event of collisions[J]. Marine Structures,2002,15(4-5):429-441.

[67] 秦立成. 海洋导管架平台碰撞动力分析[J]. 中国海上油气,2008,20(6):416-419.

[68] 杨亮,马骏.冰介质下的船舶与海洋平台碰撞的数值仿真分析[J].中国海洋平台.2008,23(2):29-33.

[69] TABRI K,MATUSIAK J,VARSTA P. Sloshing interaction in ship collisions——an experimental and numerical study [J]. Ocean Engineering, 2009, 36 (17-18): 1366-1376.

[70] TABRI K,BROEKHUIJSEN J,MATUSIAK J,et al. Analytical modelling of ship collision based on full-scale experiments[J]. Marine Structures,2009,22(1):42-61.

[71] 李艳贞,邹早建,胡志强.海上风电站受到船舶正向撞击时的动力响应数值仿真研究[C]//船舶结构力学学术会议暨中国船舶学术界进入 ISSC30 周年纪念会会论文集.中国造船工程学会船舶力学学术委员会,中国船舶与海洋工程结构会议(CSOSC),2009:212-217.

[72] 李艳贞,胡志强,邹早建.海上风电站遭遇船舶侧向撞击时的结构动力响应分析[J].振动与冲击,2010,29(10):122-126＋254-255.

[73] 李艳贞,胡志强,邹早建.船舶撞击速度对海上风电站结构抗撞性能的影响[J].江苏科技大学学报(自然科学版),2010,24(3):213-216.

[74] SUZUKI H,OKAYAMA S,FUKUMOTO Y. Collision of a drifting ship with wind turbines in a wind farm[C]. Proceedings the 32nd International Conference on Ocean,Offshore and Arctic Engineering,France:Nantes,2013.

[75] 胡志强,朱旻,岑松.导管架平台立柱结构的抗撞性能分析[J].中国舰船研究,2013,8(1):54-63.

[76] 郝二通,柳英洲,柳春光.单桩基础海上风机受船撞击损伤和动力响应分析[J].大连理工大学学报,2014,54(5):551-557.

[77] 郝二通,柳英洲,柳春光.海上风机单桩基础受船舶撞击的数值研究[J].振动与冲击,2015,34(3):7-13.

[78] TRAVANCA J,HAO H. Energy dissipation in high-energy ship-offshore jacket platform collisions[J]. Marine Structures,2015,40:1-37.

[79] LIU C G,HAO E,ZHANG S B. Optimization and application of a crashworthy device for the monopile offshore wind turbine against ship impact[J]. Applied Ocean Research,2015,51:129-137.

[80] MOULAS D,SHAFIEE M. Damage analysis of ship collisions with offshore wind turbine foundations[J]. Ocean Engineering,United Kingdom,2017,143:149-162.

[81] BELA A,SOURNE H L,BULDGEN L,et al. Ship collision analysis on offshore wind turbine monopile foundations[J]. Marine Structures,2017,51:220-241.

[82] MO J,LI M,KANG H G. Transient behaviour of grouted connections of offshore wind turbines subject to ship impact[J]. Applied Ocean Research,2018,76:159-173.

[83] HAN Z W,LI C,DENG Y H,et al. The analysis of anti-collision performance of the

fender with offshore wind turbine tripod impacted by ship and the coefficient of restitution[J]. Ocean Engineering,2019,194:106614.

[84] JIA H K,QIN S Y,WANG R M,et al. Ship collision impact on the structural load of an offshore wind turbine[J]. Global Energy Interconnection,2020,3(1):43-50.

[85] 温生亮,尹光荣.渤海海域导管架平台船舶撞击性能分析[J].石油和化工设备,2020,23(12)：30-34.

[86] ZHANG Y C,HU Z Q,NG C,et al. Dynamic responses analysis of a 5 MW spar-type floating wind turbine under accidental ship-impact scenario［J］. Marine Structures,2021,75:102885.

[87] American association of sate highway and transportation officials:guide specification and commentary for vessel collision design of highway bridge［S］. Washington：AASHTO,2009.

[88] 中华人民共和国交通运输部.公路桥涵设计通用规范:JTG D60—2015[S].北京:人民交通出版社,2015.

[89] 国家铁路局.铁路桥涵设计规范:TB 10002—2017[S].北京:中国铁道出版社,2017.

[90] EHLER S,BROEKHUIJSEN J,ALSOS H S,et al. Simulating the collision response of ship side structures：a failure criteria benchmark study［J］. International Shipbuiding Progress,2008,55(1-2):127-144.

[91] CONSOLAZIO G R. Barge impact testing of the Saint George island causeway bridge[R]. Saint George:University of Florida,2004.

[92] JIN W L,SONG J,GONG S F,et al. Evaluation of damage to offshore platform structures due to collision of large barge[J]. Engineering Structures,2005,(27)：1317-1326.

[93] 胡志强,崔维成,杨建民.基于模型试验和数值模拟方法的深吃水立柱式平台碰撞特性[J].上海交通大学学报,2008,42(6):939-944.

[94] 邹湘. 裂纹损伤下导管架平台剩余强度研究[D].镇江:江苏科技大学,2015.

[95] 黄震球,陈齐树.内部爆炸后舰船总体结构的剩余强度[J].武汉造船,1996,6(111)：1-3. 1-5.

[96] 李景阳.含裂纹损伤船舶结构的剩余极限强度分析[D].上海:上海交通大学,2009.

附录 A 基础防撞有限元分析方法

(1)海上风电单桩基础、塔筒以及塔筒以上部分建模建议采用 ABAQUS 或其他有限元软件、三维软件。

(2)风电基础有限元模型一般采用实体单元进行建模,单元选择建议采用减缩积分单元或非协调单元;减缩积分单元可以缓解完全积分单元导致单元过于刚硬和计算挠度偏小的问题,同时可以避免剪切闭锁问题,但线性减缩积分单元存在"沙漏模式"。出现"沙漏模式"时建议采用细化网格或采用二次减缩积分单元减少沙漏现象,基础防撞分析属于大应变的弹塑性问题和接触问题,采用二次减缩积分单元会加大计算量,建议直接采用线性减缩积分单元进行细化网格。量化沙漏效应的途径是研究其伪应变能,它是控制沙漏变形所耗散的主要能量,一般而言,伪应变能与实际应变能的能量耗散比率应低于 5%。通常采用两种沙漏控制的方法:粘性阻尼算法和弹性刚度算法。在使用沙漏控制的模型中,要确保计算结果中伪应变能与总内能比值不超过 1%。非协调单元将增强单元的变形梯度的附加自由度引入线性单元中,避免单元交界处的位移场出现重叠或间隙,避免了线性完全积分单元产生剪切闭锁现象,但防撞分析中由于模型较大,采用此单元会加大计算量,同时依赖于单元划分的质量,要求在重要的应力集中部位划分形状规则的高质量的四边形或六面体单元网格。

(3)风电基础材料模型建议采用 DNVGL-RP-C208 规范具有线弹性和屈服平台的幂律硬化弹塑性本构关系,低碳钢 S355 和低碳钢 S235 都符合该本构关系。

(4)土体模型建议采用圆柱形或立方体形,模型大小建议是桩直径的 20~40 倍,根据计算效率和自身计算机性能进行调整,保证土体模型在计算过程中能量传递到土体边界并同时具有一定的质量。

(5)土体材料模型建立采用 Mohr-Coulomb 弹塑性本构关系或 Drucker-Prager/Cap 弹塑性本构关系。土体采用分层分别输入相应的参数,各参数由相关的试验测得。

(6)碰撞分析前需要对土体平衡初始地应力,首先建立土体有限元模型,输入土体材料参数,然后在土体上施加重力荷载,并对数值模型按照实际工程情况进行边界条件设置,最后计算得到在重力荷载下的应力场分布。基于地应力平衡原理,将提取的应力结果文件作为初始条件施于下一步分析数值模型中,并同时加载重力荷载,使得施加的内力与外力相平衡,从而得到相对精确的未经工程或人为因素扰动的初始应力状态。

(7)土体模型采用实体单元进行建模,建议采用线性减缩积分单元。

(8)船体模型建议根据风电场实际通航量,采用典型船舶型号、船舶质量(或 DWT 吨位)进行建模分析,根据相关文献研究,建议采用带有球鼻艏或飞剪型艏的散货船。防撞分析时如需进行船侧、船尾碰撞,也需要选择同样的型号进行建模。船体建模建议采用壳单元建模,建模体现船体内部桁架、纵梁等内部主要框架结构。

(9)船体材料模型建议采用 DNVGL-RP-C208 规范具有线弹性和屈服平台的幂律硬化弹塑性本构关系。研究其防撞设施和风电基础的抗撞能力时,船体模型可以设为刚体。

(10)船舶碰撞研究时,建议建立全尺寸的船体模型,船舶碰撞部位采用精细的网格划分,船身和船尾采用粗糙的网格划分,通过调节船体质量密度和集中质量点研究不同碰撞质量下风电基础的抗撞能力。

(11)船侧和船尾碰撞时,在碰撞部位建议采用可体现内部结构框架的精细化网格,其他部位可以采用集中质量点设置相应的约束和边界条件。

(12)船舶的碰撞速度建议取 $1\sim5$ m/s,对结构实体模型和集中质量点都同时施加速度,保证整体船舶碰撞时处于同一速度下。

(13)船舶和基础结构碰撞时间为 $1\sim5$ s,具体时间根据船舶自身的动能和结构的抗撞性能,保证计算出的碰撞力从 0 逐渐增大到最大碰撞力再逐渐变化为 0 或接近 0,实现整个碰撞过程能量之间相互转化。

(14)碰撞过程中考虑流体对结构碰撞的影响,船舶在水体流场中做加速运动,同时附带的流体也做加速运动,附着水流的这部分质量在碰撞过程中加大碰撞荷载的质量,把这部分在碰撞作用中加大船舶的质量称为附加质量。附加质量大小主要取决于流体的密度、船舶的外形特征和运动方向。采用附加质量系数形式计算所需时间仅为考虑流固耦合作用所需时间的 1%。当船体运动方向是纵向时,附加质量系数建议为 0.05,当船体运动方向为横向时,附加质量系数建议为 0.4。

(15)船舶碰撞海上风电基础,由于碰撞过程中两者存在接触,会产生切向的接触摩擦力。两者材料不同或者不同的规范采用的动静摩擦系数不同,对碰撞的结果会产生影响,同时摩擦系数会产生摩擦生热,导致内能和动能的改变,在接触过程中接触应力法向和切向方向都会改变。船舶碰撞海上风电基础是钢材与钢材之间进行摩擦接触,建议动、静摩擦系数取值为 $0.15\sim0.25$。

(16)风浪荷载按照相关的规范进行施加,浪荷载可参考莫里森方程进行施加,风荷载可按照风电场相关的风荷载随高度的变化系数以及 C_s 构件表面粗糙度、构件形状及雷诺数的函数进行取值,通过轮毂高度处阵风风速(3 s 均值)乘以以上系数进行施加。

(17)碰撞分析建议采用有限元中显式积分算法(中心差分法)进行计算,显式积分方法求解动态分析时,不需要对平衡方程中矩阵求逆或分解,也不需要进行迭代求解方程组,不存在收敛问题。显式积分算法中稳定性准则是利用系统的稳定时间增量来控制计算步长的大小,保证在稳定时间内有序进行。

(18)碰撞分析中需要设置材料的损伤参数,钢结构的损伤演化建议采用等效塑性断裂位移或断裂能量耗散来控制损伤演化的方向。

(19)海上风电轮毂以上结构自重采用集中质量点施加在塔筒最高点,减少计算量。

(20)船舶碰撞风电基础过程中能量主要转化为船舶-风电-土体整体塑性耗散能和整体应变能、系统的内能和风电获得的动能。

(21)求解全耦合模型质量体积较大,对于碰撞部位网格细化,导致网格特征长度变小,系统的稳定时间增量变小,求解时间较长,通常采用质量缩放功能来提高计算效率。质量缩放会改变系统的动内能计算结果,所以质量缩放会使应力、应变等计算结果产生一定的误差,可通过对比伪应变能/内能百分比是否合适(通常 10% 以内),来判断碰撞过程中质量缩放使用的合理性和准确性。

(22)分析结构的动力响应时,机舱的加速度最大限值是 6 m/s²,建议抗撞分析中以机舱的加速度来评估结构的动力响应,机舱加速度超过限值会导致整个风电叶片和机舱脱落,如果超过此限值,建议分析其塔筒最高点允许最大剪力。

(23)以结构的碰撞力-凹陷位移曲线来评估结构的抗撞性能。提取结构碰撞面积下的碰撞合力及风电基础和船舶接触面,接触面合力即为碰撞力;提取结构沿碰撞方向下接触面最大凹陷深度值为凹陷位移。

(24)基础的损伤程度,可通过碰撞过程中基础材料超过屈服强度的面积(屈服面积或单元删除的损伤面积)来反映。

(25)分析未损伤结构整体极限强度时,单桩基础需考虑桩土作用对其影响,当结构采用隐式分析时,桩和土之间需要进行绑定连接,即忽略桩土作用;当采用准静态分子时,可以考虑桩土作用。

(26)可采用弧长法分析结构的极限强度,非线性弧长法是以求解结构静态平衡方程式的双参数隐式求解方法,主要通过设置一个弧长 l 增量来控制增量平衡方程的迭代和收敛,通常采用位移加载或力加载分析。

(27)可采用准静态法分析结构的极限强度,准静态法采用中心差分法进行显式时间积分,由前一个动力平衡方程解作为下一个动力平衡方程的条件,在时间增量步上进行积分。准静态法的求解思想是用慢速动态加载分析来模拟静态受力问题。故需要设置合理的加载速率,加载过快会使平衡方向的解偏离"准静态"的解,导致结果不是静态解,加载过慢就会需要较长时间来完成分析,计算效率大大下降。

(28)为了得到相对准确的准静态结果,求解过程在固有时间内进行加载分析。固有时间是一个物理过程所实际占用的时间。如果结构事件中发生在其固有时间尺度内,事件结束时速度基本为零,那么分析实际上已经符合动态分析求解静态事实,并得到准确的准静态解。通常我们利用结构的固有时间的 10 倍进行加载求解分析,以充分保证得到精确静态解。

(29)准静态法相比弧长法最大的优势是可以求解复杂的收敛性问题,尤其是求解复杂结构崩溃失效或复杂接触问题。

(30)进行结构极限强度分析,需要引入结构材料等初始几何缺陷。初始几何缺陷是钢结构在加工过程中由于加工工艺、焊缝、加工误差或者是在运输、安装、存储、使用等过程中造成的损伤,例如微小裂纹、孔洞等。进行风电基础极限强度研究时,最好是能真正引入几何缺陷,但是由于各种因素夹杂其中难以准确测量。利用有限元软件提取特征值屈曲分析中一阶模态位移场所占百分比作为引入的初始缺陷,这样做不需要知道缺陷具体位置或损伤形式。对于通过风电基础钢结构材料进行极限强度的研究来说,引入初始几何缺陷需要知道结构分析得到的线性特征值屈曲一阶模态和一定的桩基厚度百分比。桩基厚度百分比建议取结构的1%，以得到结构的完整破坏过程。

（31）在准静态分析整个过程中系统动能占系统内能5%～10%。有限元程序评估准静态中的能量平衡方程：

$$E_I + E_V + E_{KE} - E_W = E_{total} = \text{constant} \tag{1}$$

式中：E_I是内能（包括弹性和塑性应变能）；E_V为粘性耗散所吸收的能量；E_{KE}为动能；E_W为外力所做的功；E_{total}为系统的总能量。

（32）结构的剩余强度研究建议采用准静态法进行分析，准静态法能分析其碰撞后结构含有的应力、应变、位移以及损伤，这些值对结构的剩余强度评估具有重要的意义。

（33）结构碰撞后基础结构顶端会产生较大的加速度，加载过程不是静态加载或准静态加载，故需要通过设置Rayleigh阻尼参数进行能量衰减分析。

（34）将衰减分析得到的结果导入剩余强度分析中，结果文件包括应力、应变、位移等材料状态信息。需要对模型重新设置接触、约束、边界条件、主从表面和导入结果文件作为初始状态预定义场。

（35）由于碰撞会造成局部损伤或者产生凹陷，力施加就会有两种方向：一个是沿碰撞方向施加力，这样会使凹陷部分隆起，对局部产生反凹陷方向弯矩作用，反碰撞方向会产生回弹位移；另一个是反碰撞方向施加力，这样会加强凹陷部分，对局部产生沿凹陷方向弯矩作用，碰撞方向会产生回弹位移。

（36）有限元软件中结果传递和导入功能即把上一步分析的结果作为初始条件进行下一步分析，可以实现显式分析与隐式分析之间的数据传递和结果导入，隐式分析需要设置重启动进行数据输出，显式分析可直接输出结果数据。

（37）未损伤和碰撞后损伤建议都采用准静态算法，这样撞前撞后可以相互对比。如果撞后损伤应力/位移难以导入下一步进行剩余强度分析，建议采用碰撞后的变形网格功能进行数据传递。

附录 B 导管架防撞有限元分析方法

1. 导管架主体的破坏形态及破坏指标

(1)基于总体变形水平的导管架破坏指标评价。

开展导管架主体抗撞击能力的研究,需要分析导管架受撞击主要部位的局部变形,并且提取圆管部位应力云图以及等效塑性应变云图(图 1)。

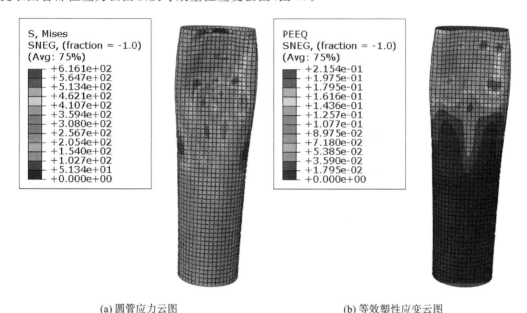

(a) 圆管应力云图　　　　　　　　　　　(b) 等效塑性应变云图

图 1　圆管应力云图与等效塑性应变云图

对圆管的应力云图进行分析,块状的应力集中区域往往出现在导管架与船舶发生接触的部位,碰撞的耗时极短。撞击作用还未传递到整个结构,先在碰撞部位产生了局部凹陷,出现应力集中。

分析圆管应力云图时需要注意,应力较大的部位往往出现在凹陷边缘,呈条状分布。在圆管与 KK 节点相连接部位也会出现应力集中,范围较小。在圆管的等效塑性应变云图中,塑性应变最大的部位也出现在凹坑的外侧边缘处,最深凹坑处塑性应变较小。

受撞击后,严重变形往往发生在导管架与船舶发生直接接触的部位,单元应力最大(图2),上部 KK 节点受到影响,在与斜撑相接部位出现应力集中,应力带呈环状分布,最下部 4 个 X 节点也出现了不同程度的应力集中。

(2)基于结构强度的导管架破坏指标评价。

在开展导管架主体结构强度的研究时,提取导管架的力-位移曲线(图 3)是不可或缺的。首先,对导管架模型底端进行固支约束,在塔筒基础部位耦合一个参考点,并在此参考

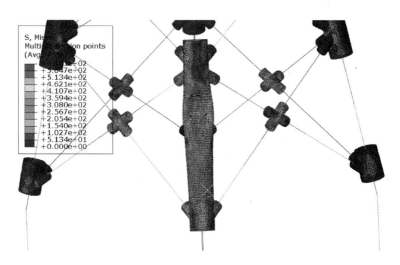

图 2　导管架整体应力云图

点上施加上部塔筒的质量。将塔筒上部基础耦合在参考点上，对此参考点施加强制力作用，随后开展有限元数值模拟，即可获取所需的力-位移曲线。

在求解导管架模型的极限强度时，推荐采用准静态方法。准静态方法实现的关键是找到合适的加载曲线，加载速度倘若过快，模型计算的结果就会出现过大的局部变形，网格往往会失效，力-位移曲线出现起伏，这样的结果对于准静态方法的计算来说都是不准确的。

在实际模拟时，模型加载幅值曲线可以采用光滑步骤 Smooth Step 幅值曲线，曲线在连接每一组数据对时，采用光滑的曲线进行连接，并且该曲线的一阶和二阶导数都应该为 0，曲线在每一处都应是光滑的，从而保证了在进行准静态分析时不会因加载速率过大而产生局部大变形，导致强度曲线出现振荡。

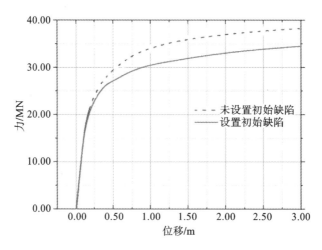

图 3　模型力-位移曲线示例图

（3）基于结构稳定性的导管架破坏指标评价。

对于单一结构，如梁、板、杆而言，施加一定的外荷载，结构往往会出现失稳的情况。并且，随着时间的推移，结构变形会逐步加大，无需增大荷载的值，结构就会慢慢发生变形。随着变形进一步增大,达到某一值时,结构又会呈现出刚度恢复,能够抵抗变形的状态,此时就称该结构发生了屈曲。结构失去稳定性之前的状态称为前屈曲,之后的状态称为后屈曲。

而对于一个复杂结构来说,结构不可能是完全理想没有任何缺陷的。结构的初始缺陷一般有特征值屈曲模态缺陷、随机缺陷、焊缝缺陷等。因此,对于复杂结构而言,在结构失去稳定性之前甚至在结构失稳之后,我们都无法得知实际的缺陷是什么形式,具体在什么位置。

为此,在开展工程有限元模型运算时,我们常常采用特征值屈曲的方式来引入模型的初始缺陷,以一阶位移特征值与对应系数相乘得到模型的初始变形和初始缺陷。

在开展导管架结构特征值屈曲分析时,可以在导管架模型的桩腿底部设置固支约束,并且提取一阶特征值 λ 为 -2.01665×10^8,计算获得导管架基础固支结构的弹性屈曲极限承载力为 2.02×10^8 N,将该值作为导管架结构在理想状态下加载的极限强度。

在一阶屈曲位移云图(图 4)上可以看出,一阶屈曲模态变形往往发生在 Y 方向下部的 X 形节点处,节点发生了扭曲变形。

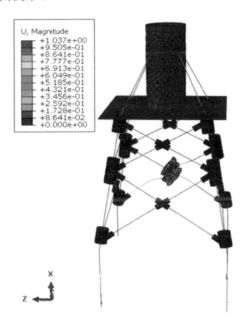

图 4 导管架模型屈曲分析一阶有限元位移云图

2. 基于导管架及船体材料的破坏指标评价

导管架及船体的材料本构关系采用 DNVGL-RP-C208 规范中推荐的弹塑性硬化模型,材料本构关系曲线如图 5 所示。

材料屈服满足下式

$$f = \sigma_{eq} - \sigma_f(\varepsilon_p) = 0 \tag{2}$$

式中:σ_{eq} 表示材料的 Mises 等效应力;σ_f 表示材料的等效应力;ε_p 表示材料的等效应变,满足霍洛蒙幂律硬化准则

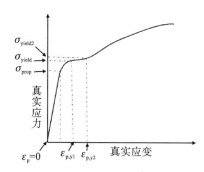

图 5　材料本构关系(真实应力-应变)曲线图

$$\sigma_f(\varepsilon_p) = \begin{cases} \sigma_0 & \text{if} \quad \varepsilon_p \leqslant \varepsilon_{p,y_2} \\ K(\varepsilon_p + \varepsilon_{p,\text{eff}}) & \text{if} \quad \varepsilon_p > \varepsilon_{p,y_2} \end{cases} \tag{3}$$

$$\varepsilon_{0,\text{eff}} = \varepsilon_0 - \varepsilon_{p,y_2} = \left(\frac{\sigma_{\text{yield2}}}{K}\right)^{\frac{1}{n}} - \varepsilon_{p,y_2} \tag{4}$$

式中：K 和 n 为硬化系数；σ_0 为材料开始发生硬化的屈服应力；ε_0 为材料开始发生硬化的等效塑性应变。因此，该应力-应变关系可写为下式

$$\sigma_f(\varepsilon_p) = \begin{cases} \sigma_{\text{yield2}} & \text{if} \quad \varepsilon_p \leqslant \varepsilon_{p,y_2} \\ K\left[\varepsilon_p + \left(\frac{\sigma_{\text{yield2}}}{K}\right)^{\frac{1}{n}} - \varepsilon_{p,y_2}\right]^n & \text{if} \quad \varepsilon_p > \varepsilon_{p,y_2} \end{cases} \tag{5}$$

导管架基础采用的材料为 S355 低碳钢，船舶钢材采用 S235 低碳钢，规范中钢材的参考属性定义如表 1、表 2 所示。

表 1　低碳钢 S355 规范提议钢材属性参数统计表

厚度(T)/mm	$T \leqslant 16$	$16 < T \leqslant 40$	$40 < T \leqslant 63$	$63 < T \leqslant 100$
E/MPa	210000	210000	210000	210000
σ_{prop}/MPa	384.0	357.7	332.1	312.4
σ_{yield}/MPa	428.4	398.9	370.6	348.4
σ_{yield2}/MPa	439.3	409.3	380.3	350.6
ε_{p,y_1}	0.004	0.004	0.004	0.004
ε_{p,y_2}	0.015	0.015	0.015	0.015
K/MPa	900	850	800	800
n	0.166	0.166	0.166	0.166

表 2　低碳钢 S235 规范提议钢材属性参数统计表

厚度(T)/mm	$T \leqslant 16$	$16 < T \leqslant 40$	$40 < T \leqslant 63$	$63 < T \leqslant 100$
E/MPa	210000	210000	210000	210000
σ_{prop}/MPa	285.8	273.6	251.8	242.1
σ_{yield}/MPa	318.9	305.2	280.9	270.1

续表

厚度（T）/mm	$T{\leqslant}16$	$16{<}T{\leqslant}40$	$40{<}T{\leqslant}63$	$63{<}T{\leqslant}100$
σ_{yield2}/MPa	328.6	314.8	289.9	278.8
$\varepsilon_{\text{p,y}_1}$	0.004	0.004	0.004	0.004
$\varepsilon_{\text{p,y}_2}$	0.02	0.02	0.02	0.02
K/MPa	700	700	675	650
n	0.166	0.166	0.166	0.166

针对船舶撞击导管架过程，采用的计算模型为韧性损伤模型，满足

$$\bar{\varepsilon}_{\text{D}}^{\text{pl}}=(\eta,\dot{\bar{\varepsilon}}^{\text{pl}})\tag{6}$$

式中：$\bar{\varepsilon}_{\text{D}}^{\text{pl}}$ 表示结构发生损伤时等效塑性应变，η 表示模型的应力三轴度，数值上等于模型所承受的静水压力与米塞斯等效应力比值的相反数，$\dot{\bar{\varepsilon}}^{\text{pl}}$ 表示该模型的等效塑性应变率。则结构损伤可以表示为

$$\omega_{\text{D}}=\int\frac{d\,\bar{\varepsilon}^{\text{pl}}}{\bar{\varepsilon}_{\text{D}}^{\text{pl}}(\eta,\dot{\bar{\varepsilon}}^{\text{pl}})}\tag{7}$$

式中：ω_{D} 表示结构损伤的状态变量，该变量随着塑性变形的增加而增加，计算方式为

$$\Delta\omega_{\text{D}}=\int\frac{\Delta d\,\bar{\varepsilon}^{\text{pl}}}{\bar{\varepsilon}_{\text{D}}^{\text{pl}}(\eta,\dot{\bar{\varepsilon}}^{\text{pl}})}\geqslant 0\tag{8}$$

式中：$\Delta\omega_{\text{D}}$ 表示结构损伤增量。为求解结构损伤演化方程，假定该韧性损伤模型遵循延性金属韧性损伤的起始准则，损伤发生的标志是材料刚度出现退化。在损伤发生后，即可根据断裂条件判断单元删除设置。

结构的韧性损伤演化过程开始于损伤萌生，材料的弹性模量随之降低。损伤演化之前损伤因子取值为0，从演化开始直至结构发生断裂过程中损伤因子从0增大到1。则材料发生断裂时满足

$$\bar{u}^{\text{pl}}=L\,\bar{\varepsilon}_{\text{f}}^{\text{pl}}\tag{9}$$

式中：$\bar{u}^{\text{pl}}$ 表示材料塑性断裂位移，L 为单元的特征长度。令 $\bar{u}_{\text{f}}^{\text{pl}}$ 表示损伤发生断裂的位移，则损伤可表示为

$$d=\frac{\bar{u}^{\text{pl}}}{\bar{u}_{\text{f}}^{\text{pl}}}\tag{10}$$

当等效塑性位移等于结构断裂位移时，$D=1$，此时材料刚度完全退化。

导管架材料钢材杨氏模量为 210 GPa、泊松比为 0.3、屈服应力为 384 MPa、密度为 7850 kg/m³。船体材料为 NV-NS 钢材，钢材的屈服强度为 308 MPa，伸长率为 0.1，对材料进行单轴拉伸数值模拟，得到的应力-应变曲线如图 6、图 7 所示。

船舶的碰撞是一个瞬间释放巨大能量的过程，对于材料强度较低的船舶，碰撞可能引发极其严重的破坏，材料塑性达到一定极限时，即会发生断裂破坏。所以在分析时要设置单元失效。本模型中，若伸长率达到 0.1 即判断单元失效，并在场输出中设置删除失效单元。

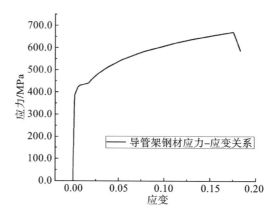

图 6 导管架钢材应力-应变曲线图

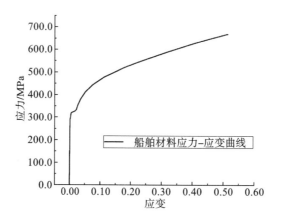

图 7 船体钢材应力-应变曲线图

3. 能量法下的导管架抗撞能力分析

船舶碰撞导管架圆管的过程中,系统内的主要能量包括动能、内能、沙漏能、粘性耗散能和摩擦耗能。进行导管架抗撞能力分析时,需提取以上几种能量,进行能量变化曲线的绘制(图 8、图 9)。

能量变化曲线中的沙漏能与总能量的比值应始终小于5%。倘若,沙漏能与总能量的比值远远高于5%,则表明计算结果存在问题。

能量变化曲线图中,模型的总能量应保持不变,船舶与导管架发生碰撞初期,导管架模型的动能就应该迅速下降,内能迅速上升,斜率变化较快。

随后,动能曲线下降变缓,导管架模型的能量转化开始放缓。

而碰撞过程中的内能,则主要包括了弹性应变能、非弹性耗能、沙漏能、粘弹性耗能和损伤耗能。

弹性应变能在碰撞开始之后迅速增大,直到内能曲线出现下降趋势,弹性应变能曲线随之开始下降,而非弹性耗能也就是塑性应变能在碰撞初期一直增加。直到碰撞完成之后,非弹性耗能才达到最大值并趋于稳定。

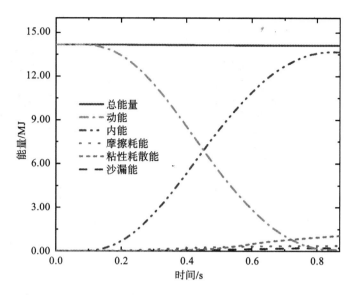

图 8 船舶撞击导管架能量变化曲线示例图

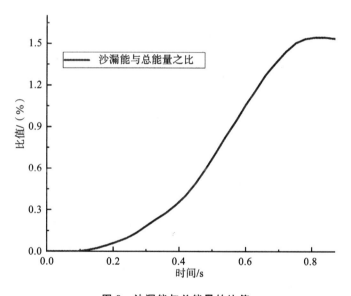

图 9 沙漏能与总能量的比值

　　随后船舶与导管架发生分离,模型能量稳定下来,在整个能量交换的过程中,总能量始终保持恒定。

　　导管架模型前两阶模态如图 10 所示。进行 ABAQUS 有限元分析如下。

　　结构的能量一般通过施加阻尼的形式达到衰减的目的,对壳单元模型进行模态分析,得到结构前两阶模态的频率,将频率值代入阻尼计算公式。

$$\omega_1 = 2\pi f_1 \quad \omega_2 = 2\pi f_2$$
$$\alpha = \frac{2\omega_1\omega_2\xi}{\omega_1 + \omega_2} \quad \beta = \frac{2\xi}{\omega_1 + \omega_2} \tag{11}$$

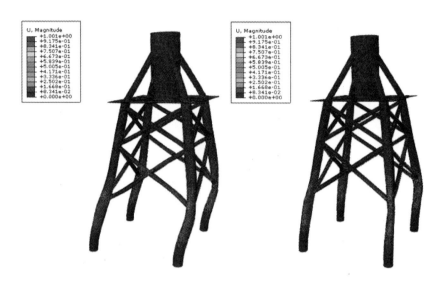

图 10　导管架模型前两阶模态

式中：ω_1、ω_2 为第一阶和第二阶模态的圆频率；ξ 为材料阻尼比，取值范围为 $0\sim1$，在该计算中 ξ 取为 0.05；α，β 为阻尼系数。计算得 α 取值为 0.67766，β 取值为 0.0037。

材料阻尼施加后，模型的计算时间将以千倍增加，使得有限元分析效率极其低下。因此，在进行有限元显式分析步设置时，应采用体积粘度默认设置，对碰撞过程中动能产生轻度衰减，通过施加阻尼器的方式来模拟结构阻尼，在碰撞过程完成后，对结构存在的动能继续进行衰减。

通过以上设置完成的碰撞模拟，碰撞过程中的阻尼耗能较低，碰撞过程完成后的模型还有部分剩余动能存留。为此，仅取动能第一次降到最低之前的能量变化来开展分析工作。

4. 碰撞力学理论下的导管架抗撞能力分析

（1）碰撞力学理论基础。

碰撞力学的发展最早源于 1975 年。碰撞力学理论主要包括 Minorsky 理论、Woisin 理论以及 Hesins-Derucher 理论。

①Minorsky 理论。

Minorsky 教授在深入研究了二十多起船撞事故之后，认为船舶与船舶之间的碰撞应当分为两部分进行研究，一部分为碰撞过程中的动能变化，另一部分为结构损伤引起的能量变化。

碰撞过程中，船舶的速度发生变化，船舶的初始动能一部分转化为整体结构的动能，另一部分因结构发生形变而转化为结构内部的能量。该过程满足动量守恒定律。在大量船撞事故的基础上，Minorsky 教授总结出了一个与能量吸收有关的系数，此系数与船舶的吨位相关。

根据动量守恒定律，则有

$$m_A v_A \sin\alpha = (m_A + m_B + \mathrm{dm_h})v \qquad (12)$$

式中：m_A 为撞击船舶的吨位；m_B 为受撞船舶的吨位；$\sin\alpha$ 为碰撞角度的正弦值；$\mathrm{dm_h}$ 表示水

对船舶产生的影响,简化为附连水的质量;v_A 表示撞击船舶的初速度;v 表示受到撞击后,两船一起运动的速度。则整个系统的动能可以表示为

$$E_{k总} = \frac{1}{2} \times (m_A + m_B + dm_h)v^2 \tag{13}$$

E_{ks} 为碰撞过程中系统吸收的能量,该值等于系统初始动能与碰撞后系统动能的差值,即

$$
\begin{aligned}
E_{ks} &= \frac{1}{2}m_A(v_A\sin\alpha)^2 - E_{k总} \\
&= \frac{1}{2}m_A(v_A\sin\alpha)^2 - \frac{1}{2}(m_A + m_B + dm_h)\left(\frac{m_A v_A\sin\alpha}{m_A + m_B + dm_h}\right)^2 \\
&= \frac{1}{2} \times \frac{m_B + dm_h}{m_A + m_B + dm_h}m_A(v_A\sin\alpha)^2
\end{aligned}
\tag{14}
$$

取系数使得 $K = \dfrac{m_B + dm_h}{m_A + m_B + dm_h}$,则上式简化为

$$E_{ks} = \frac{1}{2}Km_A(v_A\sin\alpha)^2 \tag{15}$$

分析上述简式,不难发现,船舶碰撞过程中吸收的能量与初始动能成一次函数关系,并且一次函数的斜率与船舶的吨位以及附连水质量有关。同时,Minorsky 教授还提出了船舶动能降低与部件损坏之间的关系,总吸收能的大小即为碰撞船舶和受撞船舶所有变形部件吸收能量之和,吸收的能量与部件变形的厚度、深度和破坏长度有关。根据结构破坏损伤提出了船舶动能的降低与损伤体积之间的关系

$$E_s = 47.2V_s + 32.7 \tag{16}$$

式中:E_s 表示碰撞动能的损失;V_s 表示结构损伤体积。

②Woisin 理论。

德国学者 Woisin 教授通过理论分析和实验计算等工作,对当时的碰撞力学理论进行了修正。他认为船舶碰撞过程中,水对船舶的影响不可忽略,水对船舶的影响应当转化为船舶的吨位。当船舶只有纵向移动的速度时,水对船舶的影响可取为船舶吨位的 0.05 倍。因此,船舶在发生相撞时,船舶动能可以表示为

$$E_{k总} = \frac{1}{2} \times 1.05m_A v^2 \tag{17}$$

式中:$E_{k总}$ 表示系统的初始总能量;m_A 表示碰撞船舶的吨位;v 表示碰撞船舶的初速度。

在此基础上,Woisin 教授通过十多组实验计算,得到船舶撞击的最大撞击力与船舶吨位之间的关系

$$P_{max} = 0.88\sqrt{DWT}(1\pm 50\%) \tag{18}$$

式中:P_{max} 表示船舶撞击的最大撞击力;DWT 表示船舶满载排水量。

船舶碰撞过程中吸收能量与最大碰撞力之间的关系为

$$E_s = aP_m = \frac{1}{2}aP_{max} \tag{19}$$

式中:a 表示系统沿撞击方向的撞击深度;P_m 为平均撞击力,数值上等于最大碰撞力的一半。

③Hesins-Derucher 理论。

Hesins 和 Derucher 从碰撞时间方面对碰撞过程进行了划分。

以船舶撞击桥梁为例,在船舶撞击的初始时期,撞击作用尚未向整个结构传递,碰撞作用就已经开始显现,具体表现为碰撞局部发生损伤破坏。碰撞进行到第二个阶段,碰撞力的作用开始向整个结构进行传递,整体结构随船舶撞击发生强制被迫振动。第三个阶段船舶初始动能逐渐转化为结构发生弹塑性应变时所吸收的能量、船舶撞击摩擦耗能以及结构在阻尼作用下逐渐衰减所消耗的阻尼能等。碰撞过程满足以下等式

$$E = E_s + E_d + E_{k1} + E_f \tag{20}$$

式中:E 表示船舶撞击的初始动能;E_s 表示船舶撞击结构变形损伤等吸收的能量;E_{k1} 表示撞击之后的剩余动能;E_f 表示摩擦耗能。

(2)碰撞力经验公式。

碰撞力学的基础理论在一定程度上定性地描述了船舶撞击过程中的能量变化,但对于船舶碰撞力的定量计算没有明确的表达,为定量计算船舶撞击作用,世界各国开展了一系列的理论研究和实验计算,并且在此基础上定义了相关碰撞力的公式。

①IABSE 规范公式。

国际桥梁和结构工程协会在 Minorsky 理论的基础上,结合 Woisin 理论,推导得出了撞击力公式

$$P = 0.024 \, (V_0 D_m)^{\frac{2}{3}} \tag{21}$$

式中:P 为船舶撞击力,MN;V_0 为船舶撞击初速度,m/s;D_m 为船舶满载时的排水总质量,t。

国际桥梁和结构工程协会以 Saul Svelsson 理论为基础,总结出最大撞击力计算公式

$$P_{max} = 0.88 \, (DWT)^{\frac{1}{2}} \left(\frac{V_0}{8}\right)^{\frac{2}{3}} \left(\frac{D_1}{D_m}\right) \tag{22}$$

式中:P_{max} 为船舶撞击的最大碰撞力,MN;DWT 为船舶的载重吨位,t;V_0 为船舶撞击的初速度,m/s;D_1 为船舶撞击时排水质量,t;D_m 为船舶满载时排水的总质量,t。

以上两式定量描述了船舶撞击力的大小,式(21)中船舶撞击力的大小与船舶初速度和排水量有关,并成 2/3 次方关系,式(22)中船舶撞击力最大值与船舶吨位之间成 1/2 次方函数关系。

②AASHTO 规范公式。

美国国家高速公路和交通运输协会在 Minorsky、Woisin 等人的基础上,总结出了船舶正向撞击时的撞击力公式

$$P_1 = 1.2 \times 10^5 V_0 \, (DWT)^{\frac{1}{2}} \tag{23}$$

式中:P_1 为船舶正向撞击结构的撞击力,MN;V_0 为船舶正向撞击时初速度,m/s;DWT 为船舶的载重吨位,t。

该公式中,船舶的正向碰撞力与船舶初速度成一次函数关系,与船舶总吨位成 1/2 次方

函数关系。

③欧洲规范公式。

Eurocode 1 分册中对碰撞力进行了规定

$$P = V_0 (KM_0)^{\frac{1}{2}} \tag{24}$$

式中：P 为船舶碰撞力，单位为 1×10^6 N；V_0 为船舶碰撞时的初速度，m/s；K 为碰撞船舶的等效刚度，单位为 MN/m，对于内河船舶，K 取值为 5×10^6 N/m，对于远洋船舶，K 取值为 15×10^7 N/m；M_0 为碰撞船舶的质量，t。

该公式对船舶碰撞力与船舶速度和质量存在的关系进行了表达，同时对不同尺寸的船舶采用等效刚度的方式进行了规范。

④公路桥涵公式。

我国在《公路桥涵设计通用规范》中对船舶碰撞力也进行了定义

$$P = \frac{WV_0}{gT} \tag{25}$$

式中：P 为撞击过程产生的撞击力，单位为 1×10^6 N；W 为撞击物体的重力，MN；V_0 为撞击物体的初速度，m/s；g 为重力加速度，通常取值为 9.81 m/s^2；T 为撞击过程发生的时间，s。

《公路桥涵设计通用规范》中，对撞击力与撞击物体的质量和初速度进行了表达，撞击力与撞击物体质量和初速度呈正相关关系，同时撞击力与碰撞过程时长有关。当工程现场实际资料较为缺乏时，碰撞时长一般取值为 1 s。

5. 导管架主体碰撞分析

(1)碰撞过程导管架碰撞力及结构强度分析。

在进行碰撞过程中导管架碰撞力的研究时，需要分析导管架的碰撞力曲线。

一般当碰撞力曲线达到峰值后，碰撞力就会迅速下降，下降周期为 0.1 s，当船舶总质量较小(≤500 t)时，碰撞力曲线直接下降到 0，当船舶总质量较大(≥1000 t)时，碰撞力曲线先下降后上升。

在碰撞发生的过程中，导管架受到撞击产生应变，包括一部分弹性应变和部分塑性应变。在碰撞结束后导管架弹性应变恢复，储存的弹性应变能释放，转化为导管架和船舶的动能，使得导管架发生振动，船舶开始回弹。

当船舶的总质量较小时，船舶碰撞达到最大碰撞力后船体开始反向运动。此时，船体与导管架发生分离，导管架塑性变形达到最大。

当船舶总质量较大时，船舶碰撞力达到最大后，船舶开始反向运动。导管架受到船舶的撞击后，积蓄了弹性势能，与船体分离后弹性势能转化为动能，具体表现为前后振荡。随后船舶与导管架发生二次碰撞，二次撞击的碰撞力远小于初次撞击的碰撞力，在碰撞力曲线上具体表现为峰值间依次呈降低趋势。

船舶与导管架发生碰撞的过程中，撞击的持续时间会随着船舶总质量的增加而增大。

例如，船舶初速度为 2 m/s 时，吨位为 500 t 的船舶碰撞导管架 KK 节点，碰撞的持续时间约为 0.3 s;吨位为 1000 t 的船舶碰撞 KK 节点,碰撞的持续时间约为 0.5 s;而吨位为 2000 t 的船舶,碰撞的持续时间约为 0.9 s;吨位达 3000 t 的船舶,碰撞的持续时间约 为 1.0 s。

在船舶初速度分别为 3 m/s、4 m/s 和 5 m/s 的工况下,开展船撞导管架模拟。结果表明,船舶的碰撞时长与工况为 2 m/s 下的船撞呈现相同规律,即同一初速度下,碰撞持续时长随船舶总质量的增加而增大。

分析最大碰撞力与船舶总质量的关系图,不难发现,最大撞击力随着船舶总吨位的增大而增大,最大碰撞力大致与船舶质量的 1/2 次方成一次函数关系。

(2)撞后结构剩余强度分析。

在开展导管架撞后结构剩余强度分析时,需进行导管架撞后力-位移曲线的研究。力-位移曲线上两相邻点之间的连线与力轴夹角成 70°,最先满足此条件的点对应的力即认为是结构的极限承载力。

以船舶撞击 KK 节点为例,撞后结构剩余强度的分析,需研究船舶初速度、船舶吨位、碰撞角度、碰撞位置对导管架剩余强度产生的影响。

①船舶初速度对撞后结构剩余强度的影响。

对撞击后的导管架进行剩余强度分析。同一吨位的船舶撞击速度越大,撞后导管架剩余强度越低。并且船舶吨位越大,相同速度撞击导管架,导管架的剩余强度就下降得越快。

②船舶吨位对撞后结构剩余强度的影响。

开展撞击工作时,船舶吨位越大,导管架的撞后结构剩余强度就越小。速度较低时,剩余强度曲线差值较小,速度较大时,剩余强度曲线差值较大,且随船舶吨位增大下降幅度越来越大。在同一吨位下,船舶速度越大对结构产生的破坏越严重,剩余强度下降得越快。

③碰撞角度对撞后结构剩余强度的影响。

探索碰撞角度对撞后结构剩余强度的影响,需分析导管架剩余强度曲线。不同碰撞角度下的剩余强度曲线往往都较为接近。碰撞角度的改变会对导管架的剩余强度产生影响。但相较船舶吨位和船舶初速度而言,碰撞角度的改变对剩余强度产生的影响较小。

④不同部位损伤对撞后结构剩余强度的影响。

在一定的船舶初速度和吨位下,开展撞击工作。导管架不同部位损伤对撞后结构剩余强度的影响是不同的。一般而言,受撞部位的厚度大小会对结构承载力产生重大影响。以圆管与 KK 节点为例,圆管厚度较 KK 节点相对较薄,在受到轻微撞击时产生损伤较小,对剩余承载力影响较小,当受到较严重撞击时,圆管损伤较大,对结构承载力产生较大影响。

⑤导管架不同方向的撞后结构剩余强度。

导管架受到撞击后,需要开展导管架不同方向的剩余强度对比分析。

其中,导管架不同方向定义如图 11 所示。

在分析导管架不同方向的撞后结构剩余强度时,沿船舶初速度反方向计算所得的导管架剩余承载力往往最小,其他三个方向的剩余承载力相差微乎其微,接近相等。

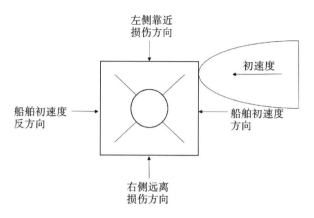

图 11　导管架不同方向定义

导管架在受到撞击后,沿船舶撞击反方向的剩余承载力较小,结构较为薄弱。如果撞击作用很强烈,上部塔筒就会向船舶方向倒塌。因此,在实际工程中可以根据此结果对导管架上部结构采取针对性的防护措施。

⑥圆管与 X 节点受到撞击后的结构剩余强度。

在开展导管架撞后结构剩余强度分析时,需分别对导管架圆管与 X 节点进行撞后结构剩余强度的研究。

圆管受到撞击后的剩余强度与 KK 节点受到撞击后的剩余强度变化规律一致,即随着船舶初速度或船舶吨位的增大,导管架的剩余强度会随之降低,并且设置的初始动能越大,剩余强度就下降得越快。